图书在版编目（CIP）数据

能源天地/吴金星主编．——郑州：河南科学技术出版社，2013.10
（科普通鉴/李建中主编）
ISBN 978-7-5349-6599-9

Ⅰ.①能… Ⅱ.①吴… Ⅲ.①能源-普及读物 Ⅳ.①TK01-49

中国版本图书馆 CIP 数据核字（2013）第 227526 号

出版发行：中国科学技术出版社
地址：北京市海淀区中关村南大街 16 号　邮编：100081
电话：（010）62106522
网址：www.cspbooks.com.cn
河南科学技术出版社
地址：郑州市经五路 66 号　邮编：450002
电话：（0371）65737028
网址：www.hnstp.cn
策划编辑：李喜婷　冯　英
统筹编辑：尚伟民　蒋云鹏　徐　涛
责任编辑：邓　珺
责任校对：柯　姣
封面设计：赵　钧
版式设计：赵玉霞
责任印制：朱　飞
印　　刷：郑州金秋彩色印务有限公司
经　　销：全国新华书店
幅面尺寸：185 mm×260 mm　印张：15.5　字数：260 千字
版　　次：2013 年 10 月第 1 版　2013 年 10 月第 1 次印刷
定　　价：32.00 元

《科普通鉴》丛书

主　编　李建中

副主编　谈朗玉　李大东　张令朝

序

科技是人类智慧的伟大结晶，创新是文明进步的不竭动力。

回首文明历程，是科技之光涤荡了人类历史上蒙昧的阴霾，是科技之火点燃了人类心灵里求知的火焰，是科技之灯照亮了人类发展中光辉的前程。科学技术的每一次重大突破，每一项发明创造的诞生，都使人类对客观世界的认识发生质的飞跃，都使人类改造世界的能力得到革命性的提升。18世纪后的几百年，是科学技术突飞猛进的历史时期。数学、物理、化学、天文学、地学和生物学等各个领域的研究均取得了空前成就，并引发了一次又一次重大理论革命，其中，最具划时代意义的莫过于牛顿力学、相对论和量子力学的创立。与此同时，深刻改变人类生存状态和生产、生活方式的发明创造也纷纷问世。在不计其数的发明、发现中，蒸汽机、电话、火车、汽车、医用X光片、青霉素、DNA双螺旋结构、火箭、阿波罗10号太空舱、计算机等无疑是改变世界的重大发明、发现与创造。

放眼新的世纪，科技已经成为推动经济社会快速发展的主导力量和创造社会财富的主要源泉，成为国家间、区域间竞争的核心和推动未来发展的决定性力量。为了在竞争中取得优势地位，各国、各地区，特别是发达国家及地区都高度重视科技创新和发展。在此背景下，全球创新浪潮此起彼伏，科技发展日新月异，创新成果大量涌现。人类基因组序列图完成、细胞重新编程技术、人类最早祖先确定、宇宙存在暗物质的猜想被证实、干细胞研究的新进展、纳米技术研究的新突破、欧洲强子对撞机启动、人类探测器创最远纪录和七大数学难题之一——庞加莱猜想被证明等被认为是近十年来取得的最具科学价值，并可能对人类生存与发展产生重大影响的重大科技成就。

在人类文明的历史长河中，科学技术虽然得到了空前发展，取得了辉煌成就，但在前进的道路上依然有无数难题等待我们去破解，众多未知世界等待我们去认识。随着人口数量的急剧增加，自然资源的逐渐枯竭和生态环境的日益恶化，人类正面临前所未有的生存挑战和危机。毫无疑问，应对挑战、解决危机，只有依靠科技的不断创新与发展。在可以预见的未来，为了拓展生存空间，提高生存质量，必将掀起一场以信息科技革命为先导、新材料科技为基础、生命科技为核心、新能源科技为动力、海洋科技和航天科技为内拓和外延的新的科技创新浪潮。伴随新一轮科技创新浪潮的到来，新的发明创造也必将与日俱增。有科学家预言，未来百年，人体器官克隆再造、灭绝动物复活、战胜癌症、建造星际飞船和太空电梯等梦想可能变为现实。

当前，亿万中华儿女正在为实现中华民族伟大复兴的“中国梦”而努力奋斗。实现这一百年梦想，关键在于弘扬创新精神，增强创新能力，加快创新步伐，让科技之花在创新中萌芽，在创新中成长，在创新中绽放。

发达国家的经验昭示我们，加快科技创新，提高科技水平，既要依靠科技精英们的刻苦攻关，发明创造，也有赖于公民科学素质的普遍提高。有调查显示，我国公民的科学素质水平较发达国家差距甚大，与走中国特色的自主创新之路、建设创新型国家的要求相去甚远。为尽快提升我国公民的科学素质水平，从2006年起我国启动了旨在推动公民科学素质建设的全民科学素质行动计划，希望到2020年，公民科学素质在整体上有大幅度提高，达到世界主要发达国家21世纪初的水平。

科普图书是展示科学技术的重要窗口，是普及科技知识的重要载体，也是传播科技文明的重要途径。国内外都十分重视科普图书的创作出版。在琳琅满目的科普图书作品中，不乏影响深远的精品力作。这些作品为传播科技文明、普及科学知识做出了历史性贡献。时代在进步，科技在发展。紧跟时代步伐，把握科技动态，繁荣科普创作，不断创作出版符合时代特点、反映当代科技发展水平的科普图书精品，不仅是加强公民科学素质建设，提升公民科学素质的迫切要求，也是科技界有识之士的共同心声。

科学技术协会是新中国科普事业的主要开创者和推动者。在开展公民科学素质建设，提高公民科学素质水平的历史进程中，肩负着重要责任和神圣使命。我们组织编写的这部《科普通鉴》丛书既是履行"责任"和"使命"，也是对科技界有识之士呼声的积极响应。

20世纪中叶以来，科学技术进入了多科交叉、互为渗透、综合发展的历史时期，形成了学科林立、知识纷繁的新格局。面对浩如烟海的科学世界，如何确定这部书的编写原则和选题范围是应当首先解决的问题。经与有关专家学者反复研究论证，我们确定了"通览科技文明，鉴取创新精粹"的编写原则，并确定从理、工、农、医和高新科技五大领域中选取26个公众关注度较高的热点选题，按26卷组织编写这部丛书。

面向具有中等以上文化程度的青少年、农民、城镇劳动者、城市社区居民、领导干部和公务员等重点人群，弘扬科学精神，传播科学思想，倡导科学方法，普及科学知识是编写本书的出发点和根本目的。考虑到读者对象年龄、职业、身份的多样性和对知识需求的差异性，本书着重介绍具有基础性、通用性、新颖性和前瞻性的知识，读者可以根据自己的需求或兴趣进行阅读；在阐述方法上尽可能做到重点突出，脉络清晰，尽可能融入人文精神，体现人文情怀，避免科技知识的简单介绍和罗列；在语言风格上力求文笔流畅，深入浅出，生动活泼，雅俗共赏，以达引人入胜的效果。

选择高水平的主编是编好这部丛书的关键。为此，我们发挥科学技术协会学会众多，学科齐全，人才荟萃，联系广泛的优势，面向省内外征集各卷主编候选人。最后经全面比较，优中选优，确定了各卷主编人选，为本书的编写出版奠定了坚实基础。在此我们谨向为本书主编遴选、编写、出版给予大力支持的河南省医学会、气象学会、农学会、地理学会、地震学会、地质学会、机械工程学会、反邪教协会和省气象局、郑州大学、河南大学、河南农业大学、河南工业大学、河南科技大学、河南中医学院、河南科技学院、河南轻工业学院、《太空探索》杂志社、河南科技报社、河南科技活动中心、中国科学技术出版社、河南科学技术出版社等学（协）会和单位表示诚挚的感谢！

作为一部多达26卷的大型科普丛书，其涉及领域广，学科多。在内容上为了尽可能避免交叉重复或矛盾冲突，在体例和语言风格上为了尽可能保持相对统一，我们制订了较为详细的编写方案，对各卷的内容范围和全书的体例风格做了必要界定和规范。但是，由于我们学识水平有限，统筹协调不够，编写时间仓促，加之一些担任主编的同志是首次承担科普类作品的编写任务，缺乏相应经验，所以，虽然付出了大量心血，个别卷仍然存在内容取舍不够得当，语言风格不够生动活泼等问题。这些缺憾，我们将在再版重印时加以修订改进。诚恳希望广大读者对本丛书的修订改进提出宝贵意见和建议，以便再版时提高质量。

河南省科学技术协会主席、党组书记　李建中

2013年6月

目　录

引　　言　/ 001

1　**能源——大自然的无私馈赠**　/ 003

1.1　揭开能源的面纱　/ 003

1.2　能源是个大家庭　/ 007

1.3　能源利用的脚步　/ 012

1.4　能源禀赋与能源危机　/ 020

2　**化石燃料——从辉煌走向衰落的常规能源**　/ 025

2.1　黑色“金子”煤炭　/ 025

2.2　工业“血液”石油　/ 035

2.3　清洁燃烧的天然气　/ 044

3　**水能——古老而现代的可再生清洁能源**　/ 052

3.1　逆流而上溯根源　/ 052

3.2　惊世骇俗水发电　/ 055

3.3　星罗棋布水资源　/ 060

3.4　神女无恙惊世界　/ 061

3.5　汹涌澎湃小浪底　/ 064

3.6　南水北调利千秋　/ 065

4　**核能——可敬可畏的能源**　/ 068

4.1 核之初 /068

4.2 核之兴 /070

4.3 核之殇 /077

4.4 核之冀 /080

5 太阳能——来自太空的能源之源 /089

5.1 能源之源——太阳 /089

5.2 留住光和热 /092

5.3 淋淋“太阳雨” /094

5.4 让太阳给我们降温 /097

5.5 光中取电 /099

5.6 光伏神灯照万家 /100

5.7 中国太阳谷 /104

5.8 更灿烂的阳光 /107

6 风能——来自地球大气层的能源 /109

6.1 风吹草动 /110

6.2 风生水起 /114

6.3 明天的风向标 /123

7 生物质能——焕发青春的能源 /127

7.1 唯有源头太阳照 /127

7.2 刨根问底细分详 /129

7.3 姹紫嫣红独显贵 /133

7.4 千锤百炼品自高 /134

7.5 燃料乙醇显奇能 /139

7.6 变性改造产柴油 /141

7.7 厌氧发酵产沼气 / 143
7.8 生物燃料能发电 / 144
7.9 生物能源焕青春 / 145

8 地热能——来自地下的清洁热源 / 148
8.1 地球是个大热库 / 148
8.2 “解剖”地球 / 150
8.3 分享地热能大蛋糕 / 152
8.4 地热发电出奇葩——羊八井地热发电站 / 159
8.5 可冷可热——地源热泵 / 160
8.6 地热明天更辉煌 / 163

9 海洋能——在汹涌澎湃中探索能量 / 167
9.1 汹涌澎湃话海洋 / 167
9.2 海洋能量宝库探密 / 170
9.3 潮涨潮落显奇能——潮汐能发电 / 173
9.4 浪花滚滚——波浪能 / 178
9.5 海洋热电站——海洋温差能 / 182
9.6 神奇的盐差能发电 / 185
9.7 扬帆起航 / 186

10 可燃冰——能源希望之星 / 189
10.1 黑海着火了 / 190
10.2 幽幽海底可燃冰 / 190
10.3 蒸蒸日上发展路 / 192
10.4 地大物博论储量 / 196
10.5 揭开面纱现真颜 / 198

10.6 天涯海角何处寻 / 200
10.7 变幻莫测采掘难 / 201
10.8 “冰”暖中国惠万家 / 206

11 **氢能——最清洁的能源** / 208
11.1 举重若轻的能源 / 208
11.2 从自然界发掘氢能 / 213
11.3 清洁高效的氢能利用 / 218
11.4 氢燃料电池 / 221
11.5 氢能“加注站” / 224

结语 / 227
参考文献 / 229
后记 / 234

引 言

能源是可从中获得热、光和动力之类能量的资源，包括煤炭、石油、天然气、水能、核能、太阳能、风能、地热能、生物质能等一次能源和电力、热力、成品油、氢能等二次能源，以及其他能够提供能量的新能源和可再生能源。能源是人类社会赖以生存和发展的物质基础。从某种意义上讲，人类社会的发展是以优质能源的出现和先进能源技术的使用为先导的。

当今世界，能源的发展问题、环境恶化问题是全人类共同关心的问题，能源安全事关国家安全。我国既是能源生产大国，又是能源消耗大国，能源利用率较低，由此引起的环境污染和生态破坏问题严重，因此解决能源问题任重而道远。我国在不断推进工业化和城市化的进程中，能源问题越来越成为经济发展和社会进步的“瓶颈”。因此，正确认识我国能源现状，实现能源、经济和社会之间的协调发展，是目前我国社会经济发展过程中所面对和必须解决的重要课题之一。我国经济的高速增长依赖于能源的同步增长。随着传统能源资源日趋短缺，大力开发新能源势在必行。新能源的开发研究、推广应用和科学普及，关系到国民对能源的认识、理解和推广使用范围，以及能源未来的发展。

了解能源、认识能源，掌握能源开发和高效利用的基础知识，可以提高节约能源的意识，加速建设“资源节约型、环境友好型”社会。了解和掌握能源的相关知识和技术，不但对能源动力类专业技术人员是必需的，而且对各行各业的所有技术人员和管理人员也是必需的，因为每个人在日常生活和工作中无时无刻不在消耗着能源，即使我们睡觉的时候，冬天也会用到暖气，夏天也会用到空调。

本卷系统地介绍了当今社会正在利用或尚处于研究开发阶段的各种能源，通过历史故事和形象诙谐的语言向读者介绍了能源的发展历史、各种能源的分布情况、能源的特点及能源的利用现状，有利于在日常生活和工作中适当地选择能源、更加高效地利用能源。

1　能源——大自然的无私馈赠

从远古时期人类烧烤食物，到现代人们日常生活中做饭、取暖，工作中用机器烘干粮食、药材、茶叶等，其能量来自哪里？从古代劳动人民利用水车灌溉农田、水磨碾碎粮食到近代瓦特改良蒸汽机推动工业革命，从人们大量使用汽车、轮船、火车和飞机，到将高科技的卫星、宇宙飞船等送入太空，其动力又来自何方？当然，这一切都来自于大自然对人类的馈赠——各种形式的能源。人类社会的发展史不仅仅是生产工具的发展史，更是人类利用能源的发展史。

1.1　揭开能源的面纱

1.1.1　能源的来龙去脉

大约在新石器时代，人类还处于蒙昧阶段。传说燧人氏偶然发现生热现象，啄木鸟用长长的尖嘴在树身上小窟窿里找虫吃，由于虫钻得很深，啄木鸟嘴巴够不着，只好用坚硬的嘴巴去钻，不料却钻出了浓烟火种。燧人氏受到启发，人类利用摩擦来取火从此就开始了。同时，火种的发现也揭开了人类利用能源的序幕，让人类逐渐享受到大自然的馈赠——能源。

“能源”这一术语，过去人们谈论得很少，正是两次石油危机使它成了人们议论的热点。那么，究竟什么是“能源”呢？关于能源的定义，目前约有20种。《科学技术百科全书》说：“能源是可从其获得热、光和动力之类能量的资源。”《大英百科全书》说：“能源是一个包括着所有燃料、流水、阳光和风的术语，人类用适当的转换手段便可让它为自己提供所需的能量。”我国《节能法》中指出："能源是指煤炭、石油、天然气、生物质能和电力、热力等，能够直接提供能量或通过加工、转换而取得有用能的各种资源。"可见，能源就是我们日常生活和工作中给我们带来能量或动力的各种资源，是能量的载体。人们能够利用的能源形式很多，如矿物能源（或称为化石能源，包括煤炭、石油、天然气、油页岩、页岩气、可燃冰等）、江河水力能、太阳能、风能、原子核能、地热能、海洋温差能、潮汐能及生物质能等。在各种能源中，太阳能的数量最大，它每年投射到地球表面上的能量是人类每年所消耗能量的上万倍，而且它是无污染、可再生的能源。但由于技术等原因，人类目前使用的能源仍以矿物能源为主。

人类认识和利用自然能源已有几十万年的历史。远古人类和其他动物一样，只能利用无私的太阳所赐予的天然能源——太阳能。从几十万年前人类发现火，至后来掌握了摩擦取火的方法，是人类利用自然能源的开端。由于摩擦取火的发现，使自然界燃料所具有的化学能经过燃烧，以热能的形式释放出来为人类服务。恩格斯曾高度评价"摩擦取火"这个能源发展史上第一个伟大创造："人们只是在学会了摩擦取火以后，才第一次迫使某种无生命的自然力替自己服务。""因为摩擦生火第一次使人支配了一种自然力，从而最终把人同动物界分开。"

纵观人类发展史，人类在认识和利用能源方面有四次重大突破，即火的发现、蒸汽机的发明、电能的利用、核能（原子能）的开发和利用，如图 1－1 所示。每次重大突破都推动了经济和科学技术的发展，而科学技术和经济的发展反过来又需要消耗更多的能源。20 世纪 50 年代世界总能耗为 26 亿吨标准煤，70 年代增长到 72 亿吨标准煤，80 年代增长到 80 亿吨标准煤。按 20 世纪 90 年代统计，工业发达国家约有 11 亿人口，消耗能源超过 70 亿吨标准煤，平均每人 6 吨多标准煤，而发展中国家约有 28 亿人，人均消耗仅半吨标准煤。因此可以预测，随着科技发展和生活水平提高，发展中国家的人均能耗将大幅度增长。

归纳起来，我们所消耗的能源有三个来源：一是来源于太阳。除了直接来自于太阳的辐射能以外，煤炭、石油、天然气及生物质能、水力能、风能和海洋温差能等也都间接地来源于太阳。二是来源于地球自身。一种是以热能形式储存于地球内部的地热能（如地下蒸汽、热水和干热岩体）；另一种是地球内储藏的铀、钍、钚等放射性核燃料所具有的能量，即原子核能。三是来源于月球和太阳等天

a.火的发现

b.蒸汽机的发明

c.电能的利用

d.核能的开发和利用

图 1－1 人类认识和利用能源的四次重大突破

体对地球的引力，而以月球引力为主，如海洋的潮汐能。地球表面的能源流动如图 1－2 所示。不论来自何方，能源的最终去向只有一个，那就是散失于宇宙空间。

1.1.2 能源能为我们做些什么

能源是整个世界发展和经济增长最基本的驱动力，是人类赖以生存与发展最重要的物质基础，并且是发展社会生产力的基本条件。可以说，没有能源人类根本无法生存，更谈不上社会发展和文明进步。能源的利用程度是反映技术进步的重要标志。在当今社会，一个国家要发展，要提高电气化、机械化和自动化水平，要改善人民的物质文化生活条件，就意味着要消耗更多的能源。因此，一个国家人均能耗的多少可直接反映出这个国家人民生活水平的高低。

翻开人类社会的工业发展史和能源发展史都可以发现，每一次大的工业革命或飞速发展都是以新能源开发和广泛应用为先导。

第一次工业革命，是由于煤和石油的广泛使用。煤的使用，使瓦特改良的蒸

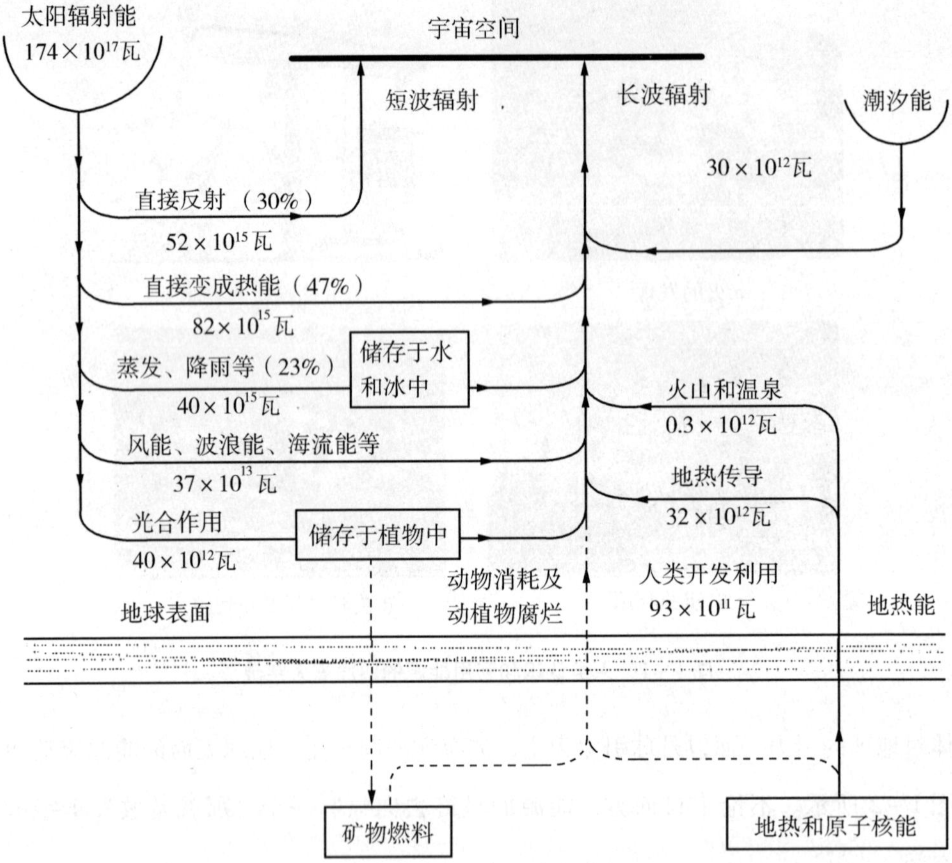

图 1－2　地球表面的能源流动

汽机成为生产中的主要动力设备，使生产逐步实现半机械化和机械化，大大提高了生产效率，工业得到迅速发展。由于石油的使用，出现了内燃机，使动力机械效率更高、体积更小、功率更大，从而实现了小型化。特别是交通运输业的飞速发展，如果没有石油，汽车、飞机等机动交通工具就无法运行。

第二次工业大发展，是由于电的广泛应用。19 世纪 70 年代末，汽轮机和发电机的发明促进了电力工业的飞速发展。电力的应用是能源科学技术的一次重大革命，它把燃料热能转化为电能，使能量更便于集中供应，也便于分散供应，传输快且消耗低，并很容易转化为其他形式的能量，输送、使用和管理都非常方便，因而电能被称为“能量的万能形式”。电能的广泛应用，使电动机代替了蒸汽机，各种电动机器代替了手工劳作，电灯代替了油灯和蜡烛，电能成为了工业生产和日常生活的主要能源。可以说，如果没有电能，现代的高度文明是不可想象的。

第三次工业大发展，是石油消耗量的大幅度增加。石油资源的开发开始了能源利用的新时期，特别是20世纪50年代，美国、中东、北非相继发现了巨大的油田和气田，西方发达国家很快从以煤炭为主要能源转换为以石油和天然气为主要能源。这是因为石油和煤炭相比有许多优点：第一，石油勘探和开采容易；第二，石油用作燃料热值高，使用和运输方便，且比较洁净；第三，石油可用作工业原料，以石油为原料的工业产品有五千多种；第四，石油可加工成高级润滑油，为动力机械提高单位重量的功率提供了条件。因此，石油消耗量的大幅度增加带动了世界经济的迅猛发展。

1.2 能源是个大家庭

1.2.1 能源的家庭成员

过去人们用薪柴烧火做饭，后来改用煤火炉，现在的都市里普遍采用了燃气灶或电热锅。人们所用的能源形式在不断改变，人们的生活方式也变得更便捷和舒适。那么，能源大家庭中到底有哪些成员？哪一种能源更适合人们的工作和生活呢？

（1）按照能源的成因或是否经过转换，自然界中的能源可分为一次能源和二次能源。以现成的形式存在于自然界，未经加工和转换的能源，如煤炭、石油、天然气、植物燃料、水力能、风能、太阳能、核能、地热能、海洋能、潮汐能等，称为一次能源。能够直接用作终端能源（即通过用能设备供消费者使用的能源）的一次能源是很少的，天然气是少数几种可作为终端能源使用的一次能源之一。由一次能源经过加工或转换而成的能源产品，如煤气、石油制品、焦炭、电力、蒸汽、沼气、酒精、氢气等，称为二次能源。大部分一次能源均可转换成二次能源，这不仅为了满足生产工艺的要求，使生产或生活更方便，而且像电力和汽油等二次能源一样使能源的用途更广。

一次能源转换成二次能源有不同的方法。如煤炭通过中心电站可生产电力，还可区域供热；石油通过不同的炼制工艺可转换成液体燃料——汽油、喷气燃料、柴油、石脑油等。能源转换设备多数情况下是能源系统的起点，为后续设备提供二次能源，如锅炉、核反应堆等；有时是能源系统的终点，即在能源转换的同时也在消耗能源，如窑炉、空调器等；有时则是能源系统的一个环节即简单的机器，如电动机或风力机等。一次能源转换成二次能源无论如何都会有转换损失，把能源送到用户还会有输送损失。能源系统的最后阶段是二次能源转换成终端使用的能源，如汽车、炉灶、计算机、灯泡等所用的能源。随后终端能源变成有效能，能量实际上储存在产品中，或消耗于服务过程中。

一次能源按照能否“再生”又可分为两类：一是可再生能源，就是不会随着它本身的转换或人类的利用而日益减少的能源。这类能源大都直接或间接来自于太阳，如太阳能、风能、水力能、海洋温差能、潮汐能、生物质能等，是人类取之不尽、用之不竭的能源。二是不可再生能源，是指随着人类的开发利用而越来越少的能源，例如煤炭、石油、天然气、油页岩以及核燃料铀、钍、钚等。其分类如下：

- 能源
  - 一次能源
    - 可再生能源——风能、海洋能、潮汐能、草木燃料、直接的太阳辐射、地震火山活动、地下热水、地热蒸汽、热岩层
    - 不可再生能源
      - 化石燃料（煤、石油、天然气、油页岩）
      - 核燃料（铀、钍、钚、氘、氚）
  - 二次能源——电能、氢能、汽油、柴油、火药、酒精、甲醇、丙烷、苯胺、硝化棉、硝化甘油等

（2）按照可燃性，能源可分为燃料能源和非燃料能源。燃料能源包括矿物燃料（如煤、石油、天然气）、生物燃料（如柴草、沼气等）、化工燃料（如丙烷、甲醇、酒精等）和核燃料（如铀、钍）四种；非燃料能源包括机械能（如风能、水能、潮汐能等）、热能（如地热能、海水热能等）、光能（如太阳光能、激光能）和电能四种。

（3）按照使用技术的成熟程度和使用普遍性，能源可分为常规能源和新能源。在一定的历史时期和科学水平条件下，已被人们广泛应用的能源，称之为常规能源，现阶段包括煤炭、石油、天然气、水力和核裂变能，世界能源消费几乎

全靠这五大能源来供应。许多能源需采用先进的技术才能加以利用，如太阳能、风能、海洋能、地热能、生物质能、核聚变能等，称之为新能源。这些能源的利用技术难度大、成本高，尚未被大规模利用，有的尚处于研究阶段。可见，这里的“新”不是时间概念，而是意味着“技术不成熟”。在不同的历史时期，常规能源和新能源的分类是相对的，如原子核能在20世纪还属于新能源，进入21世纪后，利用核裂变产生的原子能作为动力的发电技术已比较成熟，并得到广泛应用，因此核裂变能已成为常规能源。但核聚变能的和平利用仍存在大量技术难题，因而核聚变能仍被视为新能源。

（4）按照利用过程中对环境有无污染，能源可分为清洁能源和非清洁能源。清洁能源如太阳能、风能、水力能、氢能等，这些能源在利用过程中对环境的负面影响很小或基本无影响。非清洁能源如矿物燃料、核燃料等。虽然核燃料在利用过程中如不发生意外事故，既不会发生辐射污染，又没有污染物排放，但核废料仍会造成放射性污染，目前尚无妥善的处置办法，因而核燃料仍属于非清洁能源。

（5）按照其本身性质，能源可分为含能体能源和过程性能源。含能体能源是指集中储存能量的含能物质，如煤炭、石油、天然气和核燃料等。过程性能源是指物质运动过程产生和提供的能量，此能量存在于某一过程中，并随着物质运动过程的结束而耗散，如电能、风能、水能、海流、潮汐、波浪、火山爆发、雷电、电磁能和一般热能等。目前过程性能源尚不能大量地直接储存，因此，机动性强的现代交通运输工具（如汽车、轮船、飞机等）主要采用含能体能源（如柴油、汽油），无法直接大量使用过程性能源（如电能）。

1.2.2 脱去能源的外衣看能量

能源只是能量的载体和外衣，人们利用能源实质上利用的是能量。能量在物理学里是指物质做功的能力。作为哲学概念，能量是一切物质运动、变化和相互作用的度量。因此，任何物质都可以转化为能量，但转化的难易程度差别很大。能量转换与守恒定律指出：能量既不能创造，也不能消失；它只会从一种形式转换成另一种形式，或者从一个物体转移到另一个物体；在转移或转换过程中，能量的总量保持不变。利用能量实质上是利用自然界的某一自发变化的过程来推动另一人为变化的过程。如水力发电，就是利用水从高处流向低处这一自发过程，把水的势能转换为动能推动水轮机转动，水轮机又带动发电机，通过发电机将机械能转换为电能，电能可转换为人们需要的其他能量形式。显然能量的利用效率与转换过程与采用的设备技术等密切相关。

上述各种能源包含哪些能量形式呢？归纳起来有以下六种：

（1）机械能：机械能是物体宏观机械运动或空间状态变化所具有的能量，又分别称为宏观的动能和势能。如空气的流动形成风能，可以引起飞沙走石、尘土飞扬；水的自然落差所形成的水力能，可以带动水磨、风车等，这些都是人类认识和利用最早的机械能形式。具体而言，动能是指系统（或物体）由于机械运动而具有的做功能力。势能与物体的状态有关，如物体由于受重力作用，在不同的高度而具有不同的重力势能；物体由于弹性变形而具有弹性势能；在不同物质的分界面上，或同类物质的不同相的分界面上，由于存在表面张力而在分界面上具有表面能。

（2）热能：热能微观上是构成物质分子运动的动能和势能的总和，分子运动包括分子的移动、转动和振动，宏观上表现为温度的高低，反映了分子运动的剧烈程度。从表面上我们并不能感受到一个物体所含热能的多少，但我们可以明显分辨出物体的热或凉，也就是温度的高低。热能是人类使用最广泛的一种基本能量形式，如人体生理活动需要热量，当我们感觉冷时需要穿厚衣服以保存热量，或者通过火炉、空调提供热量；当我们感到饥饿时需要进食以补充热量，我们吃的食物需要通过加热来熟化；工业生产中需要热量来加热物料等。所有其他形式的能量都可以转换为热能。实际应用中有85% ~90%的能源都要转换成热能后再加以利用，如常规能源中燃料含有的化学能一般须首先转化为热能，新能源中太阳能、核能均可转化为热能，地热能和海洋热能等本身含有的就是热能。地热能是地球上最大的热能资源。

（3）化学能：化学能是物质结构能的一种，即在原子核外进行化学变化时释放出来的一种能量。按照化学热力学的定义，物质或物系在化学反应过程中以热能形式释放的内能称为化学能。人们普遍利用放热反应使化学能转变为热能。比如目前人们使用的各种矿物燃料（煤炭、石油、天然气）的燃烧过程，是化学能转化为热能的典型过程。

一般矿物燃料中主要可燃成分是碳和氢，燃烧过程中主要是碳和氢的化学变化，燃烧相同质量的氢所释放的热量约为碳的4倍，所以燃料中含氢量越高其热值就越高。

（4）电能：电能是由带电荷物体的吸力或斥力引发的能量，是和电子的流动与积累相关的一种能量。在家庭生活中我们经常使用电视机、洗衣机、电冰箱、微波炉、电热锅、热水器等电器，在办公室工作中我们离不开电脑、打印机、复印件、空调等电器，在工业生产中许多动力机械需要用电机驱动，等等。假如没有电，这些电器只不过是一堆废铁而已。可见，电能是目前人们使用最多也最方便的二次能源，没有电就没有现代社会的文明。目前我们使用的电能主要通过发电机由机械能转换而来，或由电池中的化学能转换而来。另外，电能也可由光能、核能转换，或由热能直接转换（磁流体发电）。反之，电能通过电动机也可以转换为机械能，从而显示出电能的做功本领。

（5）辐射能：辐射能是指通过电磁波、声波、弹性波、核射线所传递的能量。辐射能是我们接触最多而感受最少的能量形式，因为辐射能存在于无形之中。从理论上讲，任何物体只要其自身温度高于绝对零度（-273.15 ℃），都会不停地向外发出辐射能。不同的是，高温物体（如太阳）发出的辐射能属于短波，而低温物体（如地表物体）发出的辐射能属于长波。太阳能是人类利用最多的最典型的辐射能。

（6）核能：核能是蕴藏在原子核内部的物质结构能，来源于物质原子核内结构发生变化而释放出来的巨大能量，又称核内能。不论是轻质量的原子核（如氘、氚）还是重质量的原子核（如铀、钚），他们的核子之间的结合力比中等质量原子核的结合力都小，在一定条件下，轻质量的原子核通过核聚变，重质量的原子核通过核裂变，均能转变为自然界更稳定的中等质量原子核，同时释放出巨大的结合能，称为原子能即核能。因此，核反应可分为核裂变和核聚变两种，利用核裂变能量的技术目前比较成熟。1千克U^{235}核裂变反应可释放出69.5×10^{10}千焦的热能，即使仅利用其中的10%，也相当于2 400吨标准煤的发热量。利用核反应释放的热能是能源利用的一条重要新途径，目前核能利用主要是用来发电。值得注意的是，核能的产生过程不遵守质量守恒和能量守恒定律，在反应中都有所谓的“质量亏损”。但这种质量和能量之间的转换遵守爱因斯坦定律：

$$E = mc^2$$

实际上，无论是化学反应还是核反应，在产生和释放能量的过程中，质量一定会相应减少。即反应物质量的一部分能够在某种类型的能量转换过程中，转换为另一种形式的能量。

在国际单位制中，能量、功及热的单位都是焦耳（简称焦，用符号 J 表示），单位时间内所做的功或吸收（释放）的热量称为功率，单位是瓦特（简称瓦，用符号 W 表示）。在实际的能量转换和使用中，焦和瓦的单位都太小，因而更多地使用千焦（kJ）和千瓦（kW）、兆焦（MJ）或兆瓦（MW）。在工程应用和有关能源的文献中，还会见到其他一些单位，如卡、千卡（大卡）、吨标准煤（tce）、吨标准油（toe）等。能量的单位换算：

1 吨标准煤 = 7 000 千卡 = 29 300 千焦

1.3 能源利用的脚步

纵观人类社会的发展史可以发现，能源与人类社会发展有着密切联系。钻木取火是人类在能量转化方面最早的一次技术革命；蒸汽机的发明直接导致了第二次能源革命；核反应堆拉开了以核能为代表的第三次能源革命的序幕。考察能源利用史可以发现，人类利用能源有三次大转换：第一次是煤炭取代木材等成为主要能源；第二次是石油取代煤炭而居主导地位；第三次是 20 世纪后半叶开始向多能源结构的过渡转换。人类社会发展目前已经历了三个能源时期，即薪柴时期、煤炭时期和石油时期。随着化石能源的日益减少和环境问题的加剧，可以预测人类社会即将进入多能源并用时期，未来将进入可再生清洁能源时期。

1.3.1 薪柴时期

在远古时期，人类就学会了“刀耕火种”，开始用薪柴、秸秆和动物粪便等生物质燃料作为能源，但只是用于取暖、烧饭和驱散野兽等，燃料还不能直接作为社会生产的动力能源。随着社会生产的发展，畜力和水力、风力等便于直接利用的动力能源，也开始用于生产生活。这个以薪柴等为主要能源的时代延续了很长时间，生产力和生活水平都很低，社会发展非常迟缓。时至今日，世界各国的能源格局发生了重大变革，煤炭、石油、天然气以及核能等能源得到了大力开发利用，但薪柴作为传统能源并没有因此而退出历史舞台。特别是包括中国在内的一些发展中国家，广大农村和山区仍以薪柴作为重要的生产和生活用能，薪柴在这些国家的总能源消耗中仍占相当比重。

薪柴作为具有悠久利用历史的生活能源，一般可分成以下几类：从薪炭林中采伐的树木；通过对用材林、防护林、经济林及灌木林的修枝、抚育、间伐等得到的薪柴；树木成熟后进行采伐时的剩余物，以及木材加工后的剩余物；农作物秸秆、动物粪便等。由此可知，森林多、树木多的地方，薪柴也就多。时至今日，世界上每年仍有大约 15.66 亿立方米树木被烧掉（占总采伐量的 59%），在第三世界国家的农村中，95% 的家庭用薪柴作为燃料，由薪柴提供的能源约占世界能源消费的 5.4%。可见，目前薪柴仍是继石油、煤炭、天然气之后的第四种主要能源。

18 世纪前，人类只限于对风力、水力、畜力、木材等天然能源的直接利用，尤其是木材，在世界一次能源消费结构中长期占据主导地位。然而薪柴的数量毕竟有限，又因其热值低及利用不便等原因，随着社会生产力的发展，人类已认识到仅仅依靠薪柴作为能源，越来越满足不了生产对动力的需要。工业生产的发展，迫切要求有不受地区和季节限制的动力能源。虽然煤炭当时已开始用于生产，但多用于冶炼、烧制陶器等，还没有成为社会生产的动力能源。

正是由于 18 世纪蒸汽机的发明和普遍使用，完成了燃料的热能向机械能的转化，社会生产才进入以燃料为动力能源的时期，开辟出能源利用的广阔道路，加速了产业革命，促进了煤炭的大规模开采。到 19 世纪下半叶，出现了人类历史上第一次能源转换。1860 年煤炭在世界一次能源消费结构中占 24%，1920 年上升为 62%。从此，世界能源进入了“煤炭时代”。煤炭、石油、天然气等燃料取代薪柴，成为社会生产的动力能源，使社会生产力得到大幅度发展，人们的生活水平得到极大提高。

1.3.2 煤炭时期

距今大约2000多年前，古希腊开始开采和利用煤炭，而中国在3000多年前就开始把煤炭作为燃料，但煤炭真正被广泛应用于生产生活是17世纪以后的事。进入17世纪后，由于手工业的蓬勃发展，薪柴作为燃料越来越不能满足人们的需要，于是煤炭便取代了木柴成为世界的主要能源。

蒸汽机的发明更加巩固了煤炭在能源中的地位，从18世纪60年代英国工业革命起煤炭开始成为世界工业化的动力基础，也成为世界主要能源之一。英国在工业革命以后，煤炭开采水平一直处于领先地位，并最早完成从手工生产向机械化生产的过渡。英国煤炭产量1770年为620万吨，1850年超过5 000万吨，1913年达到2.92亿吨的最高纪录。在20世纪90年代前，世界煤炭产量的总趋势是逐步增加的。如1913年是13.41亿吨，1952年是19.22亿吨，1980年是37.33亿吨，1989年达到创纪录的48.8亿吨。以后开始逐年下降，1993年降至44.02亿吨，比1989年下降4.78亿吨。第二次世界大战（以下简称二战）前，煤炭生产集中在美、英、德和苏联，合占世界总产量的3/4。二战后，特别是70年代以来，中国、印度、澳大利亚和南非发展迅速，煤炭产量相继跃居世界前列，成为煤炭生产大国。

综合煤炭利用的发展史，可以将其分为如下几个时期：

1860～1913年世界煤炭生产大发展时期。此时在英国英格兰中部、德国鲁尔区、美国阿巴拉契亚区，苏联乌克兰等地，形成了以煤炭为基础的大工业基地。1913年世界煤炭总产量达13.41亿吨，比1860年增加了7倍，占世界一次能源总产量的92.2%，从而进入了能源“煤炭时代”。当时英国是世界煤炭第一大国，1913年英国煤炭产量达到历史最高水平2.92亿吨，其中有1/3出口。

1914～1950年世界煤炭生产稳定增长时期。1950年世界煤炭总产量比1913年增长39.8%，达18.18亿吨，占世界能源消费的62.3%。

1951～1974年煤炭生产萧条时期。从19世纪20年代开始，世界能源结构逐渐由煤炭转向石油和天然气，煤炭产量增长缓慢。从1951年到1974年，煤炭生产进入萧条时期，20 多年间煤炭产量只增长了 12.2%。生产停滞的主要原因：一是进入 50 年代后石油发展迅速，60 年代初发生了能源消费结构的第二次大变革，1950～1973 年是石油的黄金时代，煤炭在世界能源系统中的地位迅速下降，1966 年被石油超过而退居第二位，结束了以煤炭为主要能源的“黄金时代”；二是煤炭开发历史久，开采条件恶化，投资大，效益低，为此一些传统煤炭生产国弃煤开油，致使世界煤炭工业走向萧条。

1974～1990 年煤炭生产缓增时期。1973 年第一次石油危机以后，世界各国为摆脱石油危机，寄希望于煤炭，于是出现了转机，煤炭重新受到重视，生产和利用都有很大发展。以微电子技术为先导的世界新技术革命的成果，迅速渗透到煤炭领域，使这一古老的传统产业发生巨大的变革，正在从根本上改变煤炭工业的面貌。劳动生产率成倍提高，生产成本明显下降，安全状况大为改善。洁净煤技术的研究开发使煤炭成为更加干净、高效和廉价的能源。这在高新技术领先的美国尤为突出。1989 年世界煤炭产量达 48.8 亿吨，比 1976 年增长了 50%。

由于石油的出现，大家认识到石油的便利性远远高于煤炭，而且在效率、热值等方面也同样比煤炭优越得多，石油的出现和普及又将人类带入一个新的能源使用阶段——石油时期。

1.3.3 石油时期

19 世纪 70 年代，电力代替了蒸汽机，电器工业迅速发展，煤炭在世界能源消费结构中的比重逐渐下降。1965 年，石油首次取代煤炭占居首位，世界进入了“石油时代”。1979 年，世界能源消费结构的比重是：石油占 54%，天然气和煤炭各占 18%，油、气之和高达 72%。石油取代煤炭完成了能源利用的第二次转换。无论是天上飞的、地上跑的、水里游的，其动力都与石油息息相关，所以人们把石油称为“工业的血液”。

石油工业的发展大体经历了以下几个时期：

(1) 石油工业的早期。这一时期主要使用的是自然露头的石油，这时石油开发规模非常小。1859 年爱德温·德瑞克（Edwin L. Drake）成功钻探出世界第一口油井，标志着现代石油工业的诞生。此后苏联、墨西哥、委内瑞拉、印度尼西亚等国家也开始了石油资源的开发。现代石油工业的诞生从 1859 年持续到 1900 年，该时期石油主要被加工成煤油用来点灯，同时被用作润滑油，因而 1900 年以前的石油工业被称为灯油时代。随着内燃机的出现，石油逐渐被用作内燃机的燃料。石油开采和炼油装置如图 1－3 所示。

图 1－3　石油开采和炼油装置

（2）跨国石油公司的兴起和二战期间的石油工业（1900～1950 年）。第一次世界大战证明了石油的重大作用，同时汽车工业的发展带动石油工业的成长，因此石油工业得到各国政府的支持，中东地区也开始了石油勘探开发活动。在 1930 年到 1934 年期间，世界经济危机爆发和油价暴跌，美国对石油公司实行配额生产，限制进口；1938 年墨西哥宣布对所有外国石油资产实行国有化，创国有化运动的先河，同年中国发现了玉门油田。

（3）石油工业的成长与 OPEC 的崛起（1950～1986 年）。随着世界经济等各方面的发展，石油工业逐步成为世界经济中最有影响力的一部分。在这一时期，石油工业的发展速度史无前例，石油也取代煤炭成为世界主要燃料。1960 年石油输出国组织（Organization of Petroleum Exporting Countries，简称 OPEC）成立，并逐步取得石油生产和价格控制权，从而导致两次石油危机，油价也出现暴涨暴跌的现象。OPEC 有五个创始国：沙特阿拉伯、委内瑞拉、伊拉克、伊朗以及科威特，其后卡塔尔、利比亚、印度尼西亚、阿拉伯联合酋长国、阿尔及利亚、厄瓜多尔和加蓬也先后加入。OPEC 的主要活动为夺回石油价格和标价的控制权，迫使跨国石油公司提高石油税率和调整石油政策，实现矿区使用经费化，收回大片租让地，实现石油资源国有化。

（4）低油价时期的世界石油工业（1987～1998年）。在此时期，石油价格总体水平较低，市场处于低油价阶段。石油生产国、消费国和跨国石油公司纷纷将经营领域向下渗透，包括开发炼油和石油化工业、开展多种经营、加强海外石油勘探和开发投资、发展海外营销体系等经营策略，世界石油工业进入改革期。另一方面，世界经济形势逐步趋好，亚太地区经济迅速增长，对石油的需求增长较快。原油价格自1999年1月持续上扬，到目前为止价格水平仍然较高，世界石油市场出现了新局面。

（5）21世纪的世界石油工业。原油价格依然保持较高价位，OPEC启动了22～28美元/桶的价格调节机制，又占据了世界石油市场的主导地位，世界石油工业的改革进一步加深，包括国家石油公司的重组和国际石油公司的兼并收购浪潮。

随着经济、社会、工业等各方面的发展，石油的消耗量逐年增加。但作为不可再生资源的石油，按照当前的使用速度，只能维持人类社会使用四十多年。这个事实不得不让人们忧虑，四十年后人类将会面临更严重的能源危机，所以开发新型能源势在必行。

1.3.4 多能源并用时期

在过去三十多年，世界一次能源结构中，石油比重有所降低，天然气的比例有所提高，煤炭的比例缓慢降低，近年来出现轻微反弹（主要是中国经济快速发展的影响），核能的比例增长较快。2010年世界一次能源结构和2030年世界一次能源结构预测如图1－4所示。可见，2030年以前，世界一次能源消费结构仍具有以下特点：能源结构优化仍是世界能源发展的主要内容，仍将以化石能源占主导地位，新能源和可再生能源只能作为补充；发达国家在能源消费总量基本稳定的情形下，主要是以非化石能源替代化石能源；发展中国家将面临着双重压力，既要调整化石能源结构，同时又要大力发展新能源和可再生能源。

人类迈进21世纪以来，随着科学技术飞速发展，工业生产更加发达，人民的生活水平快速提高，由此引起的能源消耗量剧增。在矿物能源越来越少和市场供不应求的严峻形势下，开发新能源已成为全世界解决能源问题的共同出路。随着新能源在社会能源消费结构中所占比例的增长，人类社会将进入多能源并用时代。人类除了使用煤炭、石油、天然气、水力能等常规能源，新能源的开发利用数量将不断增加，其中包括地热、放射性矿物（核燃料）、地磁等地下能源，潮汐、海浪、海流、海水温差、海水盐差、海水重氢等海洋能，风能、生物质能等地面能源，以及太阳能、宇宙射线等太空能源。专家预测，在这些能源中，核燃料是最有希望逐步取代矿物能源的重要能源。

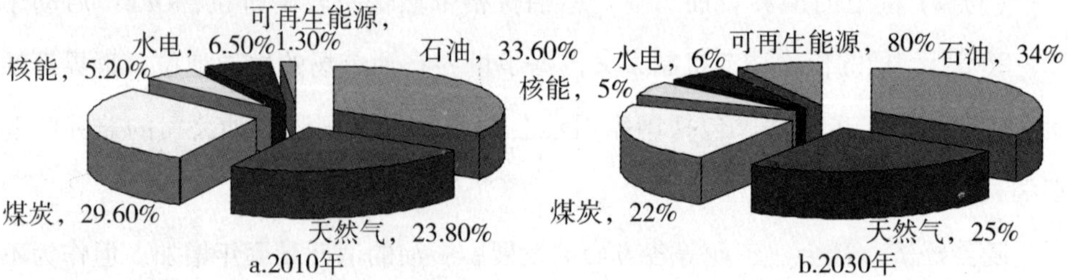

图1-4 2010年世界一次能源结构和2030年世界一次能源结构预测

从19世纪末到20世纪初，近代物理学在研究原子内部物质运动形态方面有了一系列重大发现。核能的发现和应用，是能源发展史上继摩擦取火、蒸汽机和电能应用之后又一个具有重大意义的事件。它为人类对自然能源的利用开辟了一个新的巨大领域。进入21世纪，由于核电安全技术的快速发展以及天然气和煤炭价格的高涨，使核电显得更为便宜；同时燃烧化石能源导致的环境污染严重和气候变暖的现实，使许多国家都将发展核能列入本国中长期能源政策。

在多能源并用时期，人类除了有计划地开发利用核能，具有悠久利用历史的水力能的开发利用也方兴未艾，规模不断扩大；同时人类还投入大量人力和物力，开展太阳能、风能、地热能、生物质能和海洋能等可再生能源的开发利用技术研究，并不断将新技术投入实际工程应用，使可再生能源在能源结构中所占比例不断增加。可见，全社会多能源并存并用的时代图景已呈现出来。

1.3.5 可再生清洁能源时期

化石燃料的燃烧会产生大量对环境生态有害的气体如二氧化碳（CO_2）、二氧化硫（SO_2）、二氧化氮（NO_2）等，这些气体造成了全球温室效应、酸雨等一系列环境问题。在过去的一百年中，全球平均气温上升了0.3～0.6℃，全球海平面平均上升了10～25厘米。照此发展下去，人类赖以生存的地球将被自己毁灭。然而，不知道该庆幸还是该遗憾，人类目前大规模使用的化石燃料已所剩不多。按照当前探明的化石燃料储量，再开采150年左右（最多不超过200年）将消耗殆尽。曾一度被人们看好的核能虽然蕴含巨大的能量，但其高额的投入费用和潜在的巨大危险性，令世界上多数国家望而却步，况且核裂变燃料与化石燃料一样其储量也是有限的。因此，资源丰富、可再生的清洁能源的开发和利用已势在必行。但由于技术原因，目前对这些能源我们还只能称之为新能源。但可以预测，随着能源利用技术的进步和设备的发展，这些新能源迟早会变成常规能源。

与化石燃料相比，目前的新能源均具有可再生性、对环境友好等优点，更符合人类可持续发展的需要。其中太阳能、风能、地热能、水力能和潮汐能是开发利用较早的新能源，已在实际生产生活中发挥着重要作用。而作为新能源中“排行”靠后的生物质能，在最近几年内人气锐增，势如破竹，被看作是“新能源家族中可实现度最高的未来能源”。

1981年联合国于肯尼亚首都内罗毕召开新能源和可再生能源会议，提出了新能源和可再生能源的基本含义：以新技术和新材料为基础，使传统的可再生能源得到现代化的开发利用，用取之不尽、周而复始的可再生能源来不断取代资源有限、对环境有污染的化石能源；它不同于常规化石能源，可以持续发展，几乎是用之不竭，对环境无多大损害，有利于生态良性循环；重点是开发利用太阳能、风能、生物质能、海洋能、地热能和氢能等。

新能源和可再生能源的主要特点：能量密度较低且高度分散，开发利用需要较大的空间；资源丰富，可以再生，可供人类永续利用；分布广，有利于小规模分散利用；不含碳或含碳量很少，利用过程清洁无污染，几乎没有损害生态环境的污染物排放；太阳能、风能、潮汐能等资源具有间歇性、随机性和波动性，对连续供能不利；开发利用的技术难度大，目前利用技术不成熟。

我国的能源消费中矿物能源资源少、结构不合理、利用效率较低、环境污染严重等问题非常突出。到2020年，要实现国内生产总值翻两番，即使能源消费仅仅再翻一番，一次能源消费总量也要达到30亿吨标准煤，需要新增煤炭生产能力约10亿吨。未来我国将承受能源资源耗竭、环境污染和生态破坏的沉重压力。因此，在我国大力发展新能源和可再生能源，具有特别重要的意义。

1.4 能源禀赋与能源危机

1.4.1 世界能源禀赋不均

（1）俄罗斯“独霸地”。俄罗斯是世界油气资源蕴藏和生产大国，石油蕴藏量占世界石油总储量的13%，年产量占世界总产量的10%，是世界第二大石油输出国。俄罗斯天然气蕴藏量占世界总储量的35%，年产量占世界总产量的30%，是世界最大的天然气生产与出口国。这是俄罗斯“独霸性”的能源资源，不存在开发与占有的国家间争议，所以俄罗斯因拥有丰富的油气资源而底气十足。2006年俄罗斯频繁打出油气“能源牌”，让依赖俄罗斯的欧盟国家对俄方“爱恨交加”。除了欧盟国家急切需从俄罗斯获得油气输出管道工程外，近年来中国、日本、印度等国在对西伯利亚油气外输管道的规划与投资方面，竞争也日益激烈。

（2）波斯湾地区“核心带”。自古以来，波斯湾就是连接亚洲和其他地区的重要战略通道。波斯湾以丰富的石油蕴藏著称，被誉为“世界石油宝库”，探明石油储量约800多亿吨，约占世界储量的一半以上。沿岸各国（包括伊朗、伊拉克、科威特、沙特阿拉伯、巴林、卡塔尔、阿拉伯联合酋长国和阿曼等）都是盛产石油和天然气的国家。基于波斯湾丰富的石油资源，石油争夺战最先也由中东打起。从1991年的波斯湾战争到2003年的伊拉克战争，美国动武的目的就是要在这个石油“核心地带”牢牢站稳，掌握长远的石油战略资源。伊战后，美军管治下的伊拉克重建石油设施招标，中标的都是美国哈利伯顿等能源公司。英国的石油公司甚至投诉称美国是在独霸伊拉克石油。

（3）中亚－里海“新基地”。在中亚－里海这个区域内，除俄罗斯、中亚五国（包括哈萨克斯坦、乌兹别克斯坦、吉尔吉斯斯坦、塔吉克斯坦和土库曼斯坦）外，还包括伊朗、阿塞拜疆、亚美尼亚、格鲁吉亚等国家。英国地缘政治学家麦金德有一句名言：里海地区是通往中亚的桥梁，谁控制了中亚，谁就能控制欧亚大陆；谁控制了欧亚大陆，谁就能控制全世界。中亚－里海被称为“21 世纪的能源基地”，石油和天然气储量排在俄罗斯和中东之后，居世界第三位。随着中东等传统石油供应区局势的日益不稳定，中亚－里海区域开始成为能源消费大国的争夺对象。对该区资源的争夺，基本围绕里海的水域划分、油气勘探开采权、油气输出管道走向三大问题展开。

（4）拉丁美洲“大后方”。拉丁美洲探明的石油储备量，占世界石油总储量的 12% 左右，使拉丁美洲能源在全球的地位如日东升。目前，拉美国家中墨西哥是第一大石油生产国，委内瑞拉是第二大石油生产国、世界第五大石油出口国，石油收入占委内瑞拉出口收入的 80% 以上。此外，秘鲁、玻利维亚等国石油和天然气也是国家财政的主要来源。从美国的角度看，拉美一直是自己的“后院”，此前一直不急于开采拉美能源，而是先到中东开采，将拉美能源作为能源储备保留。然而，随着拉美的整体“左转”，以委内瑞拉为首的拉美能源大国逐渐意识到，能源是他们发展经济不可多得的“资本”。如今，拉美能源正成为各国争夺的一块“肥肉”。

（5）非洲中部“拓荒区”。目前，非洲已探明的石油储量仅次于中东和南美洲，约占全球已探明储量的 11.1%。尼日利亚、利比亚和几内亚是非洲最大的能源供应国。西方跨国公司已开始关注非洲石油。目前，美国 15% 的石油供应由非洲进口。其中，尼日利亚是美国的第五大石油供应国。就目前看，非洲主要产油国大部分牢牢掌握在西方公司手中。多年来，西方跨国公司在非洲“利”字当头，一切以赚取最大利润为目的，对石油产区的基础设施投资严重不足，致使各武装派别袭击石油管道、绑架公司人质的事件时有发生。目前，世界各国正对非洲展开新的“争夺战”，目标是石油和矿产，参与者是美国、法国、英国和日本等。尤其是美、日两国近年来加快了向非洲渗透的步伐。

（6）南北两极“处女地”。20 世纪 90 年代中期，南北两极还算“处女地”，油气资源一直都未被开采。伴随能源需求的紧缺，对地球两极的油气资源争夺早已暗中展开。西方大的能源公司已陆续踏进北极。2006 年4 月，美国地质调查局组织的60 位科学家科考北极，因受英国和挪威的石油巨头的鼎力支持，被质疑为其意在石油。据这次科考探测结果显示，全球有1/4 的未开采化石燃料蕴藏在北极，位于北冰洋沿岸的五个国家——俄罗斯、挪威、美国、丹麦和加拿大，都在忙于争夺周围原始土地的主权。

1.4.2 中东战争引发能源危机

世界经济的现代化，得益于矿物能源（如石油、天然气、煤炭与核裂变能）的广泛投入应用，因而它是建立在矿物能源基础之上的一种经济。然而，这一经济的资源载体将在21 世纪上半叶迅速接近枯竭。按可支配矿物能源的极限，石油储量的综合估算大约为1 180 亿～1 510 亿吨，以1995 年世界石油的年开采量33.2 亿吨计算，石油储量大约在2050 年左右宣告枯竭。天然气储备估计在131 800 兆～152 900 兆立方米，年开采量维持在2 300 兆立方米，将在57～65 年内枯竭。煤的储量约为5 600 亿吨，1995 年煤炭开采量为33 亿吨，可以供应169 年。铀的年开采量目前为每年6 万吨，根据1993 年世界能源委员会的估计可维持到21 世纪30 年代中期。核聚变能可控利用技术到2050 年还没有实现的希望。尽管有其他形式的能源（如太阳能、风能等）的补充，但总的看来，能源短缺问题愈来愈严重。矿物能源与原料链条的中断，必将导致世界经济危机和冲突的加剧。

地球上的能源（煤、石油、森林、海洋与土地等）就像人体的五脏六腑一样，即使不生病（生病时就像地球上发生了各种自然灾害），人一旦上了年纪，其五脏六腑（能源等）也会衰竭殆尽。能源危机就是指因为能源供应短缺或价格上涨而影响经济发展的社会现象，通常涉及石油、电力或其他自然资源的短缺，会造成经济衰退。

中东地区作为世界上最大的产油区，历史上每一次中东战争都会导致石油危机。事实上，近年来中东及海湾地区与非洲的战争都是由矿物能源的重新配置与分配而引发的。

1973～1974 年第一次石油危机，产生于第四次中东战争。OPEC 为了打击以色列及支持以色列的西方国家，阿拉伯国家宣布收回石油标价权，提高石油价格，减少生产，并对西方国家实施禁运，使每桶油价从 3.01 美元增加到 11.651 美元。结果阿拉伯国家获得了 1 100 亿美元的巨额收益，同时导致了西方国家（包括日本）的经济衰退。保守估计，此次石油危机至少使全球经济倒退 2 年。

1979 ~ 1980 年第二次石油危机，由两伊战争引起。两大产油国的战争造成国际油价飙涨，再次使西方国家遭受打击。以美国为例，GDP 增长率由 1978 年的 5.6% 下降到 1980 年的 3.2%，直至 1981 年 0.2% 的负增长。而日本从第一次石油危机中吸取教训，进行了大规模的产业调整，增加了节能设备的利用，提升核电发电量，所以在第二次石油危机中保持了 33.5% 的 GDP 增长率，一举取代美国成为世界上最大的债权国。当前我国的石油对外依存度已超过 50%，美国、日本的经验值得我们深思和借鉴。

1990 年海湾战争，是一场彻彻底底的石油战争。当时美国总统老布什曾表示：如果世界上最大的石油储备权落到萨达姆手中，那么美国人的就业机会、生活方式都会遭受毁灭性的灾难。当时美国经济已经放缓，急需大宗商品来刺激，于是便联合英国等西方国家发动了名为反恐、实为石油的海湾战争。战争期间油价曾飙升至 40 美元每桶，不过由于国家能源机构的及时运作，再加上沙特阿拉伯的支持，很快便度过了这次石油危机。

进入 21 世纪以来，美国先后发动两场战争，尽管借口冠冕堂皇，但却始终摆脱不掉争夺中亚与中东石油的影子。伊战带来的直接后果是全球石油价格高涨，进而对全球经济稳定造成冲击，让人类迎来第三次“石油高价时代”，并可能永远告别“廉价石油”时代。尽管钻探技术一直在提高，提炼技术一直在革新，替代能源一直在研发，但这些都不足以满足全球性的巨大能源需求。在石油价格高位下，会刺激石油的钻探与替代能源的开发，短期内可导致石油供求实现新平衡。但从长远看，由于石油资源的不可再生与稀缺性，今后最终会使石油价格始终维持高位。石油生产“巅峰”时代到来后，石油产量将逐年下降。从未来发展前景看，未来一代将因前人肆无忌惮地消费不可再生能源而受到无情的惩罚。即便有类似太阳能、风能、生物质能这样的可再生能源与石油、天然气、煤炭与核能一起补充到能源消耗的行列中来，但也只能满足工业化国家能源需求的 1/4，而这还是最好的假设。对比过去的两次石油危机，很多专家担心，“廉价石油”时代的结束，可能使全球经济同样面临因能源稀缺带来的严重挑战。为满足经济发展动力，保障能源需求，能源需求大国只有靠“走出去”——参与资源产区的激烈竞争。

总的来说，这几次石油危机都具有共同的特征，就是都对处于上升循环末期、即将盛极而衰的全球经济造成了严重冲击。历史上的几次石油价格大幅度攀升都是因为OPEC供给骤减，使市场陷入供需失调的危机中。预计2015～2020年，我国石油净进口率将达到57.4%～59.7%，超过了石油安全的极限。一旦发生战争，美国与一些西方国家很有可能会以能源来打击我国。

从2006年1月1日俄罗斯对乌克兰实施“断气”，到2006年年底阿塞拜疆宣布2007年不再从俄进口天然气；从2007年1月1日拉脱维亚购买俄天然气的价格被提高50%，到最近俄罗斯、白俄罗斯之间的油气争端，以及委内瑞拉石油国有化，都使“能源之争”成为不可忽视的主题。“能源之争”背后，是全球石油、天然气等不可再生能源产量的增长乏力，尤其是石油作为各国经济“血液”，其需求量攀升所引发的政治斗争的表现。因能源之争引发的大国暗中对抗、全球性小规模冲突的新图景正在形成。对全球能源资源的争夺，塑造出新的战略联盟，而旧有力量也将被重新洗牌。

能源是人类生存和发展中必不可少的资源。能源的发展史，就是科学技术的发展史，也是人类社会进步的历史。能源的发展已经历薪柴、煤炭、石油三个时期，而其中的矿物能源即将被人类消耗殆尽，未来的人类将使用何种能源呢？事实警示我们，当前要做好三件大事：一是高效地利用常规能源，二是做好常规能源的储备，三是努力开发新能源及可再生能源。目前全世界都在开展可再生能源的利用技术研究，以满足社会持续发展对能源的需求，彻底解决能源的供给问题。但能源开发之路漫漫其修远兮，需我辈上下而求索。

2 化石燃料——从辉煌走向衰落的常规能源

锅炉中熊熊燃烧的煤炭，汽车发动机消耗的汽油，家庭做饭燃气灶使用的天然气，都是我们熟悉的化石燃料。人类从古代就开始利用这些能源，近代开始大量使用这些能源，而到了现代更加疯狂地消耗着这些能源。化石能源在地球内部的总储量是有限的，随着人类的大量消耗而越来越少并将快速枯竭。据预测，如果不采取有效控制措施，按照当前的开采速度，全世界剩余的化石燃料储量中，石油还可以开采约40年，天然气还可以开采约65年，煤炭还可以开采150~200年。社会经济在不断发展，对能源的需求量与日俱增，所以化石能源的日益短缺必然造成能源危机。随着我国经济的快速发展，能源的供需矛盾将越发突显，能源供应将愈发紧张。据专家预测，到2050年，我国人均能源消费将达到甚至超过世界平均水平，能源供应将产生较大缺口，能源问题将成为制约我国社会经济发展的瓶颈。

2.1 黑色“金子”煤炭

2.1.1 走近黑色“金子”

人类发现和利用煤炭的历史相当长。早在3000多年前，我们的祖先就已开始采煤，并用这种称为“黑石”的东西来取暖和烧水煮饭。明末宋应星编著的《天工开物》是世界第一部记载煤炭开采技术的著作，内容包括地质、开拓、采煤、支护、通风、提升、运输和瓦斯排放等。在汉唐时代，我国就已经建立了手工煤炭业，并将煤炭广泛应用于冶铸金属领域。但当时世界上大多数国家还不知道煤炭是什么东西。煤炭在古代除了有“黑石”之名，还有许多别名，如春秋时期称煤炭为石涅或涅石，魏晋时期称煤炭为石墨，唐宋时期称煤炭为石炭，明朝以后才称之为煤炭。

龙的概念和形象为我国古代劳动人民所创造，几乎任何事物都能和龙攀上关系，煤炭也是如此。其中，最有趣的要数乌龙变煤炭的传说了。在辽宁阜新矿区就有一个关于煤炭的传说：相传有五条黑龙，都想独占大海而争斗不休，闹得翻江倒海，不可开交。玉皇大帝一怒之下，把这五条龙压在一座大山之下。天长日久，黑龙就化为煤炭。辽宁阜新矿区至今还有“五龙煤矿”之名。在汉代有人说煤炭是“天火劫烧之灰”；唐代有人认为煤炭是“天火烧石而成”，像西游记里孙悟空一样是由石头变来的；还有人则认为煤炭是太上老君“炼海烧山”的结果，甚至编出“神仙种煤”“老君爷撒籽种煤”的种种神话传说。当然这些神话传说是人们无法科学解释煤炭成因的产物，有迷信与愚昧的成分，却也表达了人们对煤炭的珍视。

我们不禁要问，煤炭到底是怎样形成的呢？人类发现和使用煤炭虽然已有3000多年的历史，但煤炭的成因却是近几百年来才逐步弄清的。煤炭是由植物体变来的，这已是不争的事实，所以，这要从植物说起。

原来，绿色植物中的叶绿素能够从空气中吸收二氧化碳，同时吸收太阳光，依靠太阳光的能量，把根部送来的水分解成氧气和氢气，在放出氧气的同时使氢气与二氧化碳发生一系列复杂的化学反应，变成植物生存所必需的物质——各种糖类。这个奇妙的过程就是我们通常所说的“光合作用”。正因为有了光合作用，植物才会不断地从环境中吸收营养而茁壮成长。

那么，绿油油的树木枝叶、粗大的树干，是怎么变成黑色的像石头一样的煤炭呢？早在远古时代，地球上的气候比现在要温暖湿润得多，因而地面上到处生长着茂密高大的造煤植物。特别是在海边和内陆湖沼地带，由于这里终年积水，营养丰富，植物尤其茂盛。随着植物不断地生长和死亡，经过许多次反复之后，植物的遗体在这些地方越堆越多，积水变得越来越浅。在细菌的作用下，植物的遗体最终变成一种黑褐色或褐色的淤泥状物质即泥炭。我们把由植物遗体变成泥炭这一过程叫作“泥炭化阶段”，它是煤即将形成的前奏。

如果地球的表面和地壳永远稳定不变，那么即使有了很多植物遗体，煤炭也无法形成。但我们知道，地球的表面从来没有安静过，常常发生频繁的地壳运动。如果地壳上升了，低洼的地方会变成平地甚至高山，由于水分减少，植物将生长得缓慢而稀少，这就失去了形成煤炭的物质条件。如果地壳下降了，而且下降得很快，特别是当地壳下降的速度超过植物遗体堆积的速度时，植物由于水太深而无法继续生长，那么煤同样也难以形成。只有当地壳缓慢下降时，植物才能不断地生长和死亡，泥炭层也才能不断地形成和加厚。如果这里的地壳反复地上升和下降，则有可能形成许多煤层。在浅海和内陆湖沼区域，由于地壳下降，泥炭层会被陆地上河流带来的泥沙所掩埋，而且随着地壳的不断下降，覆盖在泥炭层上的泥沙会越来越厚，泥炭层会被掩埋得越来越深。图 2 - 1 让我们更直观地感受煤的形成过程。

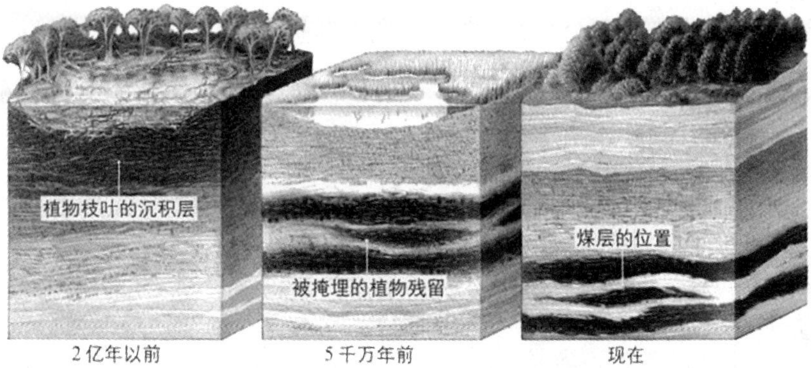

图 2 - 1　煤的形成过程示意图

那些被掩埋的植物遗体，在地下经过长期的高温高压和细菌的作用，即形成了褐煤（图 2 - 2 a）。我们把由泥炭变成褐煤的过程叫作"岩化作用"。褐煤在高温高压下，将继续失去水分，碳含量会进一步增加，慢慢地变成了烟煤（图 2 - 2 b）。烟煤进一步变化，最后变成了无烟煤（如图 2 - 2 c）。由褐煤、烟煤到无烟煤的过程，最主要的变化就是煤里面的碳含量。可见，煤炭的形成首先必须有大量植物遗体，其次适当的地壳运动也是一个必要前提，二者缺一不可。在地球形成和演化的整个地质历史上，曾多次出现过有利于成煤的地质条件。例如我国的石炭纪、二叠纪（距今 2.5 亿 ~ 3.3 亿年）和侏罗纪（距今 1.4 亿 ~ 1.95 亿年）等时期，就非常有利于煤炭的形成，我国的煤炭大部分都是这些时期形成的。

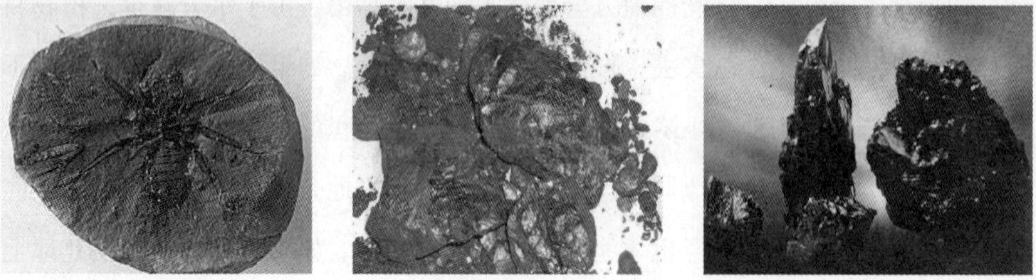

a.褐煤　　b.烟煤　　c.无烟煤

图2－2　煤炭的三种主要形式

长期以来，人们认为煤炭仅仅是用作燃烧的，但近几十年来，随着社会发展和科技进步，人们才发现煤炭的浑身都是宝。它不仅是一种重要的能源，而且是一种重要的有机化工原料。那么，煤炭究竟有哪些主要用途呢？

发电：我国约1/3以上的煤用来发电，目前平均发电耗煤折算成标准煤为370克/千瓦·时左右。煤炭转化为电力的主要好处是：电力更容易输送，且输送效率更高，使用更方便。

蒸汽机车：占动力用煤的2%左右，蒸汽机车锅炉平均耗煤指标为100千克/(万吨·千米）左右。

建材生产：约占动力用煤的10%以上，其中水泥生产的耗煤量最大，其次为玻璃、砖、瓦等生产部门。

工业锅炉：除热电厂及大型供热锅炉外，一般企业及取暖用的工业锅炉型号繁多，数量大且分散，用煤量约占动力煤的30%。

生活：生活用煤的数量也较大，约占燃料用煤的20%。

冶金：冶金用动力煤主要为烧结和高炉喷吹用无烟煤，其用量不到动力用煤量的1%。

用于以上用途的煤，我们称其为动力煤，与动力煤对应的是炼焦煤。炼焦煤的主要用途是炼焦炭，焦炭由焦煤或混合煤高温冶炼而成，一般1.3吨左右的焦煤才能炼1吨焦炭。焦炭多用于炼钢，是目前钢铁等行业的主要生产原料，被喻为钢铁工业的“基本食粮”。

2.1.2 探寻黑色宝藏

3000 多年前当欧洲等西方国家还不知道煤炭为何物的时候，我们的祖先就已经开始利用煤炭了。你知道先辈们是怎么发现和开采煤炭的吗？在古代，最初劳动人民在种地、打井、挖窖、狩猎等活动中发现了地表的煤炭或埋藏较浅的煤层。因煤层埋藏较浅，经洪水冲刷后，煤层在山沟坡底常有露头。先辈们在寻找适合做工具的石料时，发现了这些露头煤层。其中质硬的特殊部分，也被当作石头制成各式各样的美玉器物，可见在古代煤炭还曾是很精美的装饰品呢。

那么，现在的煤炭是如何勘探和开采的呢？目前我国煤炭勘察主要是对含煤地层的煤层、可采煤层的煤质与煤类、构造、水文地质条件及其他开采技术条件（煤层顶底板工程地质条件、煤层瓦斯成分及含量、煤尘爆炸、煤自燃倾向、地温及梯度变化等）进行了解，同时注意共生、伴生矿产的评价。煤炭勘察的工作方法是以地质填图为基础，普查阶段的比例尺为 1/50。除槽、井探和小窑调查以及钻探工程外，还采用航磁、航电、遥感、地面电法、磁法、地震等物探方法，其中物探测井是重要的、不可缺少的环节。

目前我国的煤炭开采主要有露天开采和矿井地下开采两种方式，如图 2-3 所示。露天开采顾名思义是针对埋藏较浅的煤层，移走煤层上覆的岩石及覆盖物，使煤敞露地表而进行开采。其中移去土岩的过程称为剥离，采出煤炭的过程称为采煤。露天采煤通常将井田划分为若干水平分层，自上而下逐层开采，在空间上形成阶梯状。由于我国大部分煤炭地质分布较深，所以矿井地下开采方式占绝大部分。新中国建立后，矿井地下开采方法不断发展，目前主要采用综合机械化采煤法。

地下开采难免发生矿难事故。据国家安监局煤矿事故统计，我国煤矿产量约占全世界的 35 %，而煤矿事故的死亡人数却占全世界的近 80 %。目前我国已建立多方制约性的煤炭企业安全生产保障机制，实行安全管理目标责任制，运用安全保障系统的动态优化理念，不断提高煤炭企业安全生产水平。

a.露天开采

b.矿井地下开采

图 2－3　我国煤炭开采的主要形式

2.1.3　北煤南运工程

也许有人会问为什么要北煤南运呢？让我们首先看一下我国的煤炭资源分布情况，答案就一目了然了。我国是煤炭资源大国，煤种齐全，分布较广，已探明的煤炭储量占世界煤炭总储量的33.18％，煤炭可采储量居世界第三位。我国煤炭资源总量虽然较多，但探明程度较低，人均占有储量较少，按2009年人均可采储量计算，我国人均可采储量仅为90.9吨，约为世界人均可采储量的55％。我国煤炭资源呈现分布不均的现象，如图2－4所示，昆仑山—秦岭—大别山一线以北的北方省区已发现煤炭资源占全国总量的90.29％，但这些地区的经济欠发达，煤炭消耗量较小；而该线以东是我国经济发达的地区，也是能源消耗的主要地区，但该地区煤炭资源量仅占全国总量的1％。可见，我国煤炭资源和现有生产力呈逆向分布状态，这就必然造成“北煤南运”和“西煤东调”的局面。北方地区生产的煤炭向南方（主要是华东和华南沿海地区）运输，将是我国煤炭运输长期存在的主流向。

我国煤炭生产和消费地区分布极不平衡，华北地区是煤炭主要产区，煤炭生产大于消费，是煤炭输出区。华东和华南地区煤炭消费大于生产，是煤炭输入区。这种煤炭产消分布格局决定了华北地区，特别是山西、陕西北部和内蒙古西部的煤炭向华东和华南地区，主要是上海、江苏、浙江、福建、广东等省市运输。大量煤炭自北向南、由西到东长距离运输，给煤炭生产和运输造成了极大的压力，也增加了煤炭利用的成本。

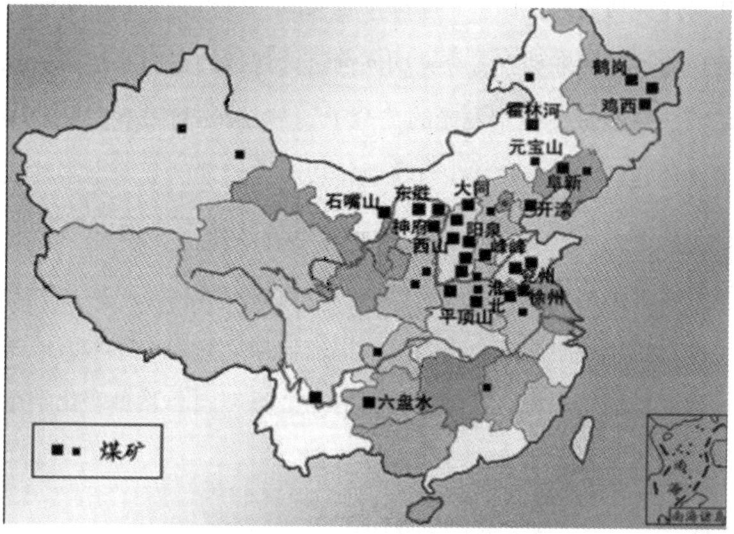

图 2-4　我国煤矿分布

“北煤南运”运量大、运距长，主要采用铁路、海运和内河水路运输。京沪、京九、京广、焦枝等铁路，沿海、长江和京杭运河水路运输线都是北煤南运的主要线路。“西煤东调”主要由铁路运输，并集中在北、中、南三大运输通道上。北通道有大秦、丰沙大、京原三条铁路，约承担西煤东运总运量的 55 %，除供应京、津、冀地区外，大部分在秦皇岛港运海运，并有一定数量运往东北地区。新建的神木—黄骅铁路也是西煤东运的主要线路，煤炭在黄骅港转海运。中通道有石太铁路，约承担西煤东运总运量的 25 %，大部分经石德铁路转青岛港海运。南通道有太焦、邯长、侯月和南同蒲铁路，约承担西煤东运总运量的 20 %，经新石铁路从日照港转海运。

2.1.4　点石成金——煤炭的高效清洁利用

你相信吗？在古代煤炭除了用作日常做饭、取暖，还可以用作给人治病、为妇女画眉。我国古代对煤炭的利用，大体经历了装饰品、工艺品、殉葬品、生活和手工业燃料几个阶段。从新石器时代晚期到唐朝和宋朝，我国的煤雕工艺延绵不绝，出土的煤雕制品遍及全国广大地区。从战国开始，煤雕的用途不再局限于装饰，逐渐扩展到实用的生活用品，比如发簪、印章等。在唐代一些炼制“金丹仙药”的方士曾对煤炭进行过各种化学试验，并将其与其他植物燃料进行对比，进一步深化对煤炭功效的认识。一些郎中也尝试用煤来医治某种疾病。

历史的车轮不断地推动着人类文明向前进，现代的人们通过高新科技已把古代黑色的“石头”变成了熠熠发光的“金子”。煤炭的利用不仅仅是放进炉子里燃烧，为了发挥其最大效能并减少污染物排放，人们现已开发出多种现代的煤炭高效清洁利用技术，主要包括高效燃烧和高效转化两个方面，如图 2 - 5 所示。煤炭的高效燃烧技术是将煤炭的化学能高效地转化为热能，直接加以利用，或将煤炭的化学能先转化为热能后，再转化为电能而加以利用；煤炭的洁净转化技术是将煤炭作为原料使用，将煤炭转化为气态、液态、固态燃料或化学产品，以及具有特殊用途的炭材料。下面做一下简单介绍。

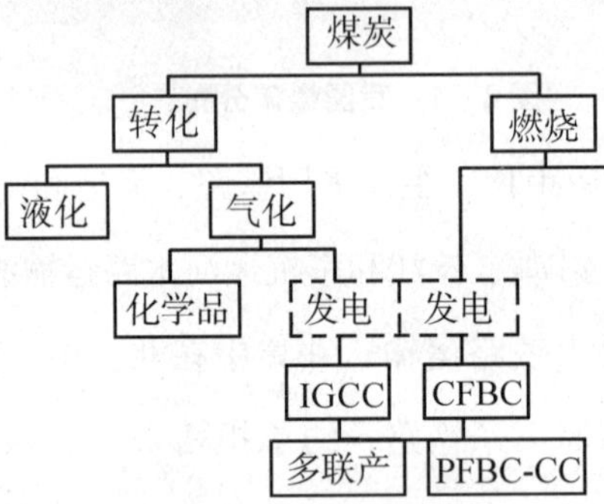

图 2 - 5　煤主要利用方式

IGCC—整体煤气化联合循环；CFBC—循环流化床燃烧；PFBC - CC—增压流化床燃烧联合循环

（1）煤炭的高效转化利用技术。

1）煤气化技术。我们日常生活中使用的煤气主要成分是一氧化碳、氢气、甲烷等可燃气体。而得到煤气需要采用煤气化技术。煤气化技术有常压气化和加压气化两种，这两种技术分别是在常压或加压条件下，保持一定温度，通过气化剂（如空气、氧气和水蒸气）与煤炭反应生成煤气。在煤气化过程中需要脱硫、除氮以及排去灰渣后，煤气才能成为洁净燃料。一般用空气和水蒸气做气化剂的煤气热值较低，而用氧气做气化剂的煤气热值较高。

2）煤液化技术。在石油日益紧缺的今天，把煤转换成液体燃料要用到煤液化技术。煤液化技术有间接液化和直接液化两种。间接液化是先将煤气化，然后再把煤气液化，如煤制甲醇；直接液化是把煤直接转化成液体燃料，如直接加氢将煤转化成液体燃料，或将煤炭与渣油混合成油煤浆后反应生成液体燃料。

3）煤气化联合循环发电技术（IGCC）。我国常规燃煤发电技术存在着燃烧不充分、发电效率低的问题。IGCC 技术首先将煤气化成中低热值煤气，除去煤气中的硫化物、氮化物、粉尘等污染物，净化为清洁的气体燃料，然后送入燃气轮机中燃烧，驱动燃气轮机做功发电，排出的高温废气进入余热锅炉，锅炉产生蒸汽，再用蒸汽轮机发电，系统发电的净效率可达 45 %，而污染物的排放量仅为常规燃煤电站的 1/10。可见，IGCC 技术把高效的燃气－蒸汽联合循环发电系统与洁净的煤气化技术结合起来，既有较高的发电效率，又有极好的环保性能，是一种有发展前景的洁净煤发电技术。

（2）洁净煤技术。2013 年 1 月全国大部分地区出现了持续多日的严重雾霾天气，天空中雾气腾腾，空气中漂浮着大量固体粉尘和污浊气体，造成了严重的空气污染，能见度降低，不但影响到航空和高速公路运输，而且直接危害到人体健康，造成许多人患呼吸道疾病。那么为什么会出现如此严重的雾霾天气呢？这要从我国的能源消费结构说起。我国能源消费以煤炭为主，煤炭消耗量占全国能源总消耗量的 70 % 以上，其中 80 % 的煤炭作为燃料使用；而且我国的煤炭具有含硫量大、灰分高的特点，煤炭直接燃烧时产生大量的 CO_2、SO_2 和 NO_x 等有害气体，同时还伴有大量细微粉尘。这就是造成雾霾天气的主要原因。

因此，为实现我国的节能减排目标，必须高效地利用能源并减少污染物排放。煤炭的清洁高效利用正是实现这一目标的关键技术，当前世界各国都在推进“洁净煤技术”。“洁净煤技术”是指在煤炭开发利用过程中，旨在减少污染物排放和提高利用效率的加工、燃烧、转化及污染控制等高新技术的总称。洁净煤技术关注煤炭利用的经济效益、社会效益和环保效益的综合情况，是能源工程的一个主要技术领域。

洁净煤技术大体上可分为煤炭燃前技术、燃中技术、燃后技术、煤炭转化技术、煤系共伴生资源利用及有关新技术等五类，具体分类见表 2－1。根据我国的实际情况，我国洁净煤技术选择的原则是：在提高效率的前提下，减少污染；推广现有成熟技术；研究开发和引进经济有效的实用技术；终端用户以电力和工业锅炉为主。

表 2－1　洁净煤技术分类

<table>
<tr><th colspan="2">分类</th><th colspan="2">技术项目</th></tr>
<tr><td colspan="2">煤炭加工：燃前净化技术</td><td colspan="2">选煤、型煤、水煤浆</td></tr>
<tr><td rowspan="2">煤炭燃烧及后处理技术</td><td>燃中净化</td><td>高效低污染的粉煤燃烧、燃烧中固硫、流化床燃烧、涡旋燃烧</td><td rowspan="2">煤气化联合循环发电（IGCC）、流化床燃烧联合循环发电（FBC）、循环流化床锅炉（CFBC）、燃烧中固硫和烟道气脱硫等技术</td></tr>
<tr><td>燃后净化</td><td>烟气净化、灰渣处理、粉煤灰利用</td></tr>
<tr><td colspan="2">煤炭转化技术</td><td colspan="2">煤气化、煤的地下气化、煤的液化、煤的干馏、燃料电池、磁流体发电</td></tr>
<tr><td colspan="2">煤炭开发利用中的污染控制技术</td><td colspan="2">煤层气资源开发利用，煤系有益矿产利用，废弃物处理与利用，炼焦厂、水泥厂、化肥厂等污染控制技术</td></tr>
</table>

从我国的实际国情看，我国的煤种和煤质多变，且煤质总体较差，应当加强选煤和煤炭加工利用技术的研究，尤其是加强深度脱硫和脱灰技术研究；开展高效煤气化和煤液化工艺对煤种适应性的研究；同时开发新型高效煤基多联产技术，以实现煤的综合利用。

这里特别介绍一下水煤浆。水煤浆是将煤粉同水和其他流体混合调制成的煤浆，具有浓度高、流变性好、易储存等优点，能像油一样泵送和雾化燃烧，燃烬率可达到 98 % 以上，只产生极少的灰渣。水煤浆用储罐进行运输和储存，避免了运输和储存过程中的污染，并减少了储存时的占地面积，无论储存还是排放指标均能达到国家一类地区的环保要求。水煤浆技术的产生和发展源于 20 世纪 70 年代的石油危机，目的是用水煤浆替代石油资源，同时也提高了煤炭的燃烧效率，并减少了污染物排放。我国的水煤浆技术已达到国际领先水平，正向工业化和生产装置大型化方向发展。

（3）煤基多联产技术。怎样才能更加充分地利用煤炭的能量呢？人们通过不断探索和创新，终于找到了目前最高效的利用方式——煤基多联产技术。煤基多联产是指以煤为原料，利用从单一的设备（气化炉）中产生的合成气（主要成分为一氧化碳和氢气）来进行跨行业、跨部门的生产，以得到多种具有高附加值的化工产品、液体燃料（甲醇、二甲醇、城市煤气、氢气等），以及用于工艺过程的热或发电用能等。煤基多联产的龙头工艺是煤气化，核心是煤化工和发电的有机结合。煤基多联产系统如图2-6所示，能够从系统的高度出发，集煤气化、化工合成、发电、供热、废弃物资源化利用等单元工艺构成煤炭综合利用系统，结合各种生产技术路线的优越性，使生产过程耦合到一起，彼此取长补短，从而达到能源的高利用、低能耗、低投资和低运行成本，以及最少的全生命周期污染物排放。

煤基多联产是煤化工的发展方向。煤基多联产技术是一个非常复杂的系统工程，它不是几种煤炭转化技术的任意简单组合，而是通过多项技术的集成和系统优化，以煤炭资源合理利用为前提，建立在相关技术发展水平的基础之上，以提高煤炭资源的利用价值、利用效率、经济效益和减轻环境污染。

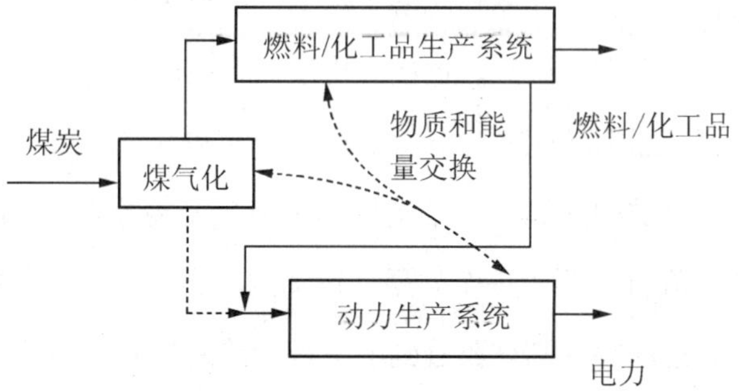

图2-6　煤基多联产系统示意图

2.2　工业“血液”石油

2.2.1　石油的来龙去脉

你知道吗？我国是世界上最早发现和使用石油的国家，最早认识石油性能和记载产地的古籍是一千九百年前东汉文学家、历史学家班固所著的《汉书·地理志》，最早给石油以科学命名的是我国宋代著名科学家沈括，早在公元1100年我国的石油钻井技术就达到了较高水平，成功钻出了1 000米的深井。

由于古代科学不发达，古人无法解释石油的物理及化学特征，便赋予它许多迷信的说法，冠以迷信色彩的称呼，如国外称石为“魔鬼的汗珠”“发光的水”“普罗米修斯的血”“从天而降的神火”等。我国对石油的认识相对比较客观，在汉、晋时期称石油为“水肥”“石漆”等；在隋唐时期称为“石脂水”“黑香油”等。

那么石油到底是什么？它又是怎么形成的呢？目前大多数科学工作者都认为，石油是在地质历史时期低等生物遗体大量沉积在浅海和湖泊中，在缺氧条件下变成有机质，再经过复杂的地质作用，汇集起来而形成的。那时期，在一些深浅比较适当、水流较平静的浅海、河口和湖泊中，生长着大量的低等生物。这些生物死亡后，遗体堆积在较平静的水底，和泥沙一起沉积到水下淤泥中，并不断被新的泥沙所掩埋。在这种隔绝了空气、缺氧的环境里，经过一些特殊的细菌作用，如在厌氧细菌的分解作用下，破坏了生物遗体中碳水化合物的含蛋白质的化合物，在分解过程中，一些气体和能溶于水的产物散失掉了，剩下的部分主要是碳氢化合物，便形成了有机淤泥。这些有机淤泥在高温、高压和放射性元素、细菌的进一步作用下，逐渐转化成为分散的液态石油和气态天然气。刚刚形成的石油都是一些很小的分散的油滴，通常这些小油滴是随着水的流动而到处流动的，它们从这个岩层“旅行”到另一个岩层。运动过程中，受重力作用和地壳运动产生的挤压力作用，这些小油滴被驱赶到上下都较严密的岩层中，中间是多孔的砂岩或者多裂缝的岩石，前面又是严密而不易渗漏的页岩或泥灰岩。在多孔的砂岩或者有裂缝的岩石中，小油滴越聚越多，油田就逐渐形成了。石油和天然气的成分很相似，它们通常像“孪生兄弟”一样在一起，所以凡是有石油的地方，一般都有天然气。

2.2.2 我国石油发展一波三折

新中国成立前，国外的地质学家们都片面地认为我国是一个贫油国。这是因为当时世界上发现的大部分油田都位于海边或海底，这便使“海相生油理论”有了重要的依据。而我国大部分国土属于陆相沉积，所以普遍认为陆地不可能储藏具有工业价值的石油。新中国建立后，我国著名地质学家李四光提出了“陆相生油说”，在此理论指导下发现了大庆油田、大港油田、胜利油田、华北油田等大油田，在国家建设急需能源的时候，使石油滚滚而出，从此摘掉了“贫油国”的帽子。

自20世纪50年代以来，我国先后在82个大中型沉积盆地开展了油气勘探，发现油田500多个。我国石油资源和主要油田分布如图2－7所示。主要的陆上石油产地有：大庆油田、辽河油田、华北油田、山东胜利油田、河南中原油田、新疆克拉玛依油田等。除陆地石油资源外，我国近海海域沉积盆地也具有丰富的油气。这些沉积盆地自北向南主要包括：渤海盆地、黄海盆地、东海盆地、珠江口盆地、北部湾盆地及南海海域等。目前，我国海上油气勘探主要集中于渤海、黄海、东海及南海北部大陆架。

图2－7　我国石油资源和主要油田分布

我国的石油开采方式主要有两种：海上钻井开采（图2－8a）和陆地油田开采（图2－8b）。我国石油资源赋存条件差，陆上有35.8％的资源分布在较恶劣的环境中，56％埋深在2 000～3 500米，西部石油资源埋深多大于3 500米，而待探明的可采资源中大都是难动用的资源。已发现石油的大中型盆地拥有的储量占我国探明石油储量的大部分，它们今后仍然是待发现石油资源的主要阵地。随着我国海上石油钻井平台的建设投入和工作量加大，预计海上石油开采会有重大发现。

a. 海上钻井平台　　b. 陆上石油开采装置

图2-8　我国石油开采方式

根据国土资源部发布的资料，截至2004年底，我国累计探明石油地质储量为248亿吨，探明可采储量67.3亿吨。待探明可采资源量近144亿吨，石油可采资源探明程度32.03%，处在勘探中期阶段，近中期储量发现处在稳步增长阶段。2010年全国新增石油探明地质储量11.5亿吨，新增探明技术可采储量约2.1亿吨；2011年全国新增石油探明地质储量13.70亿吨，同比增长20.6%，是新中国成立以来第9次超过10亿吨的年份。新增探明石油技术可采储量2.66亿吨，同比增长21.4%。

随着我国社会经济的发展、人民生活水平的提高，石油需求持续增加，我国自1993年至今从石油出口国变为石油净进口国。1993年我国净进口石油1 109.2万吨（1975~1990年间我国每年出口石油1 000万~2 000万吨），此后我国石油净进口量不断攀升。1997年我国净进口石油3971.8万吨，同比增长200%多；2000年我国石油净进口量跃升到7576.4万吨；2003年我国净进口石油超过1亿吨；2004年以后我国石油进口对外依存度一直大于40%；2009年我国石油对外依存度为51.3%，首度超过50%的警戒线；海关总署外贸数据显示，2010年我国进口原油2.39亿吨，同比增长17.5%，中国石油对外依存度逼近56%。我国1990~2010年石油产量、消费量与进口量统计见表2-2。

从表中可以看出，自1990年至2005年，一方面石油消费量增速明显高于生产量增速，石油消费年均增长6.8%，高于同期生产速度5个百分点，2001年至

2005 年虽然产量有所上升，但同期消费增长更快，达到 7.7 %，同比增长 5.6 个百分点；另一方面石油消费在能源结构中比重在上升，而石油生产在能源生产结构中比重在下降，这就造成了更大的供需缺口，使我国石油的对外依存度不断上升。从石油消费构成来看，当前我国石油消费主要集中在工业部门和交通运输业，分别占我国石油消费总量的 41.1 % 和 33.6 %。工业和农业的石油需求有逐年回落的趋势，而交通运输和生活消费需求增长较快。如表 2 - 3 所示。

表 2 - 2　我国 1990 ~ 2010 年的石油产量、消费量与进口量统计

年份	国内产量		消费量		进口量
	（万吨标准煤）	（万吨原油）	（万吨标准煤）	（万吨原油）	（万吨原油）
1990	19 745.18	13 821.35	16 384.70	11 469.06	-2 352.29
1991	20 130.05	14 090.75	17 746.89	12 422.58	-1 668.18
1992	20 271.38	14 189.69	19 104.75	13 373.06	-816.63
1993	20 768.03	14 537.33	21 110.73	14 777.21	239.88
1994	20 896.30	14 627.12	21 356.24	14 949.07	321.95
1995	21 419.64	14 993.45	22 955.80	16 068.74	1 075.29
1996	22 544.72	15 780.99	25 010.64	17 507.10	1 726.11
1997	22 906.93	16 034.53	28 110.79	19 677.16	3 642.63
1998	22 986.25	16 090.05	28 426.01	19 897.81	3 807.76
1999	22 857.16	15 999.69	30 205.65	21 143.53	5 143.84
2000	23 280.51	16 296.03	32 158.05	22 510.19	6 214.14
2001	23 420.70	16 394.16	32 749.66	22 924.30	6 530.14
2002	23 858.05	16 700.30	35 535.74	24 874.52	8 174.22
2003	24 232.16	16 962.17	38 865.35	27 205.20	10 243.02
2004	25 122.45	17 585.36	45 380.52	31 765.73	14 180.36
2005	25 940.38	18 157.90	47 183.22	33 027.59	14 869.69
2006	26 305.66	18 413.60	50 239.08	35 166.65	16 753.06
2007	26 601.90	18 620.95	52 319.85	36 623.16	18 002.21
2008	27 040.00	18 927.62	53 238.00	37 265.85	18 338.23
2009	27 000.54	18 900.00	55 429.69	38 800.00	19 900.00
2010	29 000.58	20 300.00	63 144.12	44 200.00	23 900.00

附注：石油量换算系数为 1 吨原油 = 1.4286 吨标准煤。

表 2-3 我国石油消费构成

行业	1990 年	1995 年	2000 年	2004 年	2005 年	2006 年	2007 年
石油消费量（万吨）	11 485. 6	16 064. 9	22 439. 32	31 699. 91	32 535. 41	3 4875. 93	36 570. 1
农业	9. 00	7. 49	6. 67	6. 31	6. 37	6. 35	5. 83
工业	63. 75	58. 20	48. 66	46. 87	44. 45	42. 93	41. 13
建筑业	2. 85	1. 51	3. 70	4. 49	4. 62	4. 73	4. 99
交通运输和邮政业	14. 65	17. 83	24. 55	27. 19	29. 84	31. 45	33. 62
商业、餐饮业	0. 68	2. 08	2. 43	2. 58	2. 81	2. 84	3. 05
其他	6. 60	8. 65	8. 39	6. 95	6. 39	5. 99	5. 18
生活消费	2. 48	4. 25	5. 60	5. 61	5. 52	5. 71	6. 20

2. 2. 3 工业的血液和粮食

在 200 多年前，人们就开始用蒸馏的方法来提炼石油。如果我们来到那时的炼油厂，看到的设备主要有两部分：一是加热炉，二是精馏塔。首先石油被不断地送到加热炉中加热，从加热炉中出来的石油蒸汽又不断地被送入精馏塔的底部。精馏塔有几十米高，里面有一层一层的塔盘。石油蒸汽从塔底上升到塔顶，必须经过一层一层的塔盘，塔底温度高，塔顶温度低。石油蒸汽经过这一层一层的塔盘时，不同成分的化合物就按沸点的高低，分别在不同的塔盘里凝结成液体。于是，石油家族的各个成员在精馏塔中被一一分开了，得到一系列的产品：汽油、煤油、柴油、润滑油、石蜡、沥青……

我们知道，汽油是汽车、飞机的燃料，有的也用来擦洗机器和零件，或作为油漆、皮革、橡胶等工业的溶剂；煤油是喷气式飞机的燃料，在没电的地方人们还用来点灯照明；柴油与汽油、煤油一样，也是非常重要的燃料，像铁路上风驰电掣的内燃机车、辽阔的海洋上乘风破浪的轮船、田野里耕作和收获的拖拉机和收割机，以及驰骋疆场、所向无敌、被誉为“铁马”的坦克等，使用的燃料都是柴油；说到润滑油，那更是飞机、汽车、轮船、机器等离不开的东西；石蜡则成为制造蜡烛、蜡笔、蜡纸、洗衣粉、鞋油、凡士林等的原料；至于黑乎乎的沥青，恐怕是大家最熟悉的东西了，因为我们每天走过的柏油马路就是以沥青为主要材料铺成的，此外，把沥青涂在铁路的枕木和电线杆上还可以防腐，用沥青做的油毡具有防水的作用等。

随着科学技术的发展，石油的应用将会日益广泛和深入。也就是说，石油不仅是重要的能源，还是非常宝贵的化工原料，因而，被人们誉为“工业的血液和粮食”。如图 2 - 9 所示，石油产品已深入我们日常生活的各个方面。

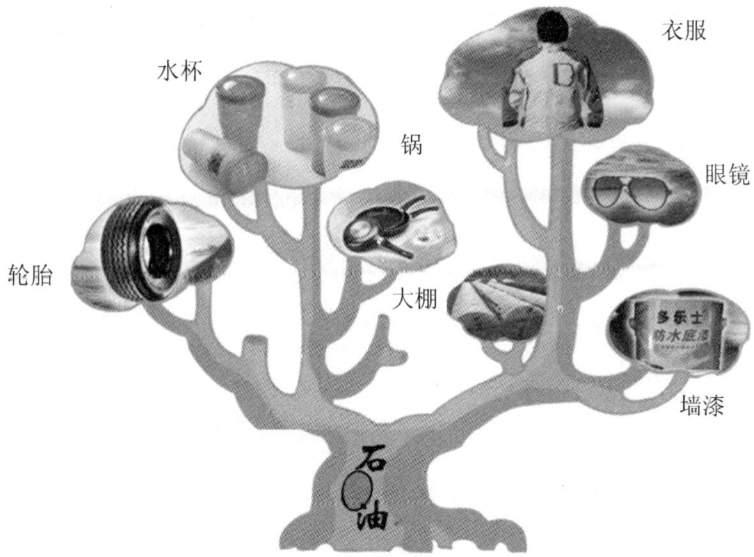

图 2 - 9　日常应用的石油产品

2.2.4　能燃烧的石头

石头能燃烧，你相信吗？没错，油页岩就是一种能燃烧的石头，如图 2 - 10 所示。油页岩（又称油母页岩）属于非常规油气资源，以资源丰富和开发利用的可行性而被列为 21 世纪非常重要的接替能源。它与石油、天然气、煤炭一样都是不可再生的化石能源。油页岩资源量十分丰富，且储量分布相对集中，具有作为接替能源的巨大潜力和有利条件。

油页岩主要是由藻类等低等浮游生物经腐化作用和煤化作用而生成。一些微小动物、高等水生或陆生植物的残体，如孢子、花粉、角质等植物组织碎片，也

图 2-10 燃烧的油页岩

参与油页岩的生成。油页岩外观多呈褐色泥岩状，其相对密度为 1.4 ~ 2.7。油页岩中的矿物质常与有机质均匀细密地混合，难以用一般选煤的方法进行选矿。含有大量黏土矿物的油页岩，往往形成明显的片理。油页岩是一种高灰分的含可燃有机质的沉积岩，它和煤的主要区别是灰分超过 40 %，与碳质页岩的主要区别是含油率大于 3.5 %。油页岩经低温干馏可以得到页岩油，页岩油类似原油，可以制成汽油、柴油或作为燃料油。除单独成藏外，油页岩还经常与煤形成伴生矿藏，一起被开采出来。

目前，世界大部分油页岩分布区的地质勘探程度较低，只有部分国家对本国油页岩矿床进行了详细的勘探和评价，因而很难对全球的油页岩资源量做出正确预测。就目前的勘探情况而言，美国是世界上油页岩资源最丰富的国家，查明地质资源量为 33400 亿吨，折合页岩油为 3036 亿吨。2004 ~ 2006 年，我国对油页岩资源进行了国内首次评价，查明地质资源量为 7199 亿吨，折合页岩油为 476 亿吨。我国在煤炭开采过程中产生的油页岩达到近千万吨，仅抚顺西露天矿油页岩每年排弃量就达 800 万吨，排弃占用大量耕地，严重影响了矿区周围的生态环境。

从 1838 年法国页岩油工业开始至今，油页岩的开发和应用已有近 200 年历史。伴随着二战的爆发、能源危机的出现和石油工业的兴起，油页岩工业曾几度兴衰。油页岩的生产出现过两个高峰期：第一次为二战期间，石油需求量剧增，油价猛涨，不少国家兴起了油页岩开发热潮；第二次为 20 世纪 70 年代，世界能源危机发生，各国都在努力寻求新的能源，油页岩的开发与利用又重新得到了重视。在近200年的开发利用中，其资源状况、主要性质、开采技术及应用研究等方面都积累了不少经验。实际上，把油页岩从地底下开采出来再炼油非常麻烦。科学家们有一个设想：在地面钻一些孔通到地下，用带孔的钢管插进油页岩里，然后对它发射一种频率很高的电磁波，依靠高频电产生的热，把油页岩中的有机质分解成页岩油和可燃气体，使它沿着生产钻井输送到地面为人类服务。

我国油页岩资源储量丰富，在煤炭开采过程中也产生了大量油页岩。开发利用油页岩不仅可以缓解石油供需矛盾，还可以解决因废弃油页岩造成的环境问题，提高资源利用率。因此，我国应该重视油页岩方面的研究，推动开发利用技术的进步，加快油页岩行业发展。

2.2.5 海上漏油殃及鱼鸟

我国有句古话叫作“水能载舟，亦能覆舟”。石油也是如此，如果采取安全、科学、合理的利用方法，石油可以为我们的生产和生活服务，否则就会危及我们的健康，污染地球的环境。据统计，每年通过各种途径泄漏于海洋的石油和石油产品约占世界石油总产量的0.5%，其中以油轮泄漏造成的污染最为突出。石油泄漏被认为是海洋环境的超级杀手。

1989年3月，一艘艾克森油轮在美国阿拉斯加州海域搁浅，泄漏原油1 000多万加仑［1加仑（美）=3.785升］，污染海岸线1 754千米。海湾战争期间，狂轰滥炸导致储油罐和输油管道等石油设施被破坏，至少使1 100万桶原油流入海湾。2002年11月在西班牙西北部加利西亚省海域，搁浅的巴哈马籍油轮断裂成两半并发生燃料油泄漏。这艘载有7.7万吨燃油油轮的沉没，被生态学家称为世界上最严重的漏油事件。这一系列重大事故的发生，为海洋安全敲响了警钟。

2010年4月20日夜间，位于美国墨西哥湾的“深水地平线”钻井平台发生爆炸并引发大火（图2－11），大约36小时后沉入墨西哥湾，11名工作人员死亡。钻井平台底部油井自2010年4月24日起漏油不止。事发半个月后，各种补救措施仍未有明显效果，沉没的钻井平台每天漏油达到5 000桶，5月27号专家调查显示，海底部油井漏油量上升到2.5万~3万桶，演变成美国历来最严重的油污大灾难。墨西哥湾原油泄漏事件引起了国际社会的高度关注，许多国家向美国运送了救援人员及设备，以帮助美国尽快处理污染问题。直到 7 月 15 日，业主英国石油公司才宣布“新的控油装置已成功罩住水下漏油点”。此次漏油事件造成了巨大的环境和经济损失，同时也给美国及北极近海油田开发带来巨大变数。

图 2－11　美国墨西哥湾海上钻井平台发生爆炸及原油泄漏后造成的污染后果

美国这次石油钻井平台发生的原油泄漏事故，是美国历史上最严重的生态灾难，清理油污工作将耗时近 10 年，墨西哥湾在长达 10 年的时间里将成为一片废海。这次海上漏油事件对墨西哥湾沿岸生态环境造成“灭顶之灾”，污染可能导致墨西哥湾沿岸 1 610 英里（1 英里 = 1. 609 3 千米）长的湿地和海滩被毁，渔业受损，脆弱的物种灭绝。因为此时正值墨西哥湾一年一度的鱼类产卵和浮游生物繁盛期，也是这个脆弱的生态系统最易遭受破坏的阶段。由于生活在海水不同层面的海洋生物各自的生存环境不同，彼此既独立又相互组成食物链，如果某一层的海洋生物死亡，将会造成食物链上层的许多生物难以生存。此次深海漏油可能直接破坏墨西哥湾海水不同层次的生物和鱼类，无数海洋生物将因此遭到扼杀。

石油公司把油井从陆地钻到海洋，并向深海延伸的进程，昭示了石油资源的紧缺和开采的复杂性。原油泄漏事故不断发生且后果日益严重，这是否表明未来的海上采油越来越像“打开潘多拉盒子”的游戏呢？

2. 3　清洁燃烧的天然气

2. 3. 1　气从何来

天然气是怎么形成的呢？海底石油和天然气是一对“孪生兄弟”，它们多栖身于海洋中的大陆架和大陆坡底下。在几千万年甚至上亿年以前，那时期的气候比现在温暖湿润，在海湾和河口地区，海水中氧气和阳光充足，加之江河带入大量的营养物及有机质，为生物的生长、繁殖提供了丰富的“食粮”，使许多海洋生物（如鱼类及其他浮游生物、软体动物）迅速大量地繁殖。据粗略计算，全世界海洋海平面以下 100 米厚的水层中的浮游生物，其遗体一年便可产生 600 亿吨有机碳，这些有机碳就是生成海底石油和天然气的原料。

但是，仅有这些生物遗体还不能形成石油和天然气，还需要一定的条件和过程。海洋每年接受数千亿吨沉积物，特别是在河口区，每年带入海洋的泥沙比其他地区更多。这样，年复一年地把大量生物遗体一层一层掩埋起来。如果这个地区处在不断下沉之中，堆积的沉积物和掩埋的生物遗体便越来越厚。被埋藏的生物遗体与空气隔绝，处在缺氧的环境中，再加上厚厚岩层的压力、温度的升高和细菌的作用，便开始慢慢分解，经过漫长的地质时期，这些生物体就逐渐变成了分散的石油和天然气这对“孪生兄弟”。

我们日常用的天然气是指通过生物化学作用及地质变质作用，在不同的地质条件下生成、运移，并于一定压力下储集在地质构造中的可燃气体。根据形成条件不同，天然气分为油田伴生气、气田气及凝析气田气。天然气是一种混合气体，其组成随气田和产气层位的不同而异。其中气田气的主要成分为甲烷（CH_4），乙烷（C_2H_6）以上的烃类较少，同时还含有少量 H_2S、CO_2、N_2、H_2O 及 He（氦）、Ar（氩）等非烃类组分；油田伴生气的特征是除含大量 CH_4 外，C_2H_6 以上的烃类含量较高；凝析气田除含有大量 CH_4 外，戊烷（C_5H_{12}）以上烃类含量较高，并含有汽油和煤油组分。

早在公元前 6 000 年到公元前 2 000 年间，伊朗首先发现了从地表渗出的天然气，最初主要用作照明。崇拜火的古代波斯人因而有了“永不熄灭的火炬”。我国认识和开采天然气也具有悠久的历史。大约在公元前 900 年我国开始开采天然气；在公元前 211 年钻了第一口天然气气井，深度为 150 米，后来钻井深度达到 1 000 米；在 13 世纪开发了世界上第一个气田——自流井气田；至 1900 年天然气钻井数量已超过 1 100 口。

直到 1659 年英国才发现了天然气，欧洲人开始对它有所了解，但并没有得到广泛应用。从1790年开始，煤气成为欧洲街道和房屋照明的主要燃料。1821年美国纽约弗洛德尼亚地区开始对天然气进行第一次商业应用，通过一根小口径导管将天然气输送至用户，用于照明和烹调。

我国天然气利用有着悠久的历史。据《史记》载，在公元前3世纪，当时担任蜀郡太守的水利专家李冰曾在今天的四川邛崃一带凿井汲卤，并利用开采盐井过程中取得的天然气煮卤熬盐。到了距今1 700多年的东汉时期，四川的盐井已遍及临邛、成都、南充等十多个县，利用天然气做饭、熬盐也普及到上述地区。到明朝中期，自流井天然气的开发规模已相当庞大，地面的输送管线已形成比较完善的集输系统。这不仅在当时是一项令人惊叹的工程，今天看来，仍然闪烁着智慧的光芒。

那么天然气是怎么开采的呢？天然气也同原油一样埋藏在地下封闭的地质构造之中，有些和原油储藏在同一层位，有些单独存在。对于和原油储藏在同一层位的天然气，会伴随原油一起开采出来。对于只有单相气存在的，我们称之为气藏，其开采方法既与原油的开采方法十分相似，又有其特殊的地方。由于天然气密度小，为0.75～0.8千克/米^3，井筒气柱对井底的压力小；天然气黏度小，在地层和管道中的流动阻力也小；又由于天然气膨胀系数大，其弹性能量也大。因此天然气开采时一般采用自喷方式。这和自喷采油方式基本一样。不过因为气井压力一般较高，加上天然气属于易燃易爆气体，对采气井口装置的承压能力和密封性能比对采油井装置要求高得多。通过这样的方式我们就得到了天然气。

2.3.2 气壮河山

我国天然气资源比较丰富。据美国地质调查局（USGS）新一轮世界油气资源评价结果，世界天然气可采资源量为436×10^{12}立方米，中国天然气可采资源量为22×10^{12}立方米，占世界可采总量的5.05%，位列世界第五。

截至2008年年底，我国已探明天然气地质储量63.36亿立方米，可采储量为38.69亿立方米，资源探明率仅为11.34 %，尚有待探明资源量近50万亿立方米，勘探潜力巨大。1998～2008年10年间我国天然气探明储量的年均增长率为6.5 %，而同期我国天然气产量的年均增长率达到12.7 %。储量的增长速度远远跟不上需求的增长速度，使得我国天然气储采比（矿物能源的剩余储量除以当年该能源的开采量）从 1998 年的 58.7（年）持续下降到 2008 年的 32.3（年），远低于同期世界天然气储采比 63.3（年）的平均水平。

我国天然气资源分布相对集中，主要分布在陆上西部的塔里木、鄂尔多斯、四川、柴达木、准噶尔盆地，东部的松辽、渤海湾盆地，以及东部近海海域的渤海、东海和莺－琼盆地。目前这 10 个盆地远景资源量达 46 万亿立方米，占全国资源总量的 82 %；已探明天然气地质储量 6.21 万亿立方米，占全国已探明天然气地质储量的 93 %；剩余资源量 40 万亿立方米，占全国剩余资源量的 81 %。按照方位区域划分，天然气资源主要分布在中部地区和西北地区，各占全国的 1/3，而经济发达的东部区却仅占 7 %（表 2－4）。其中在西北地区内，新疆（主要指塔里木和准噶尔两大盆地）占全国的 29.8 %，甘青（主要指柴达木盆地）仅占全国的 4.5 %。从南北分布上看，天然气资源明显集中于北方，松辽、渤海湾、鄂尔多斯等盆地和西北的资源量为 6.002 万亿立方米，占全国大陆的 73.5 %，长江及四川盆地以南的南方地区资源量很少。从纵横两个方向联合看，我国大陆天然气资源分布不平衡，东南部天然气资源贫乏，而海域的天然气资源量占全国的 22 %，对缺乏天然气的大陆东部，特别是东南部形成良好匹配。

表 2－4　我国天然气资源总量及待探明的气层气资源量大区分布

类别	东部区		中部区		西北区		南部区		大陆		大陆架		全国	
	万亿立方米	%	万亿立方米	%	万亿立方米	%	万亿立方米	%	万亿立方米	%	万亿立方米	%	万亿立方米	%
资源总量	0.799	7.0	3.854	34.0	3.887	34.3	0.303	2.7	8.843	78.0	2.497	22.0	11.340	100
待探明气层气资源量	0.201	2.2	3.105	34.6	3.247	36.2	0.289	3.2	6.842	76.2	2.130	23.0	8.972	100

2.3.3　西气东输

你听说过“西气东输”工程吗？为什么要建设“西气东输”工程呢？我国西部地区的塔里木、柴达木、陕甘宁和四川盆地蕴藏着 26 万亿立方米的天然气资源，约占全国陆上天然气资源的 87 %。特别是新疆塔里木盆地，天然气资源量有 8 万多亿立方米，占全国天然气资源总量的 22 %。塔里木北部库车地区的天然气资源量有 2 万多亿立方米，是塔里木盆地中天然气资源最富集的地区，具有形成世界级大气区的开发潜力。塔里木盆地天然气的发现，使我国成为继俄罗斯、卡塔尔、沙特阿拉伯等国之后的天然气大国。根据天然气的资源分布状况和目前的勘探形势，国家决定启动“西气东输”工程，也就是把西部的天然气向东部输送，以尽快把资源优势变成经济优势，满足中东部地区群众生活和生产对天然气的迫切需要，同时也实现了东西部的双赢。

从目前勘探的情况来看，西部地区蕴藏着 22.4 万亿立方米天然气资源，每年向长江三角洲和沿线地区输气 120 亿立方米，最少能稳定供气 30 年。已经完工的西气东输一线和二线工程（图 2－12），累计投资超过 2 900 亿元，不仅是过去 10 年中投资最大的能源工程，而且是投资最大的基础建设工程；一、二线工程干支线加上境外管线，长度达到 15 000 多千米，这不仅是国内也是全世界距离最长的管道工程；西气东输工程穿越的地区包括新疆、甘肃、宁夏、陕西、河南、湖北、江西、湖南、广东、广西、浙江、上海、江苏、山东和香港特别行政区，惠及人口超过 4 亿，是惠及人口最多的基础设施工程。

图 2－12　西气东输工程一线和二线的路线图

一线工程沿途经过主要省级行政区：新疆—甘肃—宁夏—陕西—山西—河

南—安徽—江苏—上海。

二线工程沿途经过主要省级行政区：新疆—甘肃—宁夏—陕西—河南—湖北—江西—广东。

西气东输三线工程正在施工当中，计划2015年全线贯通。三线工程途经新疆、甘肃、宁夏、陕西、河南、湖北、湖南、江西、福建、广东等10个省（区），总长度约为7 378千米，设计年输气量300亿立方米。主要气源来自中亚国家，国内塔里木盆地增产气和新疆煤制气为补充气源。西气东输四线和五线也正在规划当中。

“西气东输”工程将大大加快新疆地区及中西部沿线地区的经济发展，相应增加当地的财政收入和就业机会，带来巨大的经济效益和社会效益。这一重大工程的实施，还将促进我国能源结构和产业结构调整，带动钢铁、建材、石油化工、电力等相关行业的发展。沿线城市可用清洁燃料取代部分电厂、窑炉、化工企业和居民生产使用的燃油和煤炭，将有效改善大气环境，提高人民生活品质。国家对生态环境保护问题高度重视，在工程施工前进行了严格的环境和社会评价，建立健全了国际通用的“健康、安全、环保管理体系”，在设计和施工上处处强调了对环保的要求。

2.3.4　气为我用

我们知道，天然气既是优质的清洁燃料，又是重要的化工原料。天然气可用于发电、燃料电池、汽车燃料、化工、城市燃气等，其中许多技术已经成熟。利用天然气可生产甲烷氯化物、硝基甲烷、氢氰酸、炭黑等化工原料，还可以将天然气合成汽油等。所以说，天然气化工发展前景十分广阔。下面介绍几种常见的天然气利用技术。

（1）天然气发电。天然气作为燃料用于发电主要有天然气联合循环发电（NGCC）和热电冷联产（BCHP）两种方式（图2－13）。天然气联合循环发电可满足局部电力需求，并网发电，易于实现大型化。热电冷联产技术主要用于大型楼宇的供电、制冷和供热。

（2）天然气燃料电池。我们现在常用的电池是铅酸电池和锂电池。燃料电池

图 2－13　天然气发电装置

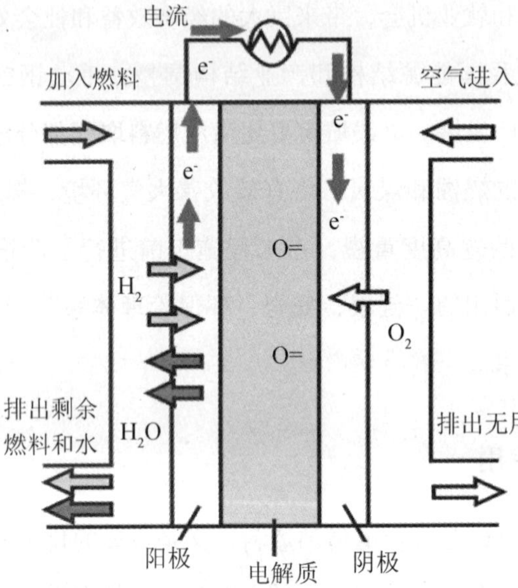

图 2－14　燃料电池

按采用的电解质不同，分为磷酸燃料电池（PAFC）、质子交换膜燃料电池（PEMFC）、熔融碳酸盐燃料电池（MCFC）和固体氧化物燃料电池（SOFC）四类，其中 MCFC、SOFC 还处于试验研究阶段，PAFC、PEMFC 技术已经成熟，但需进一步降低成本。如图 2－14 所示，燃料电池的主要优点是效率高、占地少、无污染，缺点是要用到贵金属铂，成本高。目前 PAFC、PEMFC 燃料电池已经接近工业化的标准，美日合资公司开发的 PAFC 燃料电池，以天然气为原料，电力输出 200 千瓦，发电效率 40 %，余热利用效率 42 %（热水温度 60 ~ 121℃），连续工作可达3.7万小时。也许不久的将来我们就可以用上天然气燃料电池了。

（3）天然气汽车。当前世界上使用天然气的汽车主要是压缩天然气汽车（CNGV），处于试验阶段的则有液化天然气汽车（LNGV）和吸附天然气汽车（ANGV）。CNGV是将天然气压缩至20 MPa装于汽车专用储气瓶中，使用时经减压器供给内燃机，一次充气可行驶200～250千米。投入使用的天然气汽车一直沿用的是改装技术，即绝大多数天然气汽车由汽油车或柴油车改装而成，发动机基本不改动或改动很小。在采用开路发动机控制系统时，一般燃料的燃料效率和动力性要下降。要改变这种状况，需在汽车上安装专门设计的天然气发动机来替代汽油和柴油发动机。

（4）天然气化工。天然气化工是把天然气用作化工原料，主要用于生产合成氨、甲醇、乙炔、氯甲烷、氢氰酸、二硫化碳等及其下游加工产品，国内天然气主要是用于合成氨和甲醇。全球天然气化工产品年总产量在1 116亿吨以上。天然气化工的主要产品有合成氨、尿素，甲醇及其衍生产品，乙炔及其下游产品，以及甲烷氯化物。

（5）城市燃气。当我们在城市里行走时，经常会看见一些带黄色标志的管道，你知道这是什么管道吗？没错，这正是我们的城市天然气管道。我国城市燃气的发展已从煤制气、油制气、液化石油气向天然气逐步过渡。天然气是最理想的城市燃气，其单位体积的发热量是人工煤气（如焦炉气）的两倍多。

化石燃料的发现和大量开发利用推动了社会快速发展，使人类社会进入高度的物质文明时代。纵观当今世界能源利用状况，化石燃料依然是世界各国消耗的主要能源，在相当长的时期内煤炭仍是我国主要能源。然而，一个严峻的事实摆在我们面前：地球内部储藏的化石能源总量是有限的，而且基本上是不可再生的，即使随着勘探技术和开采技术的发展，人类将获取更多的化石能源，但终将消耗殆尽，失去往日的辉煌。同时，化石燃料的燃烧过程排放大量二氧化碳等酸性气体，加剧了全球变暖和酸雨等环境问题。因此，研发高效清洁的化石能源利用技术，提高能源效率，开展清洁化生产，保持能源、环境和经济的可持续发展势在必行。

3 水能——古老而现代的可再生清洁能源

尧帝时期，洪水成灾，天下百姓愁苦不堪。尧帝命禹的父亲鲧去治理洪水。鲧率众筑坝修堰，费了九年功夫，也没把大水制服，因而受到流放羽山（今山东蓬莱东南）的处罚。舜继承帝位后，洪水仍然是天下大患，便命令夏部族首领大禹继续治理洪水。大禹欣然领命，但他没有贸然行事，而是首先认真总结前辈治水无功的教训，寻找治水失败的原因，发现主要是没有根据水流规律因势利导，而只采用“堕高堙庳”筑堤截堵的办法，一旦洪水冲垮堤坝便前功尽弃。然后禹大胆改用疏导和堰塞相结合的新办法，开山凿渠，疏通水道。大禹治水十三年，耗尽心血与体力，终于完成了名垂青史的大业。据说禹治水到涂山国，也就是他家所在地，但他三过家门，都因治水忙碌，而无暇回家看看，堪称大公无私的历史楷模。

这就是历史上著名的“大禹治水”的故事。从故事中我们也认识到，洪水如猛兽一般，但如果能够熟悉其秉性，掌握其脾气，一定能将其驯服，并挖掘其巨大潜力，为人类所用。

3.1 逆流而上溯根源

人们是怎样认识水能、利用水能的呢？让我们一起追根溯源，走近水能的历史长河。

水能的利用历史伴随着源远流长的中华文明史。春秋战国之前，我国古代劳动人民就发现“水往低处流”这一现象，开始对水能进行“导引排泄”，为自己的生产和生活服务。

到了春秋战国时期，随着社会经济的进一步发展，人们对水的认识越来越科学，越来越全面。水能不仅在农田灌溉、交通航运等方面被进一步应用，还在河道治理甚至在国家战争等方面被广泛应用。从春秋战国至两汉，中国古代水能的利用进入一个新的发展时期。在这一时期，随着水闸、水栅栏等调水工具的出现，人们熟练地掌握了筑坝技术，可以自由地调节水量，使得水能的利用范围不断扩大；人们开始改变以往被动地依靠自然条件来利用水能，而逐步通过人为手段主动创造新的利用途径；随着社会经济进一步发展，大规模的水利工程建设开始出现，水能利用原理及技术广泛应用于水利工程建设中。此外，伴随着水力机械的出现，使得水能开始成为农业生产的重要动力来源，大大提高了生产效率，也标志着水能利用进入了又一个新时期。彪炳青史的都江堰水利工程就是当时的蜀郡郡守李冰率领蜀地各族人民修建的。

都江堰水利工程充分利用当地西北高、东南低的地理条件，根据江河出山口处特殊的地形、水脉、水势，乘势利导，无坝引水，自流灌溉，使堤防、分水、泄洪、排沙、控流相互依存，共为体系，保证了防洪、灌溉、水运和社会用水综合效益的充分发挥。其最伟大之处在于建堰两千多年来，其应用价值经久不衰，并且产生了愈来愈大的效益。都江堰的修建，在不破坏自然环境的前提下，充分利用自然资源为人类服务，变害为利，使人、地、水三者高度和谐统一。随着科学技术的发展和灌区范围的扩大，从1936年开始，当地逐步改用混凝土浆砌卵石技术对渠道工程进行维修、加固，增加了部分水利设施，古堰的工程布局和“深淘滩、低作堰”“乘势利导、因时制宜”“遇湾截角、逢正抽心”等治水方略没有改变，都江堰以其历史跨度大、工程规模大、科技含量大、灌区范围大、社会经济效益大等特点享誉中外，名播遐方，在政治上、经济上、文化上都有着极其重要的地位和作用。

都江堰水利工程可以说是全世界水文的鼻祖，是至今为止年代最久、唯一留存、以无坝引水为特征的宏大水利工程。这项工程主要由鱼嘴分水堤（图3－1）、飞沙堰溢洪道（图3－2）、宝瓶口进水口三大部分和百丈堤、人字堤等附属工程构成，科学地解决了江水自动分流（鱼嘴分水堤四六分水）、自动排沙（鱼嘴分水堤二八分沙）、控制进水流量（宝瓶口与飞沙堰）等问题，消除了水患，使川西平原成为“水旱从人”的天府之国。1998 年灌溉面积达到 6687 平方千米，泽被 40 余县。

图 3－1　鱼嘴分水堤

图 3－2　飞沙堰溢洪道

到了汉代，水能机械的发明标志着水能利用取得了根本性的进步。魏晋以后，水能机械在北方广泛应用于粮食加工。五代以后，伴随着经济中心的南移以及北方水环境的恶化，水能利用开始转移至南方。宋元时期，古代水能利用进入全盛阶段。进入明清以后，我国水能利用的发展进入停滞阶段。

水能机械装置是先辈们智慧和经验的结晶。根据水能机械的具体用途，可将其分为五种类型：农田灌溉机械，如水转翻车、筒车等；粮食加工机械，如水碓、水磨等；手工业生产机械，如水排、水转大纺车；引水器具，如连筒、架槽；调水装置，如水闸、水栅等。下面重点介绍两种大家熟知的水能机械装置：水车和水磨。

水车：水车上竹筒或木筒承受着水流的冲力，获得的能量使筒车旋转起来（而非人力作用）；转过一定角度后，原先浸在水里的竹筒（已灌满了水）离开水面被提升；此时，由于竹筒的筒口比筒底的位置高，竹筒里会存一些水；当竹筒越过筒车顶部之后，筒口的位置相对于筒底开始降低，竹筒里的水就会倒进后部的水槽里。如此往复，实现循环提水。

水磨：水从高处流下，由重力势能转变为动能，水流不停地冲击木轮转动，木轮带动石磨转动，两石盘挤压摩擦，把粮食粉碎。水磨由木轮和两石盘组成，上石盘固定，用绳子悬挂在空中，上有一小眼为粮食的加工入口；下石盘和木轮连在一起转动。木轮用坚硬且不变形的枣木做成，两石盘的接触面人为加工出均向分布的条纹和凹坑，以加大摩擦力。水磨加工的粮食必须先经过水洗，去除杂质、秕子，以保持食品的纯净。水洗的粮食易粉碎，品质不易破坏。因此，水磨加工的粮食营养高，味道正，品质良，口感柔软，有股醇香的味道。经水磨加工的晋祠大米、藕粉更是美味可口，久负盛名。

可见，我国古代劳动人民在生产实践中很早就对水能的作用有了科学的认识，并对这一自然资源加以充分开发和利用，成为我国农业生产中动力的重要来源，形成了一套特点鲜明的应用体系，并取得了令人瞩目的成就。它不仅对古代农业生产起到巨大的推动作用，而且对世界历史和科技进步也具有积极的促进意义。

3.2 惊世骇俗水发电

随着时代的发展、科技的进步，现代科技工作者对水能的利用在继承与发展其传统功能的基础上又有了惊世骇俗之举，开辟了水能利用的崭新领域——水力发电。

水能是自然界广泛存在的一次能源，通过水电站可方便地转换为优质的二次能源——电能。“水电”既是被广泛利用的常规能源，又是可再生能源，且水力发电对环境无污染。因此，水能是世界上众多能源中永不枯竭的优质能源。

水电站是目前水能利用的主要设施，其系统构成如图 3－5 所示。首先利用水力（具有水头）推动水力机械（水轮机）转动，将水能转换为机械能；然后水轮机与发电机相连，机械能又转换为电能。目前水力发电占世界总电力的19%，工作效率达90%。由于河道地形、地质、水文等条件不同，水电站集中落差、调节流量、引水发电的情况也不相同。

按照集中河道落差的方式，水电站可分为堤坝式、引水式、混合式和抽水蓄能式等四种类型。

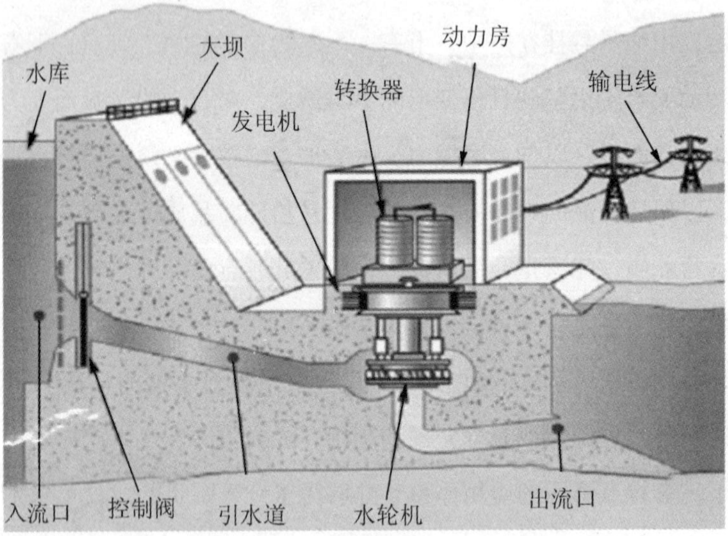

图3-3 水电站系统构成示意图

3.2.1 堤坝式

堤坝式水电站是在河道上修筑拦河大坝，抬高上游水位，以集中落差，形成水库调节流量，然后建电厂。根据坝基地形、地质条件的差别，堤坝和电厂相对布置位置也不同，堤坝式水电厂又可分为河床式和坝后式两种基本形式。

河床式多建在平原地区河床中下游，河床纵向坡度比较平坦的河段上。因受地形限制，为避免淹没面积过多，只能修筑不高的拦河坝。由于水头不高，电厂的厂房可以直接和大坝并排建在河床中。厂房本身的重量足以承受上游的水压力。在这种电厂中，引用的流量均较大，多选用大直径、低转速的轴流式水轮发电机组。这是一种低水头、大流量的水电站。我国最大的河床式水电站是葛洲坝水电站（图3－4）。

坝后式多建在河流中、上游的峡谷中。由于淹没相对较小，坝可以建得较高，以获得较大的水头。此时上游水压力大，厂房重量不足以承受水压，因此，不得不将厂房与大坝分开，将电厂移到坝后，让大坝来承受担上游的水压。坝后式水电站不仅能获得高水头，而且在坝前形成可调节的天然水库，有利于发挥防洪、灌溉、发电、水产等综合效益，因此是我国目前采用最多的一种厂房布置方式。长江三峡水利枢纽工程就是典型的坝后式水电站（图3－5）。

图3－4　葛洲坝水电站

图3－5　长江三峡水利枢纽工程

3.2.2　引水式

引水式水电站是在地势险峻、水流湍急的河流中上游，或在坡度较陡的河段上，采用人工修建引水建筑物（如明渠、隧道、管道等）的方式，引水以集中落差发电，如图 3 - 6 所示。引水式水电站多建在山区河道上，受天然径流的影响，发电引用流量不会太大，故多为中、小型水电站。这种水电站不存在淹没，不仅可沿河引水，甚至可利用相临两条河流的高程差进行跨河引水发电。如在我国川滇交界处，金沙江和以礼河之间的高程相差 1 400 米，两河最近点相距仅 12 千米，可以实现跨河引水发电。

图 3 - 6　引水式水电站示意图

3.2.3　混合式

混合式水电站的水头是由筑坝和引水道共同形成，它多建在上游地势平坦宜于筑坝形成水库、且下游坡度较陡或有较大河湾的地方，如图 3 - 7 所示。如鲁布格水电站（装机 60 万千瓦，水头 372 米），是目前我国最大的混合式水电站。

3.2.4　抽水蓄能式

抽水蓄能式水电站是一种特殊的水电站，是利用电力系统负荷低谷时的剩余电能，把水从下水池（库）由抽水蓄能机组抽到上水池（库）中，以位能（势能）形式储存起来；当电力系统负荷不足时，将上水池存水放出用于发电，供电力系统调峰之用，其原理如图 3 - 8 所示。其主要特点：适用于电力系统峰谷差显著的情况，是灵活性很高的调峰电源，能适应急剧的负荷变化。2000 年 3 月 14 日，广东省广州抽水蓄能电站 8 号机组移交生产，标志着该水电站的建设已

图 3－7　混合式水电站示意图

全面完成，成为世界上最大的抽水蓄能式水电站。

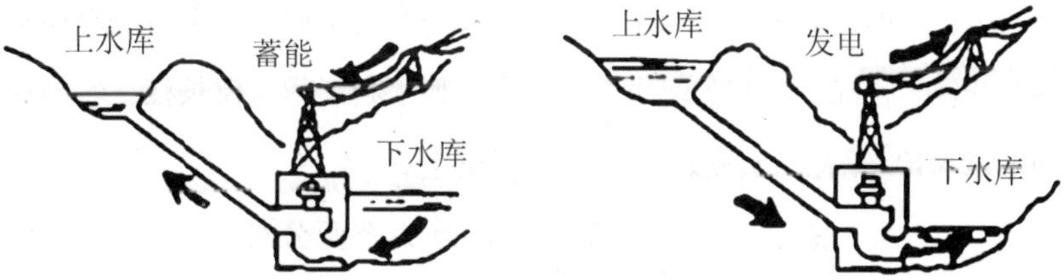

图 3－8　抽水蓄能式水电站原理

按装机容量的大小，水电站可分为：大型水电站，一般装机容量为 10 万千瓦或 10 万千瓦以上；中型水电站，一般装机容量为 5 万～10 万千瓦；小型水电站，一般装机容量为 5 000 千瓦以下。

水力发电有以下优点：第一，水电是可再生的清洁能源，对环境影响较小。第二，水力发电事业和其他水利事业可以互相结合。水电有防洪、灌溉、航运、供水、养殖、旅游等众多社会效益，可以实现洪水资源化和水量的调节，解决水资源时空分布不均的问题。第三，发电效率高，厂用电率小。大中型水电站为 80 %～90 %，而火电厂只有 40 % 左右；水电站的厂用电率为 0.3 %，而火电厂为 8.22 %。第四，发电成本低，经济效益高。水电的成本仅为火电的 1/4 左右，而水电的经济效益是火电的 3 倍左右。第五，调节控制灵活。水电机组启停灵活，输出功率增减快，可变幅度大，是电力系统理想的调峰、调频、调相和事故备用的变动用电器，有利于保证供电质量。

3.3 星罗棋布水资源

说到对水能的利用，我们不得不对我国水能资源分布有一个全面的了解，知道哪些地方水利资源丰富，可以开动脑筋对其加以利用，让这只驯服的小老虎全心全意地为我们服务！

我国幅员辽阔，地形多变，河流众多，且大部分地区雨量充沛，因而水力资源极为丰富，约为 6.8×10^8 千瓦，排在世界第一位。其中有 3.8×10^8 千瓦可以利用，现有装机容量约为 2×10^7 千瓦。我国可开发的水力资源分布见表3－1，其中西南占67％，其他地区总共占33％。由于水力资源为可再生能源，无污染，一次投资长期受益，包括我国在内的世界上很多国家都在大力发展水电事业。我国继葛洲坝水电站建成后，现又开发了长江三峡和黄河小浪底两个大型水利工程。仅长江三峡的总装机容量可达到 1.82×10^7 千瓦，共安装 7×10^5 千瓦机组26台。

表3－1　我国可开发的水力资源分布

编号	流域	装机容量 万千瓦	年发电量 亿千瓦·时	占全国总量 的比例%
	全国	37 853.24	19 233.04	100
1	长江	19 724.33	10 274.98	53.4
2	黄河	2 800.39	1 169.91	6.1
3	珠江	2 485.02	1 124.78	5.8
4	海滦河	213.48	51.68	0.3
5	淮河	66.01	18.94	0.1
6	东北诸河	1 370.75	439.42	2.3
7	东南沿海诸河	1 389.68	547.41	2.9
8	西南国际诸河	3 768.41	2 098.68	10.9
9	雅鲁藏布江及 西藏其他河流	5 038.23	2 968.58	15.4
10	北方内陆及 新疆诸河	996.94	538.66	2.8

根据2005年发布的水力资源复查显示，我国大陆水力资源理论蕴藏量在1万千瓦以上的河流共3 886条，水力资源理论蕴藏量年发电量为60 829亿千瓦·时，平均功率为69 440万千瓦；理论蕴藏量1万千瓦及以上的河流，单站装机容量500千瓦及以上水电站，技术可开发装机容量54 164万千瓦，年发电量24 740亿千瓦·时；其中经济可开发水电站装机容量40 179.5万千瓦，年发电量17 534亿千瓦·时，分别占技术可开发装机容量和年发电量的74.2％和70.9％。全国水力资源总量，包括理论蕴藏量、技术可开发量和经济可开发量均居世界首位。

我国水力资源在地域分布上也不平衡，西部多、东部少。按照技术可开发装机容量统计，我国西部云、贵、川、渝、陕、甘、宁、青、新、藏、桂、蒙等12个省（自治区、直辖市）水力资源量约占全国总量的81.46％，特别是西南地区云、贵、川、渝、藏就占66.70％；其次是中部的黑、吉、晋、豫、鄂、湘、皖、赣等8个省占13.66％；而经济发达、用电负荷集中的东部辽、京、津、冀、鲁、苏、浙、沪、粤、闽、琼等11个省（直辖市）仅占4.88％。我国的经济发展东部相对发达、西部相对落后，因此，西部水力资源开发除了满足西部电力市场自身需求外，还要考虑东部市场，于是，我国建设了水电的“西电东送”工程。

我国水力资源富集于长江上游、金沙江、雅砻江、大渡河、澜沧江、乌江、南盘江、红水河、黄河上游、湘西、闽浙赣、东北及怒江等13大水电基地，其总装机容量约占全国技术可开发量的50.9％。特别是地处西部的金沙江中下游干流总装机规模为5 858万千瓦，长江上游干流为3 320万千瓦，长江上游的支流雅砻江、大渡河以及黄河上游、澜沧江、怒江的装机规模均超过2 000万千瓦，乌江、南盘江红水河的装机规模均超过1 000万千瓦。这些河流水力资源集中，有利于实现流域、梯级、滚动开发，有利于建成大型的水电基地，有利于充分发挥水力资源的规模效益，实施“西电东送”。

3.4 神女无恙惊世界

毛泽东主席于1956年6月在《水调歌头·游泳》里面赞叹长江三峡的诗句

“神女应无恙，当惊世界殊”，可见三峡之宏伟壮观。长江三峡水利枢纽工程（简称“三峡工程”），是当今世界上最大的水利枢纽工程；大坝为混凝土重力坝，大坝坝顶总长 3 035 米，坝高 185 米，设计正常蓄水水位枯水期为 175 米（丰水期为 145 米），总库容 393 亿立方米，其中防洪库容 221.5 亿立方米。

3.4.1 长江三峡水利枢纽工程的主要功能

（1）防洪。三峡大坝建成后，形成了巨大的水库，滞蓄洪水，使下游荆江大堤的防洪能力，由防御 10 年一遇的洪水，提高到抵御百年一遇的大洪水，防洪库容在 73 亿~220 亿立方米。如遇 1954 年那样的洪水，在堤防达标的前提下，三峡能减少分洪 100 亿~150 亿立方米，荆江至武汉段仍需分洪 350 亿~400 亿立方米。如遇 1998 年洪水，可有效防御。

（2）发电。三峡水电站是世界最大的水电站，总装机容量 1820 万千瓦。这个水电站每年的发电量，相当于 4 000 万吨标准煤完全燃烧所发出的能量。主要供应华中、华东、华南、重庆等地区，缓解了我国的电力紧张问题。

（3）航运。三峡工程位于长江上游与中游的交界处，地理位置得天独厚，对上可以渠化三斗坪至重庆河段，对下可以增加葛洲坝水利枢纽以下长江中游航道枯水季节流量，能够较充分地改善重庆至武汉间通航条件，满足长江上、中游航运事业远景发展的需要。通航能力可以从现在的每年 1000 万吨提高到 5000 万吨。三峡工程在水产养殖、旅游、保护生态、净化环境、开发性移民、南水北调、供水、灌溉等方面均有巨大效益。

3.4.2 长江三峡水利枢纽工程的世界之最

2012 年 10 月 30 日，三峡水库水位升至 175 米，这标志着世界最大的水利枢纽工程顺利完成了当年试验性蓄水。三峡工程被列为全球超级工程之一，创造了“十大世界之最”。

（1）世界防洪效益最为显著的水利工程。三峡水库总库容 393 亿立方米，防洪库容 221.5 亿立方米，水库调洪可消减洪峰流量达 2.7 万米^3/秒至 3.3 万米^3/秒，能有效控制长江上游洪水，增强长江中下游抗洪能力。

（2）世界最大的电站。三峡水电站总装机 1820 万千瓦，年发电量 846.8 亿千瓦·时。

（3）世界建筑规模最大的水利工程。三峡大坝坝轴线全长 2309.47 米，泄流坝段长 483 米，水电站安装 26 台 7×10^5 千瓦机组，双线 5 级船闸和升船机，无论单项、总体都是世界建筑规模最大的水利工程。

（4）世界工程量最大的水利工程。三峡工程主体建筑土石方挖填量约 1.34 亿立方米，混凝土浇筑量 2794 万立方米，钢筋 46.30 万吨。

（5）世界施工难度最大的水利工程。三峡工程 2000 年混凝土浇筑量为 548.17 万立方米，月浇筑量最高达 55 万立方米，创造了混凝土浇筑的世界纪录。

（6）施工期流量最大的水利工程。三峡工程截流流量为 9010 米^3/秒，施工导流最大洪峰流量 79000 米^3/秒。

（7）世界泄洪能力最大的泄洪闸。三峡工程泄洪闸最大泄洪能力为 10.25 万米^3/秒。

（8）世界级数最多、总水头最高的内河船闸。三峡工程的双线五级船闸，总水头 113 米。

（9）世界规模最大、难度最高的升船机。三峡工程升船机有效尺寸为 120 米×18 米×3.5 米，最大升程 113 米，船箱带水重量达 11 800 吨，过船吨位 3 000 吨。

（10）世界水库移民最多、工作最为艰巨的移民建设工程。三峡工程水库动态移民最终可达 113 万人。

三峡工程在工程规模、科学技术和综合利用效益等许多方面都堪为世界级工程的前列。它不仅将为我国带来巨大的经济效益，还将为世界水利水电技术和有关科技的发展做出有益的贡献。建设长江三峡水利枢纽工程是我国实施跨世纪经济发展战略的一个宏大工程，其发电、防洪和航运等能够产生巨大的综合效益，对建设长江经济带，加快我国经济发展的步伐，提高我国的综合国力有着十分重大的战略意义。

3.5 汹涌澎湃小浪底

黄河小浪底水利枢纽工程位于河南省洛阳市孟津县小浪底。黄河小浪底水利枢纽工程是黄河干流上的一座集减淤、防洪、防凌、供水灌溉、发电等为一体的大型综合性水利工程，是治理开发黄河的关键性工程。

黄河小浪底水利枢纽工程（图 3－9）大坝由高 160 米、长 1 667 米的黏土斜心墙堆石坝、巍峨的进水塔以及壮观的出水口组成，在不足一平方千米范围内拥有纵横交错的 108 条洞群，总装机容量为 180 万千瓦，年平均发电量为 51 亿千瓦·时；每年可增加 40 亿立方米的供水量。小浪底工程坝址控制流域面积 69.42 万平方千米，占黄河流域面积的 92.3 %。水库总库容 126.5 亿立方米，调水调沙库容 10.5 亿立方米，死库容 75.5 亿立方米，有效库容 51.0 亿立方米。它的建成将有效地控制黄河洪水，可使黄河下游花园口的防洪标准由六十年一遇提高到千年一遇，基本解除黄河下游凌汛（俗称冰排）的威胁。它处在控制下游水沙的关键部位，可滞拦黄河泥沙 78 亿吨，可使下游河床 20 年不淤积抬高。

作为中小型水力发电工程的杰出代表，黄河小浪底水利枢纽工程不仅是我国治黄史上的丰碑，而且是世界水利工程史上具有挑战性的杰作，也是我国跨世纪第二大水利工程。

图 3－9　黄河小浪底水利枢纽工程

3.6　南水北调利千秋

新中国成立初期毛泽东主席就提出“南方水多，北方水少，如有可能，借点水来也是可以的”的设想，在党中央、国务院的英明领导和亲切关怀下，广大科技工作者做了大量的野外勘查和测量，在分析比较多种方案的基础上，形成了南水北调东线、中线和西线调水的基本方案（图 3 - 10），并获得了一大批富有价值的成果。

南水北调工程主要解决我国北方地区，尤其是黄淮海流域的水资源短缺问题，规划区人口有 4. 38 亿。工程规划最终调水规模 448 亿立方米，其中东线 148 亿立方米，中线 130 亿立方米，西线 170 亿立方米。建成后将解决 700 多万人长期饮用高氟水和苦咸水的问题。

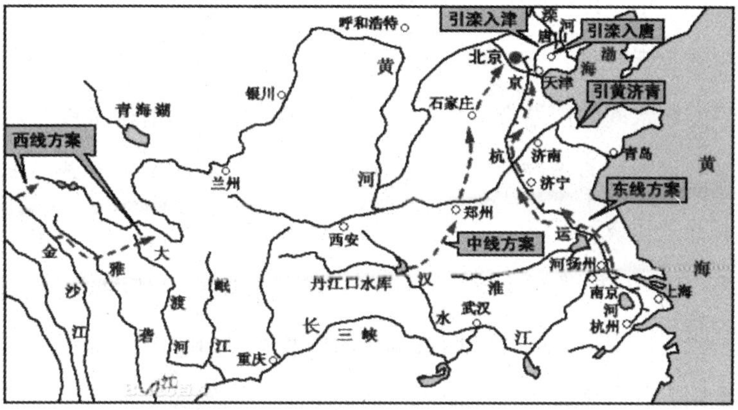

图 3 - 10　南水北调输水路线示意图

3. 6. 1　东线工程

利用江苏省已有的江水北调工程，逐步扩大调水规模并延长输水线路。东线工程从长江下游扬州抽引长江水，利用京杭大运河及与其平行的河道逐级提水北送，并连接起调蓄作用的洪泽湖、骆马湖、南四湖、东平湖。工程出东平湖后分两路输水：一路向北，在位山附近经隧洞穿过黄河；另一路向东，通过胶东地区输水干线向南输水到烟台、威海。东线工程开工最早，并且有现成输水道。

3. 6. 2　中线工程

从丹江口大坝加高后扩容的丹江口水库调水，经陶岔渠首闸（河南淅川县），沿豫西南唐白河流域西侧过长江流域与淮河流域的分水岭方城垭口后，经黄淮海平原西部边缘，在郑州以西孤柏嘴处穿过黄河，继续沿京广铁路西侧北上，可基本自流到终点北京。中线工程主要向河南、河北、天津、北京4省市沿线的20余座城市供水。中线工程已于2003年12月30日开工，计划2013年年底前完成主体工程，2014年汛期后全线通水。

3.6.3 西线工程

在长江上游通天河、支流雅砻江和大渡河上游筑坝建库，开凿穿过长江与黄河的分水岭巴颜喀拉山的输水隧洞，调长江水入黄河上游。西线工程的供水目标主要是解决涉及青、甘、宁、蒙、陕、晋等6省（自治区）黄河上中游地区和渭河关中平原的缺水问题。结合兴建黄河干流上的骨干水利枢纽工程，还可以向邻近黄河流域的甘肃河西走廊地区供水，必要时也可及时向黄河下游补水。截至目前，还没有开工建设。

2012年9月16日至17日，前中共中央政治局委员、国务院副总理、国务院南水北调工程建设委员会副主任回良玉在河南省南阳市考察南水北调工程。他强调，南水北调工程是优化水资源配置、促进区域协调发展的基础性工程，是新中国成立以来投资额最大、涉及面最广的战略性工程，事关中华民族长远发展。目前工程建设到了决战决胜的关键阶段，要进一步振奋精神，团结协作，合力攻坚，扎实推进，严格控制工程质量，切实加强水质保护，继续搞好移民安置，促进沿线经济社会发展和生产生活方式转变，把南水北调工程真正建成民生工程、民心工程。

由此可见，南水北调工程有着巨大的经济意义、社会意义和生态意义。

经济方面：为北方经济发展提供保障，促进经济结构的战略性调整，通过改善水资源条件来促进潜在生产力发展，形成经济增长、内需扩大、和谐发展的局面，从而提升国内生产总值（GDP）。

社会意义方面：解决北方缺水问题，增加水资源承载能力，提高资源的配置效率，使我国北方地区水资源配置合理，水环境趋于良好；有利于缓解水资源短缺对北方地区城市化发展的制约，促进当地城市化进程；为京杭运河济宁至徐州段的全年通航保证了水源，使鲁西和苏北两个商品粮基地得到巩固和发展。

生态意义方面：改善黄淮海地区的生态环境状况，改善北方当地饮水质量，有效解决北方一些地区地下水因自然原因造成的水质问题，如高氟水、苦咸水和含有对人体有害的物质，有利于回补北方地下水，保护当地湿地和生物多样性，改善北方因缺水而恶化的环境，较大地改善北方地区的生态和环境，特别是水资源条件。

水是生命之源，水能又是可再生的清洁动力之源。水能的利用历史伴随着源远流长的中华文明史奔流不息。穿越历史的长河可以发现，勤劳的中国古代劳动人民就开始用水车灌溉农田，用水磨碾碎粮食，水能已开始为人们的生产和生活服务；近代的大型水利工程如都江堰等已具有防洪、灌溉等功能；现代的大型水利工程如长江三峡水利工程、黄河小浪底水利枢纽工程等更具有水力发电、农业灌溉、防洪、航运等多种功能。一个个宏伟的水利工程都凝结了我国劳动人民的勤劳和智慧。我国各地的地形地势千差万别，水力资源分布不均，因势利导、因地制宜地开发新型水能利用工程，将是功在当代、利在千秋的大业。

4　核能——可敬可畏的能源

二战末期，美国政府为了迫使日本尽快投降，于1945年8月6号在日本广岛投下了一颗代号为"小男孩"的原子弹。原子弹爆炸后，方圆14千米内有6万幢房屋被摧毁，大约造成15万人死亡，城市顷刻间化为一片废墟。爆炸后的情景如图4-1所示。8月9号，美国在长崎又投下了代号为"胖子"的原子弹，爆炸造成约14.9万人死亡，36%的建筑物受到破坏。8月15号日本政府宣布无条件投降，二战告一段落。据统计，核爆炸在广岛造成了大约20万人死亡，时至今日的广岛，核爆炸的阴影依然挥之不去。那么原子弹为何具有如此大的能量呢？下面我们一起来揭开它的神秘面纱。

图4-1　广岛核爆后的废墟

4.1　核之初

4.1.1　核能初体验

原子弹所释放的强大能量就是核能。因而核能给我们的第一感觉是一种莫名的敬畏，它很高深莫测，不是那么平易近人。与我们熟知的常规能源如煤炭、石油、天然气等相比，它又显得虚无缥缈，遥不可及。其实，在日常生活中我们经常跟核能打交道，如我们在白天所感受到的太阳光，就是太阳内部不断发生核聚变所释放出的辐射能。可见，核能就在我们身边，而且是那么具体。在能源日益匮乏的今天，核能的利用技术日渐成熟，有望逐步取代常规能源，成为后起之秀。那么核能到底是一种什么样的能量呢？

核能也叫原子核能或原子能，是人眼看不见的原子核发生变化而释放出来的巨大能量。释放能量的过程就是核反应，核反应的形式包括核裂变与核聚变两种，因而所产生的核能也对应分为核裂变能与核聚变能两种。核能有别于化学能，如煤的燃烧是一种化学变化，是原子核外自由电子的转移过程，所释放出的能量就是化学能；而核能的产生是由于原子核内发生了变化，即一个较大的原子核分裂成两个较小的原子核，或两个较小的原子核结合成一个较大的原子核，所释放出的大量能量。

核能的威力有多大呢？如 1 克铀（一种核燃料）发生裂变反应所放出的能量，相当于燃烧 2.5 吨煤释放的能量。以一艘排水量 5 万吨的远洋轮船为例，若采用核能做动力，只需消耗几十千克的铀就可以连续航行一年时间，航程可达几万海里。核能的威力由此可见一斑。

4.1.2 伟大的探索

对核能的认识与探索经历了一段漫长时期，包含着众多科学家夜以继日的辛勤工作。

19 世纪末英国物理学家汤姆逊首先发现了电子；1895 年德国物理学家伦琴发现了 X 射线；1896 年法国物理学家昂·贝克勒尔发现了金属铀的天然放射性；1898 年居里夫人与居里先生发现新的放射性元素钋；1902 年伟大的居里夫人经过 4 年的艰苦努力又发现了放射性元素镭；1905 年爱因斯坦提出了著名的质能转换公式，即 $E=mc^2$，为开创原子能时代提供了理论基础；1911 年英籍新西兰人厄·卢瑟福提出了有核的原子结构模型；1938 年德国科学家哈恩和斯特拉斯曼用中子轰击铀原子核，发现了铀原子核的裂变；1942 年美籍意大利人弗米在美国芝加哥大学建造了世界上第一座核裂变反应堆，首次完成了受控“核能释放”，被后人称为核能时代的奠基石；1954 年苏联建成了世界上第一座功率为 5 兆瓦的商用核电厂，向工业电网并网发电；1961 年 7 月，美国建成世界上第一座商用压水堆核电站，电功率为 28.5 万千瓦（初期设计值），使和平利用原子能发电步入了一个飞速发展的新纪元。目前世界范围内已经建成正在运行的核电站机组数有 400 多个，正源源不断地给工业生产和人们的日常生活输送电能。

4.2 核之兴

4.2.1 核电站的兴建

毋庸置疑，核电站的建设离不开核能的发展。近 20 年来核能发展异常迅速，已成为世界能源的一个重要组成部分。预计到 21 世纪中叶，核能的面貌会焕然一新，将会部分取代煤炭、石油等矿物燃料，成为世界各国的主要能源。根据 BP 公司对 2004~2010 年世界核能消费量的统计，核能消费最多的地区是在欧洲（43.6 %）和北美洲（34.2 %）。中国核能消费（2.7 %）居世界第 9 位，次于美国（30.7 %）、法国（15.5 %）、日本（10.6 %）、俄罗斯（6.2 %）、韩国（5.3 %）、乌克兰（3.2 %）、加拿大（3.2 %）等。目前我国已建成了 9 座核电站，包括广东大亚湾核电站，浙江秦山第一、第二、第三核电站，广东岭澳核电站，江苏连云港田湾核电站，以及中国台湾的 3 座核电站。世界范围内现役反应堆数量（截至 2009 年 12 月）如图 4－2 所示。

4.2.2 核电站的优势

您知道为什么会如火如荼地建设核电站吗？一方面，近半个世纪以来，石油、煤炭等化石燃料面临枯竭，世界范围内出现了能源危机，致使化石燃料价格暴涨，火力发电面临原料瓶颈；另一方面，核电具有许多突出的优点。

（1）发展核能有利于环保。核电不像煤电那样直接向环境排放污染物，因而核能的大规模应用，将会大大减轻空气污染、城市烟雾、酸雨等环境问题。如美国由于使用核能代替矿物能源，发电厂每年可减少 1.47 亿吨的 CO_2 排放量，很

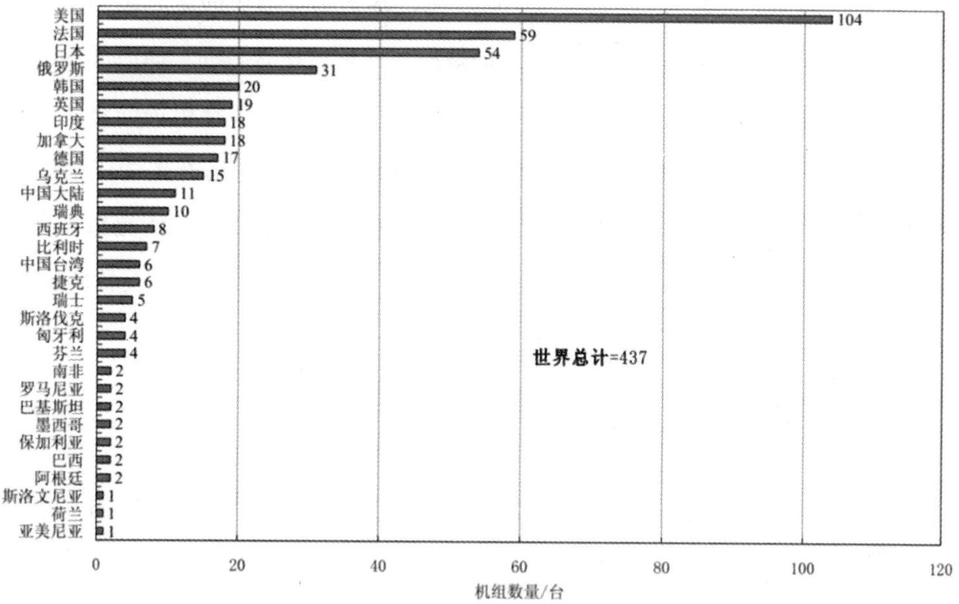

图 4－2　世界范围内现役核反应堆数量统计图

大程度上减轻了对环境的污染；再如目前法国与其 20 世纪 80 年代相比，发展了近 3 倍的核能源，发电所导致的污染减少了 80 % ～90 %。如果核能照此发展下去，再加上大自然的自我净化能力，若干年后重现蔚蓝的天空不再是个梦。

（2）核能的能量巨大，核电代替火电可产生很好的经济效益。有人曾将核电站与火电站做比较，一座 20 万千瓦的火电站，一天要烧掉 3 000 吨原煤，这些燃料需要用 100 辆铁路货车来运输；而发电能力相同的核电站，一天仅用一千克铀就行了，减少了这些繁琐的中间环节，就可以节约很大一部分成本。因此，美国一年依靠核电就可以减少将近 1 亿桶的原油进口量，极大地减少了财政支出。目前国际上成熟的核电成本普遍低于煤电成本，如法国核电成本是煤电成本的 57 %，日本的是 66 %。

除此之外，核能在工业、农业、军事、航天等方面都有很广的应用。截至 2005 年底，我国从事核技术开发和应用的单位达 300 多家，同位素与辐射技术在医疗卫生、工业、农业、环保及公共安全等领域得到广泛的应用，年产值达 150 亿元人民币。

（3）核原料取之不尽，用之不竭。核原料资源广泛分布于陆地和海洋中，储藏在陆地上的铀矿资源约990万~2 410万吨，其中储量最多的是北美洲，其次是非洲和大洋洲。但不管怎样，陆地上的核原料储量总是有限的。而海洋中的核原料比陆地上要丰富得多，每1 000吨海水中含有3克铀，海洋里铀的总储量达40多亿吨，比陆地上已知的铀储量大数千倍。此外，海洋中还有更为丰富的核聚变所用的原料——氘和氚。如果将来有一天核技术成熟，将这些能源都开发出来，那么即使全世界的能量消耗比现在增加100倍，也可保证供应人类使用10亿年左右。

4.2.3　核裂变反应原理

如此强大的核能是如何产生的呢？首先我们需要了解一下核反应的基本原理。

我们都知道，物质是由分子或原子组成的，原子是由原子核和核外电子组成的，原子核是由质子和中子组成的，原子质量集中在原子核内，原子核内各种粒子之间存在着强大的核力。如果在某种条件下原子核内的质子和中子发生了变化，那么它们之间的核力也会相应地发生改变，然后把一部分能量释放出来，这就产生了核能。

核能的产生有两种方法：

(1) 将较重的原子核打碎，使其分裂成两半，同时释放出大量的能量，这种核反应叫“核裂变反应”，所释放的能量叫“裂变核能”。核裂变是1938年德国科学家哈恩和斯特拉斯曼发现的。他们用中子轰击铀原子核，使铀原子核裂变。铀原子是重核原子，在重核裂变时，放出新的中子，新中子又引起其他重核裂变。这种不断进行的核裂变反应，称为链式反应，这也是原子弹爆炸的基本原理，如图4-3所示。目前，各国所建造的核电站都是采用核裂变反应，原子弹的爆炸也是核裂变反应。

(2) 把两种较轻的原子核聚合成一个较重的原子核，同时释放出大量的能量，这种核反应叫“核聚变反应”，如太阳内部发生氢核聚变反应而释放出太阳能，氢弹内部发生核聚变反应而爆炸。

其实，不光是铀原子可以通过核裂变释放核能，原子序数在80以上的重核

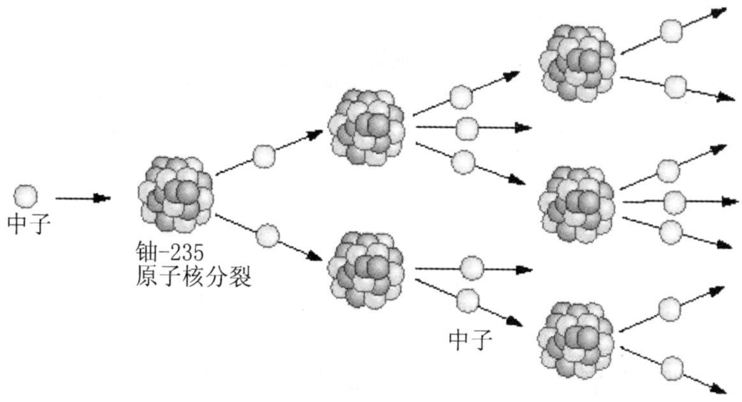

图 4－3　铀原子核的链式反应原理

发生裂变，以及原子序数在 40 以下的轻核发生聚变时，都可以释放核能。那么，核能又是怎么转变成电能的呢?

4.2.4　核电厂的心脏

火力发电中煤粉在锅炉中燃烧产生热量，通过高温蒸汽推动汽轮机做功，汽轮机带动发电机发电；正如火力发电一样，核能发电是通过核反应堆释放核能，通过蒸汽发生器把核能转变成热能，然后以高温蒸汽推动汽轮机做功，汽轮机带动发电机发电，核电站工作原理如图 4－4 所示。可见，两种发电方式的主要区别在于产生蒸汽的设备和过程。核反应堆就是装配了核燃料来实现大规模可控核裂变链式反应的装置，核裂变链式反应通常在压力容器中进行，因此，核反应堆是核电站的心脏部件。

目前核电站中广泛使用的核燃料是铀。地下开采的铀矿石不能直接用作核燃料，要经过精选、碾碎、酸浸、浓缩等程序，制成有一定铀含量、一定几何形状的铀棒，才能参与反应堆工作。最终作为燃料被“烧掉”的是铀的 3 种放射性同位素，即铀－238（自然界中含量百分比 99.275 %）、铀－235（0.720 %）和铀－234（0.005 %）中的一种或其混合物。

有了核原料，接下来是不是就可以直接进行核裂变反应了呢？答案是否定的。

核裂变反应的条件比较苛刻。核裂变反应释放的中子为快中子，快中子能量巨大且不易控制，需要用慢化剂将快中子能量减少，使之慢化成为热中子或中能

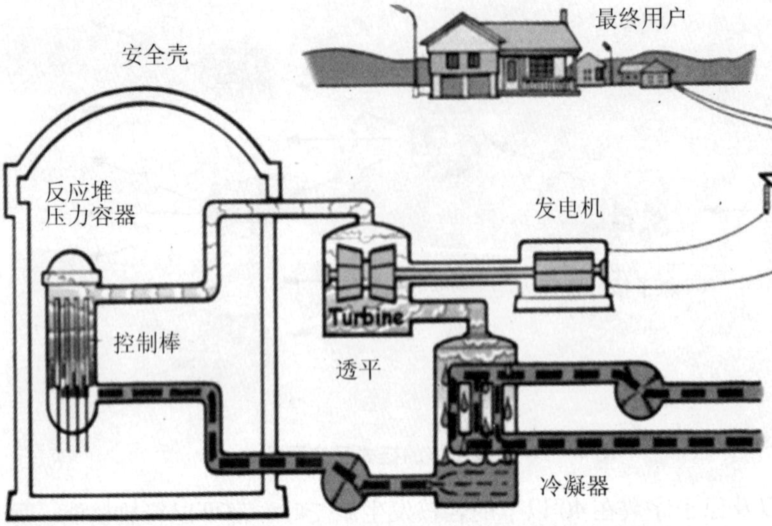

图 4－4　压水堆核电站的工作原理

中子，增加与原子核碰撞的机会，才能进行链式反应。因此，这里慢化剂所起的作用就好比汽车的“刹车片”一样。

核裂变反应异常迅速，除了有慢化剂之外，还需要采取其他控制设施，这就是控制棒。不要小看这根棒，它在反应堆中起调节中子反应速率及紧急停堆的作用，就如同阀门和应急开关一样。控制棒有很多材料，常用的控制棒材料有硼钢、银铟镉合金等。其中含硼材料因资源丰富、价格低，应用较广，但容易产生脆化和变化。而银铟镉是轻水堆的主要控制材料。

一般房间暖气片里流动的是水，这些水就是供暖的载体。同样在核电厂中，核裂变产生的能量需要通过热载体导出，热载体又叫冷却剂。由于水的热物性较好，所以核电站中的热载体也用水。由于铀及其裂变产物都有强放射性，所以核反应堆和冷却剂等要用耐辐射的材料包容起来，并用具有良好射线阻挡能力的材料进行屏蔽，形成屏蔽层用来防护中子、γ 射线和热辐射。

由此可见，核反应堆结构主要由核燃料、慢化剂、热载体、控制设施、防护装置组成，如图 4－5 所示。

当然，针对不同的场合，需要用不同的反应堆，如核动力航空母舰和核电站的反应堆肯定不一样。按照核反应堆内中子能谱、慢化剂种类和冷却剂类型及用途等不同，核反应堆分类如表 4－1 所示。

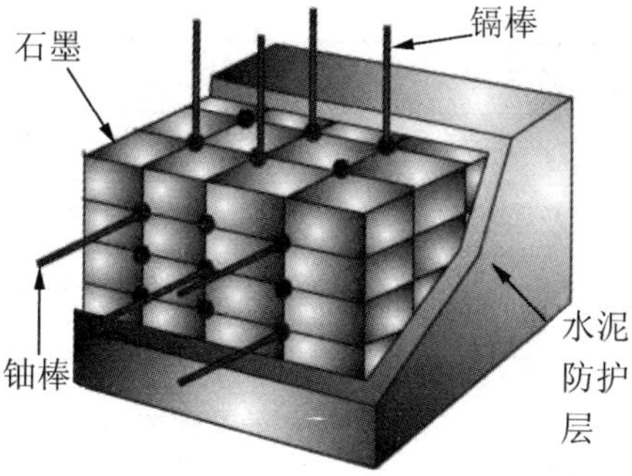

图 4－5 核反应堆的结构

表 4－1 核反应堆的分类

	名称	特点
按中子能量分类	快中子堆（FWR）	中子能量大于 1 兆电子伏
	中能中子堆	中子能量大于 0.1 电子伏小于 0.1 兆电子伏
	热中子堆	中子能量大于 0.025 电子伏小于 0.1 电子伏
按冷却剂和慢化剂分类	轻水堆	压水堆（PWR）、沸水堆（BWR）
	重水堆	压力管式、压力容器式、重水慢化轻水冷却堆
	有机介质堆	重水慢化有机冷却堆
	石墨堆	石墨水冷堆、石墨气冷堆
	气冷堆	天然铀石墨堆、改进型气冷堆（AGR）、高温气冷堆、重水慢化气冷堆
	液态金属冷却堆	熔盐堆、钠冷快堆
按堆芯结构分类	均匀堆	堆芯核燃料与慢化剂、冷却剂均匀混合
	非均匀堆	堆芯核燃料与慢化剂、冷却剂呈非均匀分布，按要求排列成一定形状
按核燃料分类	天然铀堆	以天然铀为燃料
	浓缩铀堆	以浓缩铀为燃料
	钚堆	以钚为燃料

续表

	名称	特点
按用途分类	生产堆	生产钚、氚及放射性同位素
	发电及供热堆	生产电力及供热
	动力堆	为船舶、军舰、潜艇作动力
	试验堆	做燃料、材料的科学研究工作
	增殖堆	新生产的核燃料（Pu－239，U－233）大于消耗的（Pu－239，U－233，U－235）

在核电工业中主要是按照冷却剂和慢化剂对反应堆进行分类。轻水堆、重水堆、石墨堆是核电工业中应用较成熟的发电堆。轻水反应堆是目前技术最成熟、应用最广泛的堆型。它的优点是：体积小，结构和运行都比较简单，功率密度高，单堆功率大，造价低廉，建造周期短以及安全可靠。但轻水堆对天然铀的利用率低，仅为33％，发展轻水堆要比重水堆多用天然铀50％以上。目前，全球正在运行的以及在建的核反应堆中，大部分是轻水反应堆，占所有反应堆的85％以上。

核电站因其巨大的优越性在社会生产中的作用越来越突出。自1954年苏联建成世界上首座5 000千瓦试验性核电站以来，人类对核能的商业利用实践已经走过了半个多世纪。其间经历了20世纪70年代的快速发展时期，以及80年代受三里岛和切尔诺贝利核电站事故影响的缓慢增长期。目前有56个国家运行着284个研究堆和220多个船用核动力装置。在核能利用问题上，10年前国际气候变化委员会出台了一个草案，在2100年世界上50％的电力将由核能生产。若要实现这个目标，在未来100年，世界每年都要兴建75个新的核电站，但在2004年全世界只有5个核电站投入运营。由此说明，核电站的发展并不是一帆风顺的。

4.3 核之殇

4.3.1 科学家的眼泪

20 世纪 30 年代，中子攻击原子核的理论最先是由两位德国科学家提出的。他们的理论公布以后，令远在美国的爱因斯坦感到一丝不安，他感觉这个理论再往前走一步就有可能制造出大规模杀伤性武器，倘若被纳粹德国先研制出来，对全世界来说将是严重的威胁。于是，爱因斯坦就亲自给美国总统罗斯福写信让他关注此事。纳粹德国高层也已高度重视原子能的开发利用，下令禁止德国出口铀，同时从非洲大量进口铀资源。1940 年德国通过闪电战拿下挪威后，在那里建立了重水试验室，为制造原子弹做准备。但后来，在数位德国科学家凛然正义的反对和英美的强烈阻挠下，德国的原子弹计划流产。相反，美国这边由于没有恶劣的战争环境，“曼哈顿”计划开展得顺风顺水，经过几年的努力最先制造出了三颗原子弹——“胖子”“瘦子”和“小男孩”，其中两颗原子弹加速了二战的结束。当年美国在日本投下两颗原子弹后，平民百姓死伤无数，使本来怀着满腔热情制造原子弹来阻止战争的科学家们悔恨不已，他们幡然醒悟：核能如果合理利用就能造福人类，反之，则可能遗患无穷。本来为正义而生的科学技术，此时此刻竟成了战争者的帮凶。目前，国际上社会各界对核能利用仍然意见不一，支持和反对的声音长期同时存在。

4.3.2 是天使还是魔鬼

在和平年代，虽然没有了核战争，但核能发展会是一帆风顺的吗？虽然建造核电站要求严格，操作规范，但不免还是存在核泄漏及核辐射的隐患，除此之外，各个国家在能否有效地处理核废料的问题上存在争议，所以公众未能对是否使用核能形成一致意见，英国约有 30 % 支持兴建新的核电站，但也有 30 % 持反对意见；德国也决定不再兴建核发电站。那么是什么原因导致了这些现象的发生呢？在核电历史上又有哪些难以抹去的伤痛呢？

据俄新社 2012 年 8 月 13 日报道，几十名乌克兰民众给乌克兰总理写信，希望获得批准返回他们的家乡。人们不禁感到奇怪，为什么回家还需要总理的批准呢？原来他们的家乡曾发生过世界上最致命的核事故，那就是切尔诺贝利核爆炸事故。

切尔诺贝利核电站是苏联时期在乌克兰境内修建的第一座核电站。曾被认为是世界上最安全、最可靠的核电站。但 1986 年 4 月 26 日意外发生了，核电站的第 4 号核反应堆在进行半烘烤实验中突然发生失火，引起爆炸，核反应堆全部炸毁，爆炸使机组完全损坏，8 吨多强放射性物质泄漏，随风飘散，致使俄罗斯、白俄罗斯和乌克兰等许多地区遭到核辐射的污染，造成了人类和平利用核能史上最大一次灾难。切尔诺贝利核电站核泄漏事故被定义为最严重的 7 级（核事故共 7 个级别，级别越高，危害越大）。

据估算，核泄漏事故产生的放射性污染相当于日本广岛原子弹爆炸产生的放射性污染的 100 倍。核泄漏事故使电站周围 6 万多平方千米土地受到直接污染，辐射危害严重，导致事故后前 3 个月内有 31 人死亡，之后 15 年内有 6 万～8 万人死亡，13.4 万人遭受不同程度的辐射疾病折磨，320 多万人受到核辐射侵害，方圆 30 千米地区的 11.5 万多民众被迫疏散。事故发生后的情形如图 4－6 所示。

图 4－6　切尔诺贝利事故后的惨状

图 4－7　核泄漏事故后的美国三里岛核电站

1979 年 3 月 28 日凌晨 4 时，美国宾夕法尼亚州的三里岛核电站（图 4－7）第 2 组反应堆的操作室里，红灯闪亮，汽笛报警，涡轮机停转，堆芯压力和温度骤然升高，造成 2/3 堆芯熔化或严重损坏，2 小时后大量放射性物质逸出，但由于安全壳的良好屏障作用，把放射性物质全部封在安全壳内，对公众并未造成任何辐射伤害，对环境的影响也微不足道。事故发生后，整个美国为此震惊，核电站附近的居民惊恐不安，约 20 万人撤出这一地区。附近有核电站及在建核电站的城市，民众纷纷集会示威，要求停建或关闭核电站，首都华盛顿到处是反核标语。6 天后出事反应堆堆芯温度才开始下降，蒸汽泡消失——引起氢爆炸的威胁消除。100 吨铀燃料虽然没有被熔化，但有 60％的铀棒受到损坏，反应堆最终陷于瘫痪。此事故为核事故的 5 级。三里岛事件之后，美国宣布不会再建设核电站。进入 21 世纪，美国付出了停止建设核电站的代价，加利福尼亚州、纽约等地供电出现巨大缺口。近日，政府发布了重新建设核电站的计划。

日本福岛核电站是世界最大的核电站。福岛第一核电站属于“沸水型”核反应堆，又称“轻水堆”，它好比一个“大锅炉”，让核能转变为热能，再转变成电能。在福岛第一核电站的“锅炉”内安置有铀燃料元件棒，位于堆芯区。“锅炉”内的水烧开后温度达到 300℃、7.1 兆帕。“锅炉”内上部水变成水蒸气，利用蒸汽推动涡轮发电机发电。废气进入管道凝结成水后，然后再进入到“锅炉”。这些水进入系统的同时还承担着核反应阻化剂的作用。

2011 年 3 月 11 日在日本东部海域发生里氏 9.0 级特大地震，并引发海啸。3 月 12 日，地震造成福岛第一、第二核电站一系列设备损毁、堆芯熔毁，放射性物质泄漏，这是继 1986 年切尔诺贝利核电站核泄漏事故以来最为严重的核泄漏事故，事故情形如图 4－8 所示。日本政府紧急决定疏散周围 20 千米的居民。据统计，这次福岛核泄漏量相当于三里岛核事故的 14 万倍，虽比切尔诺贝利核电站要少，但福岛第一核电站大范围泄漏了对人体健康和环境产生影响的放射性物质，因此该核泄漏事故等级被定为最严重的 7 级。

图 4－8　日本福岛核电站反应堆爆炸及毁坏后情形

总结核电站使用的历史经验，我们发现核电站在技术上存在三个主要问题：

①核电站会产生高低阶放射性废料，或者是使用过的核燃料，虽然所占体积不大，但因具有放射性，故必须慎重处理。②核电站热效率较低，比一般化石燃料电站排放更多废热到环境里，因而核电站的热污染较严重。③核电站最大的困扰还是其安全性，包括正常运行情况和突发意外情况下的安全性，一旦发生核泄漏事故，必然对周围甚至全球的生态环境及民众造成伤害。

自从有了核电站以后，世界各国对要不要扶植核电站、核电站是否安全的争论从来就没有停止过。核电的缺陷和优点一样十分突出，有人甚至这样描述它："核能就像马戏团里的猛兽，听话时让人感到其乐无穷，一旦失控，后果不堪设想。"面对核事故，一方面要不断总结经验教训，提高核安全应急处置能力；另一方面更要时刻保持审慎的态度，对核电站选址要科学论证，对核废料处置要未雨绸缪，对相关安全法规要及时制定。切尔诺贝利核爆炸事故发生在欧洲，福岛核泄漏和核辐射事故发生在亚洲，三里岛事故发生在美洲，无论在哪一洲，都需要全球共同应对，吸取历史教训，避免悲剧再现。

4.4 核之冀

4.4.1 核能的春天

虽然我们永远不希望发生核事故，但意外总是不期而至。上述核事故让我们对核电的发展有些茫然，那么是不是该放弃核能呢？进入 21 世纪，化石能源日趋紧张，而且化石能源使用过程中排放温室气体所带来的环境压力日益加剧。从目前能源发展状况来看，只有核能在数量上能够部分替代化石能源，缓解能源危机。经历了几次核事故之后，世界核电技术有所进步，使许多国家把发展能源的注意力又重新转移到了核能。

世界核电发展正逐渐走向复苏。特别是在 20 世纪末至 21 世纪初的几年里，美国政府发起了第 4 代核电技术政策研究（1999 年 6 月），俄罗斯总统普京在世界新千年峰会上发出推动世界核电发展的倡议（2000 年 9 月），美国为复苏核电的发展而制定了新的能源政策（2001 年 5 月）。可见，核能在现代经济发展中的地位与作用难以取代。

当然，世界上的核事故也不是俯拾皆是，总体上核电还是安全的。目前，全世界已投入运行的核电站近450座，核技术正在一步步走向成熟，30多年来这些核电站基本上都是安全的。据世界核能协会（WNA）调查统计，许多国家正在建设或拟建设核电站，其中北美和西欧的核电装机容量基本不变，亚洲是世界上核电装机容量增加最为显著的地区。目前，在全球范围内有8个国家正在兴建新核电站，这8个国家是中国、俄罗斯、印度、日本、乌克兰、阿根廷、罗马尼亚和伊朗。据了解，我国核电已建成发电用反应堆11座，总装机容量9.1吉瓦，估计到2020年，运行容量将达到70吉瓦。我国核电在建30吉瓦，是目前世界上核电在建规模最大的国家。我国筹建、在建和运营的核电站分布如图4－9所示。

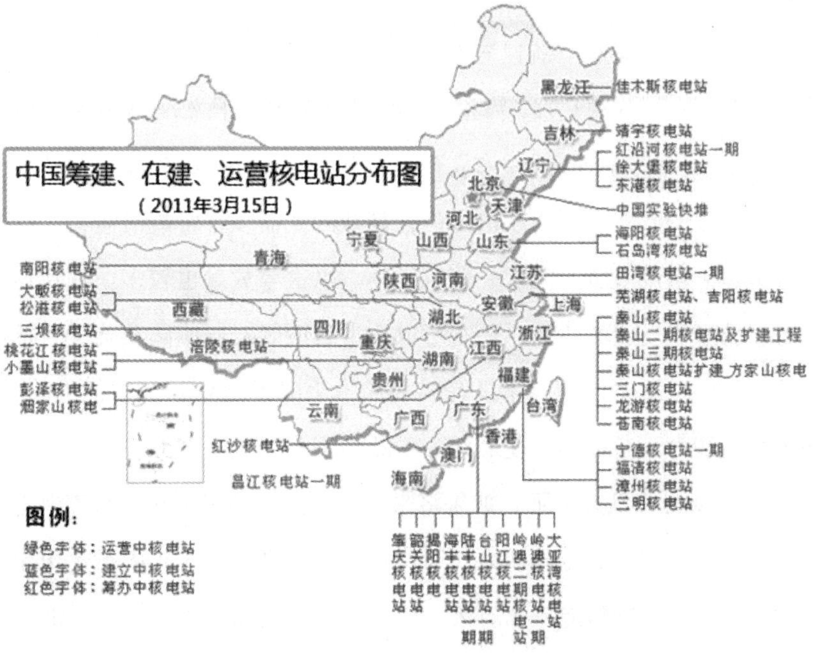

图4－9　我国筹建、在建和运营的核电站分布

在近20多年里，世界上400多座核电站的安全运行积累了丰富的经验，使得核电站的改进措施成效显著，核电的安全性和经济性均有所提高。由于我们对生活质量的要求日益提高，能源消耗逐渐增加，面对经济迅猛发展引起的越来越大的能源缺口，世界各国纷纷将目光聚焦在核能上，充分利用核能发展本国经济

也是必然的选择。例如，在工业生产中，可以通过核能供热来冶炼钢铁；在军事和航空航天领域，轮船及战舰可采用核动力，航天设备可采用核电源等。在其他试验研究方面取得的成果，也同样促进了核能技术的进一步发展，核能迎来了自己的春天。

4.4.2 新兴核技术引领风骚

随着核技术的不断发展，目前核能的应用范围越来越广泛。

（1）核潜艇。核潜艇的动力装置是核反应堆，其原理是通过核反应堆产生的高温蒸汽，驱动蒸汽涡轮机，带动螺旋桨或者是发电机产生动力。与常规潜艇相比，由核能来驱动的核潜艇具有以下优点：核潜艇水下逗留时间长，隐蔽性好，可在水下连续滞留 60 ~ 90 个昼夜，常规潜艇经常要上浮充电，水下全速行进仅能维持 1 小时；核潜艇水下航速普遍较高，一般都在 25 ~ 35 节（节是船类的速度单位，1 节表示每小时 1.852 海里，1 海里是 1.852 千米，30 节换算后是每小时 55.56 千米），最高达 40 节左右，而常规潜艇一般在 30 节以下；核潜艇体积大，可装载更多的武器，所以攻击力强，装载的武器多于常规潜艇，如弹道导弹的数量远远多于常规潜艇，鱼雷、巡航导弹、水雷等数量也较多。现代核潜艇不仅带有可以反潜、反舰的鱼雷，还有可以攻击大型舰船、编队及陆上目标的各种反舰、巡航导弹，战略核潜艇还具有装载核弹头的弹道导弹，进行战略核打击，使核潜艇攻击能力不断提高，使命任务不断拓展。

（2）核发动机。试想一下，如果将来可以制造出核发动机，接着制造出核裂变动力火箭，它比现代的化学动力火箭快一倍，就可以在 3 年内抵达土星，而不是现在的 7 年。由于燃料能持续更久，核动力火箭到达土星后还有足够的能量继续旅行 15 年。目前，核动力航空母舰和核潜艇都是利用核裂变反应堆的动力来推动螺旋桨，但太空没有水或空气介质，不能采用螺旋桨，而必须利用喷气的方式。反应堆中原子核的裂变产生大量热能，将推进剂（液态氢）注入，推进剂会受热迅速膨胀，然后从发动机尾部高速喷出，产生推力。如果将来受控核聚变技术成熟，那么核聚变发动机的威力将会不可估量。

（3）太空核反应堆。早在 1965 年，美国就发射了一颗装有核反应堆的人造卫星。1978 年 1 月，苏联军用卫星“宇宙 254”号也装有核反应堆，因控制机构失灵而坠入大气层，变成许多小碎片，散落在加拿大的西北部地区。由此可知，太空核反应堆已进入了超级大国的空间争夺战。

核反应堆装在卫星上，有重量轻、性能可靠、使用寿命长、成本较低的优点。人造卫星上通常都装有各种电子设备，包括电子计算机、自动控制装置、通信联络机构、电视摄像机和发送系统等，需要大量可靠的电能。对于用来探测火星、木星等星体的星际飞行器，配备的电子设备就更复杂，而且航程时长从几年到十几年，此期间还要与地球保持联系。这就要求太空飞行器携带大容量、高性能的电源。起初，人们在卫星和太空飞行器上使用燃料电池；后来，人们又采用太阳能电站作为卫星和太空飞行器的电源；最终人们找到了比较理想的卫星和太空飞行器用电源，即空间核反应堆。采用核反应堆作为太空飞行器电源之前，还广泛使用了核电池，直到现在一些太空飞行器还广泛采用这种核电池。核电池的使用寿命一般可达 5 ~ 10 年，电容量可达几十至上百瓦。而太空核反应堆的电容量可达几百瓦至几千瓦，甚至可高达百万瓦，因此可保障航天器漫长的太空航行。

（4）海底核电站。海底核电站是随着海洋油气开采不断向深海海底发展而提出的一项大胆设想。在勘探和开采深海海底石油和天然气时，需要陆地上的发电站向海洋采油平台远距离供电。为此，要通过很长的海底电缆将电输送过去。这不仅在技术上要求很高，而且要花费大量的资金。如果在采油平台的海底附近建造海底核电站，就可轻而易举地将富足的电力送往采油平台，而且还可以为其他远洋作业设施提供廉价的电源。其实，早在 20 世纪 70 年代初期，海底核电站的蓝图已绘制出来。此后，世界上不少国家都在积极地进行研究和实验，提出了各种设计方案。

海底核电站与陆地上核电站的原理基本相同，但海底核电站要比陆地核电站的工作条件更苛刻。首先，海底核电站的所有零部件要能承受几百米深的海水压力；其次，要求海底核电站的所有设备密封性好，达到滴水不漏的程度，在水压巨大的深海，技术难度可想而知；再次，海底核电站的各种设备和零部件都要耐海水腐蚀。为了安装方便，海底核电站可在海面上进行安装。安装完工后，将整个核电站和固定平台一起沉入海底，坐落在预先铺好的海底地基上。当核电站在海底连续运行数年以后，像潜水艇一样可将它浮出海面，以便由海轮拖到附近海滨基地进行检修和更换堆料。随着海洋资源特别是海底石油和天然气的开发，将有助于进一步推动海底核电站的研究与开发，相信在不久的将来海底核电站将会问世。

4.4.3 "团结" 的力量

氢弹就是利用核聚变原理制造的。核聚变释放的能量比核裂变更大，是核裂变放出能量的3~4倍，原子弹的威力通常为几百至几万吨级TNT（炸药）当量，氢弹的威力则可大至几千万吨级TNT当量。核聚变反应在宇宙中是很普遍的现象。在太阳和许多恒星内部，温度高达100万℃以上，在那里进行着激烈的核聚变反应。同样是核反应，为什么核聚变和核裂变的差别如此巨大呢?

我们来了解一下核聚变原理。当四个氢原子在高温下靠得很近时，四个质子会撞到一起，其中两个会发生衰变，释放出两个反中微子和正电子，变成两个中子。这两个正电子会与原子核外电子相互湮灭，形成两个光量子；剩下两个中子、两个质子和两个电子，恰好形成一个氦原子，并释放出巨大的能量。核聚变原理如图4－10所示。

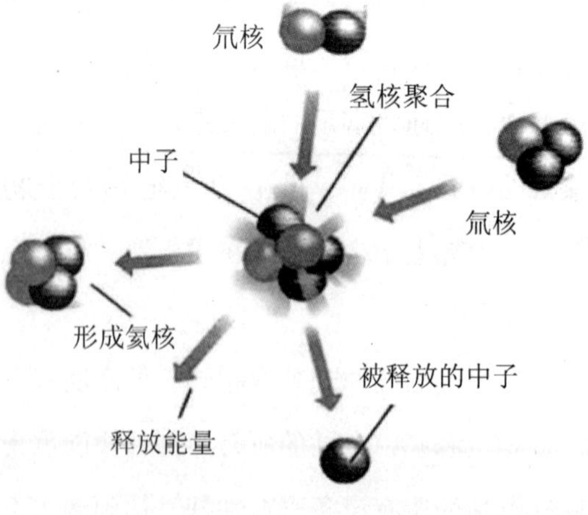

图4－10 核聚变原理示意图

简单地说，核聚变反应是微小粒子在高温高压下发生原子核聚合作用，产生新的粒子，并伴随着巨大能量释放的一种核反应形式。氢聚变为氦的反应可以有多种形式：4 个氕聚变为一个氦；2 个氘聚变为一个氦；1 个氘 + 1 个氚聚变成 1 个氦 +1 个中子。最常见的是由氘和氚聚合成较重的原子核如氦，并释出能量。上述氕、氘、氚都为氢的同位素。

核聚变反应也需要高温的条件。小规模的核聚变反应可借助人为方法避开高温。而大量核聚变反应必须进行热核反应，使聚变反应变成一个自持的反应，即前一个反应为后一个反应提供热量，且要维持一个很高的温度才能使热核聚变反应连续不断，通常温度要达到几百万摄氏度才能发生聚变反应。如果低于这个温度，核聚变反应就会停止，就像炉子烧火一样，烧好了越烧越旺，烧不好如达不到燃料的燃点就会灭火。

与核裂变相比，核聚变有三大优点：

首先，地球上蕴藏的核聚变原料比核裂变原料丰富得多。核聚变原料主要是氘和氚。据测算，1 升海水中含有 0.03 克氘，所以地球上仅在海水中就有 45 万亿吨氘。1 升海水中所含的氘，经过核聚变可提供相当于 300 升汽油燃烧后释放出的能量。虽然自然界中不存在氚，但靠中子同锂作用可以产生氚，而海水中也含有大量锂。如果将这些资源开发出来，足够人类使用上百亿年，比太阳的寿命还要长。

其次，核聚变反应生成水，没有核污染，而核裂变会产生大量放射性废料。所以，核聚变对环境的影响要小得多。

最后，最重要的优点是安全。可能有人觉得，核聚变威力巨大，万一核聚变设备爆炸，将万劫不复。但这种情况基本上不可能发生。因为聚变堆反应过程中需要不断提供能量，如让激光和强磁场工作来维持核聚变反应，如果发生意外事故，不能连续提供能量，核聚变反应将立刻停止。更糟糕的情况，就算发生爆炸，也只有爆炸本身造成的危害，不会有任何核辐射。

4.4.4 前途光明， 道路曲折

正是由于核聚变反应需要维持几百万甚至上亿摄氏度的温度，如此高的温度没有一种固体材料能够承受，所以受控核聚变难以在现有材料的容器中实现。

目前实现核聚变已有一些方法。最早的著名方法是“托卡马克”型磁场约束法，图4－11为托卡马克约束装置。1991年欧共体的托卡马克装置成功实现了核聚变史上第一次氘－氚运行实验。托卡马克装置简单地说就是一个超级磁铁，当这个磁铁通电之后，产生的巨大磁场可以将其内部的高温物质约束在里面。核聚变反应的另一个关键技术是点火问题。美国利用高能激光实现了核聚变点火，我国用“神光2”对核聚变反应进行了成功点火。

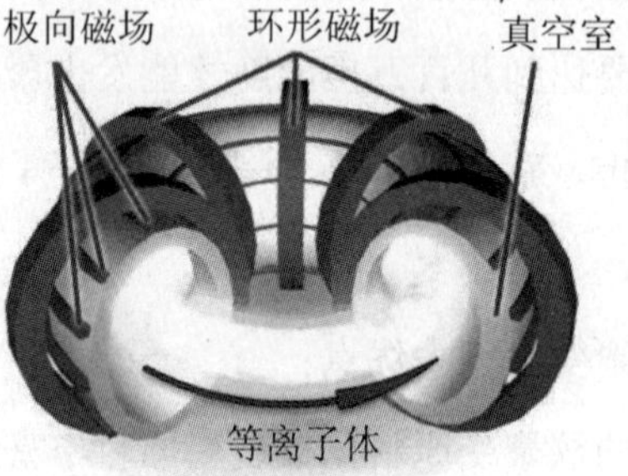

图4－11　托卡马克约束装置

另一种实现核聚变的方法是惯性约束法。惯性约束核聚变是把几毫克的氘和氚的混合气体或固体，装入直径约几毫米的小球内。从外面均匀射入激光束或粒子束，球面因吸收能量而向外蒸发，受它的反作用，球面内层向内挤压，就像喷气飞机气体往后喷而推动飞机前飞一样，小球内气体受挤压而压力升高，并伴随着温度的急剧升高。当温度达到所需要的点火温度时，小球内气体便发生爆炸，并产生大量热能。这种爆炸过程时间很短，只有几个皮秒（1皮秒＝10^{-12}秒）。如每秒发生三四次这样的爆炸并连续不断地进行下去，所释放出的能量就相当于百万千瓦级的发电站。

由此可见，核聚变反应条件苛刻，反应不易控制，发生核聚变的点火温度要在0.1亿～1亿℃，而且作为核原料的氘和氚必须十分纯净，不含杂质。

早在20世纪50年代初，美、英、苏等国便开始了核聚变研究。几十年以来，世界各国的科学家们在核聚变研究方面已取得了巨大进步。1991年，物理学家们用欧洲联合环形聚变反应堆在1.8秒里再造了“太阳”，首次实现了核聚变反应，温度高达2×10^{8}℃，为太阳内部温度的10倍，产生了近2兆瓦的电能，从而使人类对获得充足而无污染的核能的科学梦想向现实大大迈近了一步。

我国自行设计和研制的最大的受控核聚变实验装置“中国环流器一号”，已在四川省乐山地区建成，并于1984年9月顺利启动，标志着我国研究受控核聚变的实验手段有了新的发展和提高，并将为人类探求新能源事业做出贡献。

目前，全世界的核聚变技术仍处于试验阶段。虽然在实验室条件下已接近于成功，但要达到工业应用还差得很远。按照目前的技术水平，要建立托卡马克型核聚变装置，需要几千亿美元。要实现受控核聚变正常发电，还有一段相当长的路要走。

与太阳能、水能、风能、地热能等清洁能源相比，核聚变能作为一种没有污染的能源，不受时间和地域的限制。可控核聚变研究除了开发永久性的清洁能源外，对军事和国民经济的发展也有重要作用。核聚变中间技术在工业上也有广泛的应用前景，如等离子技术、真空技术、磁场技术、超导技术、低温技术、高压大电流技术、射频技术、离子源技术等，有的可直接为工业服务，有的只需适当改进、开发和转化，就能成为高新技术产品推向市场。研究核能的最终目标是要实现受控核聚变。随着科学技术的进一步发展，希望在不久的将来，实现对核能更好的控制，造福人于类。

4.4.5 我国核技术的发展

新中国成立初期，许多科学家放弃了国外的优越待遇，纷纷回国投身国家建设。如邓稼先、钱学森等，和国内的科技工作者们一道在罗布泊艰苦的环境中夜以继日地工作，开创了新中国的原子核物理的理论和实践。他们身先士卒白天挑砖抬瓦搞试验场地基建，晚上挑灯夜战搞理论研究，在缺乏资料和实验条件的情况下，大家齐心协力在简单的手摇计算机上一遍又一遍地计算，花费了半年时间，终于取得了重大理论突破，完成了原子弹理论设计方案。

1964年10月16日下午3时整，我国第一颗原子弹爆炸成功，茫茫戈壁尽头，在闪光、火球和轰隆声后冉冉升起的蘑菇状烟云，强烈地动震撼了全世界，图4－12为原子弹爆炸效果图。时隔仅仅3年，1967年6月17日，中国自行设计、制造的第一颗氢弹在中国西部地区上空试爆成功，震惊世界的蘑菇云异常炫目耀眼。氢弹的爆炸成功，使中国真正跨入核大国的行列，图 4 – 13 为氢弹爆炸效果图。

我国从研制原子弹成功到氢弹爆炸成功，比其他西方国家少用了数年时间，英国用了 4 年零 7 个月，苏联 6 年零 3 个月，美国 7 年零 3 个月，法国 8 年零 6 个月，这与诸多科学家的艰苦努力是分不开的。我国向全世界郑重承诺：始终恪守在任何时候和任何情况下不首先使用核武器政策，明确承诺无条件不对无核武器国家和无核武器区使用或威胁使用核武器。

图 4 – 12　原子弹爆炸产生的蘑菇云

图 4 – 13　氢弹爆炸产生的蘑菇云

核能以其能量巨大、高效、清洁、资源丰富等优点越来越受到各国重视，人类社会将来有望进入核能利用时代。目前世界各地都在大力兴建核电站，核电站的发电量在总发电量中所占比例与日俱增。然而，科学技术往往是双刃剑，值得我们特别关注是，核电站的核泄漏事故在世界各地也时有发生。因此，世界各国在大力发展核能的同时，应研发新型技术以确保核电站的运行安全，合理处理核废料等，避免历史惨剧的重演。相信凭借人类的智慧，一定会寻求出新的核技术（如核聚变技术），与核能和平相处，共同谱写能源史上的新篇章。

5　太阳能——来自太空的能源之源

相传远古时代，我国北部有一个巨人族——夸父族，族人的首领夸父高大无比，力大无穷。有一年天气酷热，火一样的太阳烤焦了地上的庄稼，晒干了河里的流水，族人们难以忍受，纷纷死去。夸父见此情景，既伤心又恼怒，发誓要捉住太阳，为族人报仇。于是夸父开始了逐日的征程，朝着太阳不停地追呀追，饿了，摘些野果充饥；渴了，捧口河水解渴；累了，就地打个盹。他跨过一座座高山，穿过一条条大河，追到禺谷，太阳已经在头顶了，当他伸手就要捉住太阳的时候，由于身心疲惫，夸父晕过去了。醒来时，太阳早已不见了。夸父并没有气馁，鼓足全身的力气又追了起来。可是离太阳越近，太阳光就越强烈，火辣辣的太阳使他感到燥热难耐，又累又渴，他又倒了下去。最后夸父累死了，他没能捉住太阳，但他勇敢的牺牲精神感动了天帝，太阳得到了惩罚。从此，大地沐浴在和煦的阳光下，人们还可以用太阳光晾晒粮食、晒干衣物。这就是大家熟悉的“夸夫逐日”的神话故事。

大家可否想过，太阳如此大的能量究竟是从何而来？人们究竟是通过怎样的方式来利用这些能量的呢？

5.1　能源之源——太阳

当我们坐在明亮的办公室辛勤工作时，当我们周末驾车来到郊外，尽情地享受着葱绿的草地、轻柔的微风时，当我们乘坐高速列车穿越空旷的戈壁滩，去寻求内心的那份平静时……大家是否思考过，是什么能量推动着这一切呢？对，归根到底是太阳，它是地球上几乎所有能源的源泉。

太阳的能量是从何而来的呢？其实太阳不像地球那样是一个实体球，它是一个由氢和氦组成的炽热的气体火球，内部不停地进行着由氢聚变成氦的热核反应，不停地向宇宙空间释放能量，这些能量就是我们熟悉的太阳能。太阳的表面温度为5 497 ℃，中心温度高达$15\times10^6\sim20\times10^6$℃。你可能对这个数据没有量的概念，那不妨联想一下，蜡烛黄色火焰的温度也就1 000 ℃左右，太阳中心处的温度则是它的几万倍，可见太阳的温度之高。太阳主要以电磁波的形式向外传播能量，太阳辐射产生的电磁波谱如图5－1所示，我们平时看到的阳光只是这些电磁波中极少的一部分。太阳内部蕴涵着巨大的能量，其每秒释放的能量高达3.865×10^{26}焦。由于地球距太阳遥远，太阳辐射到地球大气层的能量仅为其总辐射能量的22亿分之一，相当于目前全世界总发电量的8万倍。由于受地球大气层的影响，每秒钟到达地球陆地表面的能量大约为1.7×10^{16}焦。尽管如此，这个数量仍然十分巨大，相当于目前全世界一年内消耗的能量总和的3.5万多倍，也就是说，这些能量足够全人类使用3万多年。可见，太阳是一个多么巨大的能量库。

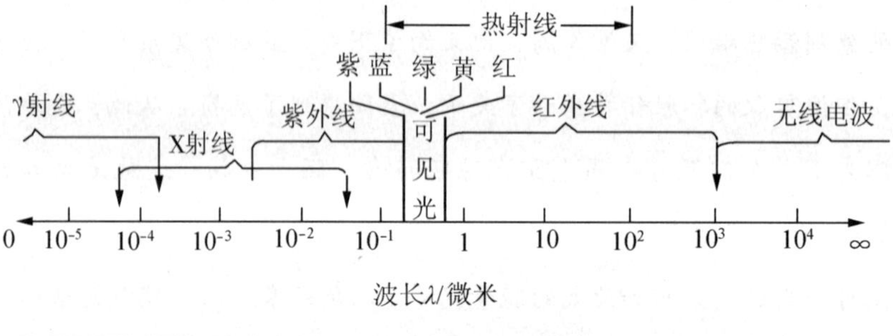

图5－1 太阳辐射产生的电磁波谱

人们常说，“万物生长靠太阳”，这里的万物是指地球上所有的生命。太阳给地球带来了适合地球生物生存的适宜温度，如果没有太阳，植物便不能进行光合作用，没有植物，动物就失去了食物链最基础的环节，也就无法生存，当然也不可能出现人类。太阳拥有人类取之不尽用之不竭的能量，它是地球上几乎所有能源的源泉。从广义的角度看，太阳能不仅包括直接投射到地球表面的太阳辐射能，而且还包括由它引起的风能、水能、海洋温差能、波浪能、生物质能及部分潮汐能，即便是地球上的化石燃料（如煤、石油、天然气等），从根本上说也是远古时代储存下来的太阳能。所以说，太阳是人类的“能源之母”，没有太阳能，就不会有人类的一切。太阳能向其他能量形式的转化过程如图 5 - 2 所示。

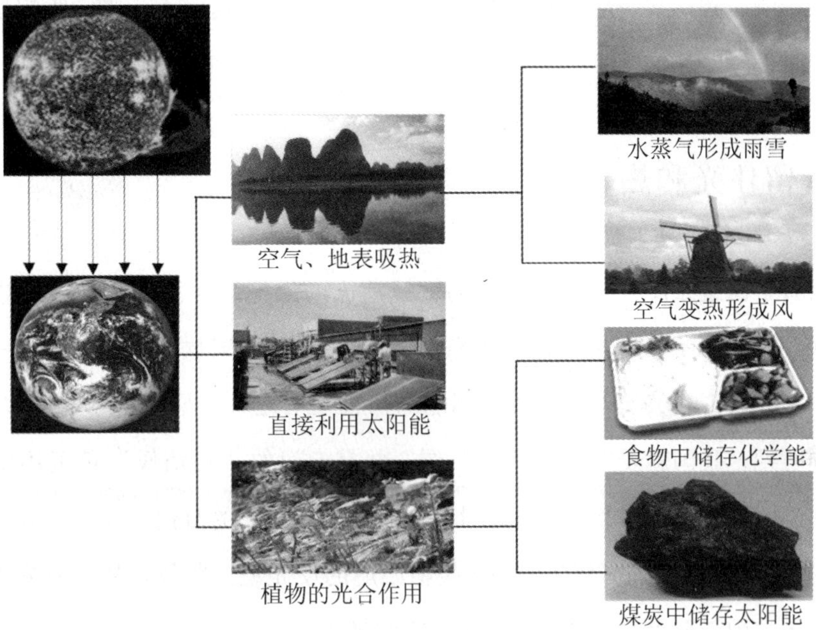

图 5 - 2　太阳能向其他能量形式转化

据专家预测，地球上储存的石油可以再用大约 40 年，天然气可用 65 年，煤炭最多可用 200 年，而唯有太阳能是取之不尽用之不竭的能源。而且太阳能自身具有以下优点：第一，普遍性。太阳光普照大地，无论陆地或海洋，无论高山或岛屿，处处皆有，可直接开发和利用，无须开采和运输。第二，无害性。开发利用太阳能不会污染环境，它是最清洁的能源之一，特别是在环境污染越来越严重的今天，这一特点是极其宝贵的。第三，量大性。每年到达地球表面的太阳辐射能约相当于 130 万亿吨标准煤。第四，长久性。根据目前太阳产生的核能速率估算，氢的储量足够维持上百亿年，而地球的寿命也约为几十亿年，从这个意义上讲，可以说太阳能是用之不竭的。因此，太阳能利用行业将会是一个生机勃勃的行业。

当然，太阳能也存在两大缺点：第一，分散性。到达地球表面的太阳辐射总量尽管很大，但是能流密度很低，也就是说地球单位面积内所接收的太阳能较少。这就意味着在利用太阳能时，想要达到一定的转换功率，就需要面积相当大的一套收集和转换设备，系统造价较高。第二，不稳定性。由于太阳能受到昼夜、季节、地理纬度和海拔等自然条件的限制，以及晴、阴、云、雨等随机天气因素的影响，到达某一地面的太阳辐射能量极不稳定，这给太阳能的大规模应用增加了难度。

5.2 留住光和热

请看下面这张图片，位于光亮的铜镜前面的火把，为什么会自己燃烧起来呢？这还是归功于太阳的能量。光亮的铜镜其实就是古时候取火用的工具——阳燧，它是我国古代劳动人民利用太阳能的伟大发明之一。早在距今 3000 多年前的西周时期，我国就发明和使用了阳燧，并有专门的“司烜氏”负责用阳燧取火。而当时世界上许多其他民族还处在钻木或击石取火的时代，西方国家在公元 100 年前后的罗马帝国时代才发明了类似阳燧的反光镜。勤劳智慧的炎黄子孙发明了利用太阳能取火的工具，为人类的文明做出了卓越的贡献。阳燧这种向太阳“取火”的简单器具，开辟了人类利用太阳能的新时代。

图 5－3 阳燧取火

太阳能利用的近代史可以从 1615 年法国工程师所罗门·德·考克斯发明第一台用太阳能驱动的抽水机算起，该发明是一台利用太阳能加热空气使其膨胀做功抽水的机器。长期以来，受科学技术发展水平的制约，人类对太阳能的利用始终处于初级阶段。直到 20 世纪 50 年代，在太阳能利用领域才出现了两项重大技术突破：一是 1954 年美国贝尔实验室研制出世界上第一块 6% 的实用型单晶硅电池；二是1955年以色列的Tabor提出了太阳能选择性吸收的理论，并成功研制出选择性太阳能吸收涂层。这两项技术的突破为太阳能利用进入现代发展时期奠定了技术基础，开创了现代人类利用太阳能的新纪元。

我们也许听说过这样一些名词，如光合作用、太阳能热水器、太阳能电池、太阳能汽车，等等。这些都是太阳能的利用方式或装置，那么太阳能是如何被利用的呢？

太阳能利用主要有四种方式：光－热转换，光－热－电转换，光－电转换和光－化学转换。

光－热转换，是把太阳辐射能转换成热能加以利用。根据转换成的热能所达到的温度和用途不同，可分为低温利用（＜200 ℃）、中温利用（200～800 ℃）和高温利用（＞800 ℃）三种。最常见的低温利用主要有太阳能热水器（图5－4a）、太阳能干燥器、太阳能温室、太阳房和太阳能空调制冷系统等；中温利用主要有太阳灶（图5－4b），温度可达400～650 ℃，可用来做饭；高温利用则需通过反射率高的聚光镜片将太阳能集中起来，如太阳炉温度高达3000 ℃，可用于熔炼高熔点的金属。

a.太阳能热水器

b.太阳灶

图5－4 太阳能的利用

光－热－电转换，是利用太阳能集热器将太阳能集中起来加热工质（热力循环中可使热与功相互转换的可压缩流体），工质产生的蒸汽驱动汽轮机，汽轮机带动发电机发电。太阳能热发电的主要缺点是效率很低但成本却很高，它的投资至少要比普通火电站高5～10倍。如一座1 000兆瓦的太阳能热电站需要投资20亿～25亿美元，而一座普通的火电站总投资不到5亿美元。因此，目前该项技术还只能小规模地应用于特殊的场合，大规模利用在经济上很不合算，还不能与普通火电站相竞争。

光－电转换，是利用半导体器件的光伏效应原理直接将太阳能转换成电能。半导体经太阳光照射后，内部会发生电子迁移，从而形成电流。我们称这种光电转换装置为太阳能电池。它的转换效率取决于半导体材料的性能，太阳能电池是光伏发电系统中的关键部分。与火力、水力发电相比，太阳能光伏发电具有安全可靠、无噪声、无污染、资源随处可得、不消耗化石能源、故障率低、维护简便、建设周期短、可方便地与建筑物结合等优点。太阳能电池既可用作小型电源，又可组合成大型电站。随着太阳能电池技术的不断提高与完善，太阳能光伏发电技术将会得到广泛而深入的应用。

光－化学转换，包含光合作用、光电化学作用、光敏化学作用和光分解反应。万物生长靠太阳，太阳辐射到地球表面的能量中约有0.3％被植物吸收，通过植物的光合作用转化成碳水化合物和氧气，为人类和其他动物提供食物和氧气这两种生存必需品。光合作用是地球上最大规模的太阳能转换过程，现代人类所用的天然气就是远古植物进行光合作用固定下来的太阳能。

5.3 淋淋 “太阳雨”

忙碌了一天，回到家中洗个热水澡，确实是一件很享受的事情。那么你可曾想过这些热水是从哪里来的吗？在广大的北方地区的房顶上，常常能看到由一个个黑色玻璃管构成的方形框架，这就是真空管型太阳能集热器，如图5－5a所示，平时洗澡用的热水就是这些管子产生的。这些管子首先吸收太阳的能量并转换成热量，然后把热量传递给自来水，从而得到热水。有时集热器也采用平板型，如图5－5b所示。这些热水的热量来自于太阳，因而热水可称之为“太阳雨”。

我们都知道，太阳光照在身上会有暖洋洋的感觉，同样经阳光暴晒后水的温度自然会升高。那么，为什么还要用那些太阳能集热器呢？简单地说，这些太阳能集热器的热转换效率更高。也就是说，得到同样多的热水，采用太阳能集热器

a.真空管型太阳能集热器　　b.平板型太阳能集热器

图 5－5　屋顶上的太阳能集热器

会用较小的采光面积和较短的时间。接下来我们就了解一下太阳能集热器。

太阳能集热器是把太阳辐射能转换成热能的装置，是太阳能热利用系统中的关键部件，该装置实现了太阳能光－热的转换过程。目前常用的太阳能集热器形式有两种：平板型和真空管型。

5.3.1　平板型太阳能集热器

平板型太阳能集热器是太阳能低温热利用中最简单且应用最广的集热器，已广泛应用于生活水加热、游泳池水加热、工业用水加热、建筑物采暖与空调等领域。它吸收太阳辐射能的面积与采集辐射能的面积相等，能利用太阳的直射和漫射辐射。

平板型集热器结构如图 5－6 所示，主要由吸热板、透明盖板、隔热层和外壳几部分组成。吸热板是吸收太阳能并向其内部的传热工质传递热量的部件，它应具有对太阳光吸收比高、热传递性能好、与传热工质的相容性好等特性。吸热板常用的材料有铜、铝合金、铜铝复合、不锈钢、镀锌管、塑料、橡胶等。为提高吸热效率，吸热板表面应覆盖深色涂层，称为太阳能吸收涂层。平时看到的太阳能集热器都是黑色的，就是跟太阳能吸收涂层有关。透明盖板是由透明或半透明材料制成的覆盖吸热板的部件，其主要功能是减少吸热板与环境之间的辐射与对流散热，保护吸热板不受雨雪及灰尘的侵蚀，同时还保证太阳辐射能够透过。隔热层是阻止吸热板向周围环境散热的部件。隔热层导热系数小、不易变形、不易挥发、不会产生有害气体。外壳是保护及固定吸热板、透明盖板和隔热层的部件，应具有一定的机械强度、良好的密封性和耐腐蚀性。

图5-6 平板型太阳能集热器结构

5.3.2 真空管型太阳能集热器

真空管型太阳能集热器主要由若干根真空集热管组成。一般的真空集热管的外壳是玻璃圆管，内部是吸热体，吸热体和玻璃圆管之间抽成真空。全玻璃真空集热管是由内玻璃管、外玻璃管、选择性吸收涂层、弹簧支架、消气剂等部件组成，如图5-7所示，一端开口，内玻璃管和外玻璃管在开口处熔封；另一端都密闭成半球形，内玻璃管和外玻璃管之间的夹层抽成真空，内玻璃管的外表面涂有选择性吸收涂层，作为全玻璃真空管集热管的吸热体。

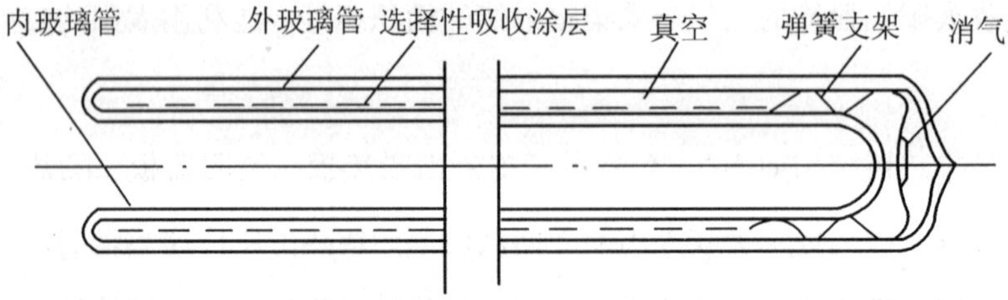

图5-7 全玻璃真空管型集热管结构

要想用上太阳能加热的水，只有太阳能集热器是不够的，还需要其他一些部件与集热器组成一套完整的系统，这套系统就称作太阳能热水器。太阳能热水器通常由集热器、蓄热水箱、连接管道组成。根据集热器形式不同，太阳能热水器有平板型太阳能热水器和真空管型太阳能热水器两种。

目前真空管型太阳能热水器在我国太阳能热水器市场中占有绝对优势，这与它本身所具有的优点是分不开的。一是它具有较好的防冻和抗冻性能，在寒冷季节使用太阳能热水器时，既能保证太阳能热水器提供生活所需热水，又能保证热水器安全地运行；二是它的热损失系数较小，真空管型太阳能集热器的热损失除了辐射散热外，其他散热可忽略不计。

平板型太阳能热水器经过了几十年的发展，技术也逐渐成熟，其综合性能比真空管型更优越。平板型集热器的整个表面是一个连续的平面，都可以接受太阳光，因此平板型集热器的集热效率比较高；而真空管型是由若干根真空管组成，一部分太阳能没有被集热器接受到，所以在相同采光面积和日照强度条件下，平板型集热器的日平均效率要大于真空管型。平板型集热器与建筑结合（图5-5b）具有明显的优势。平板型集热器与建筑物结合能够使建筑构件和设备协调一致，结构布置更合理，有利于保证整体质量，综合利用材料，降低总造价，减轻建筑负荷；平板型集热器还能代替传统建筑物的屋顶和屋面，在外观上与建筑和谐统一，形成良好的艺术效果。因此太阳能热水器与建筑物结合是太阳能产业发展的必然趋势。

5.4 让太阳给我们降温

在烈日炎炎的夏日，人们酷热难耐，那就让太阳给我们降降温吧！这是异想天开吗？不，以现在的科技水平，太阳可以为人们送去清凉。这就是要给大家介绍的太阳能空调技术。

太阳能空调技术是太阳能与空调相结合的新技术，利用太阳能提供的能量来驱动空调系统制冷。目前，太阳能空调制冷可分为两大类：一类是通过太阳能光电转换制冷，即利用太阳能发电，然后利用电能驱动传统的空调制冷；另一类是光热转换制冷，先将太阳能转换成热能，再利用热能驱动制冷系统制冷。常用的太阳能光热转换制冷系统有吸收式制冷和吸附式制冷两种。

吸收式制冷是以两种物质组成的混合溶液为工质来运转的。两种物质在同一压强下具有不同的沸点，高沸点的组分作为吸收剂，低沸点的组分作为制冷剂。太阳能吸收式制冷系统主要由太阳能集热器、冷凝器、膨胀阀（即节流阀）、蒸发器、吸收器、循环泵等部件组成。吸收式制冷系统常用的工质对有两种：一种是溴化锂-水，常用于大中型中央空调系统；另一种是氨-水，常用于小型家用空调系统。

图 5 – 8 为太阳能以溴化锂 – 水为工质对的吸收式制冷系统。系统在工作时，太阳能集热器吸收太阳辐射能并转换为热能，收集起来的热能来加热循环热媒水，热媒水再把热量传递给发生器；当溴化锂水溶液在发生器内被加热后，溶液中的水不断汽化；随着水的不断汽化，发生器内的溴化锂水溶液浓度不断升高，进入吸收器；水蒸气进入冷凝器，被冷凝器内的冷却水降温后凝结，成为高压低温的液态水；当冷凝器内的水通过节流阀进入蒸发器时，急速膨胀而汽化，并在汽化过程中大量吸收蒸发器内冷媒水的热量，冷媒水向外部空间输送冷量从而达到降温制冷的目的。在此过程中，低温水蒸气进入吸收器，被吸收器内的溴化锂水浓溶液吸收，溶液浓度逐步降低，再由循环泵送回发生器，完成整个循环。如此循环不息，连续制取冷量。由于溴化锂稀溶液在吸收器内已被冷却，温度较低，为了节省加热稀溶液的热量，提高整个装置的热效率，可在系统中增加了一个换热器，让发生器流出的高温浓溶液与吸收器流出的低温稀溶液进行热交换，以提高稀溶液进入发生器的温度。

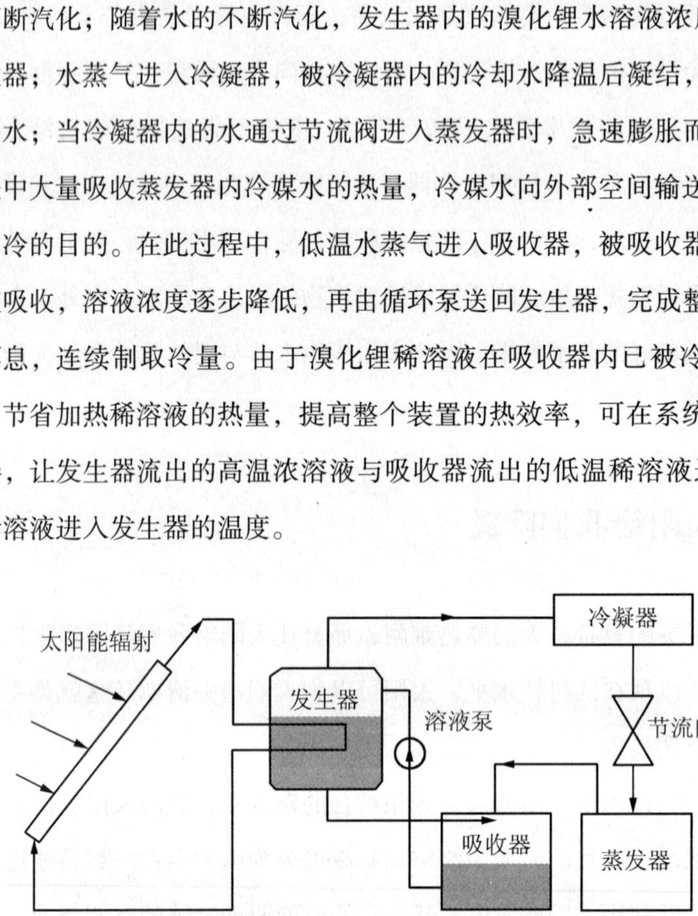

图 5 – 8　太阳能溴化锂 – 水吸收式制冷系统工作原理

吸附式制冷是利用物质的物态变化来实现的，常用的吸附剂 – 制冷剂组合有沸石 – 水、活性炭 – 甲醇等。吸附式制冷系统由吸附床、冷凝器、蒸发器和节流阀等构成，如图 5 – 9 所示。基本循环过程是利用太阳能集热器产生热量，使吸附剂和吸附质形成的混合物在吸附床中发生解吸，放出高温高压的制冷剂气体进入冷凝器，冷凝出来的制冷剂液体流经储液器和节流阀进入蒸发器；制冷剂蒸发时吸收热量，产生制冷效果，蒸发出来的制冷剂气体进入吸附发生器，被吸附后形成新的混合物，从而完成一次吸附制冷循环过程。基本循环是一个间歇式的过程，循环周期长，一般可以用两个吸附床实现交替连续制冷，通过切换集热器的工作状态及相应的外部加热冷却状态来实现循环的连续工作。太阳能吸附式制冷系统常用于冰箱、冷藏箱等。

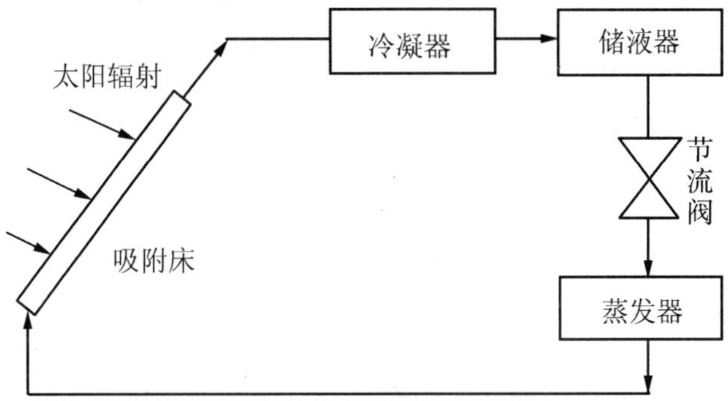

图 5 - 9　太阳能吸附式制冷系统工作原理

5.5　光中取电

大家小时候可能都玩过这样一个小游戏：拿着一个小镜子，对着太阳成一个角度，然后把太阳的反射光照到室内墙面上会呈现一片特别的光亮，照到人脸上他会睁不开眼睛，非常好玩儿。你可曾想过，假如用 100 面巨大的镜子把太阳光都聚焦到一个物体上，会发生什么情况呢？这个物体的温度肯定会升高，甚至会熔化或燃烧起来。中国科学院电工研究所等单位利用这一原理建成了我国第一个具有完全自主知识产权的兆瓦级太阳能塔式热发电站。

太阳能热发电就是先将太阳辐射能转换为热能，然后按照某种方式将热能转换成电能的发电方法。按照发电原理不同，太阳能热发电可分为两类：一类是利用太阳辐射能转换成热能后直接发电，如利用半导体材料或金属材料的温差发电，真空器件中的热电子和热离子发电，以及磁流体发电等。此类热发电目前的功率都很小，有的仍处于试验阶段，尚未商业化。另一类是太阳能热动力发电，即先将太阳辐射能转换成热能，然后加热水或其他工质产生蒸汽，驱动热力发动机，再带动发电机发电。此类热发电已达到了实用的水平。前面介绍的中国科学院的太阳能塔式发电技术就是属于太阳能热动力发电。

太阳能塔式热发电是引起能源革命、实现大功率发电、替代常规能源的最经济的手段之一，它将完全有可能为紧张的能源问题带来革命性的解决方案。目前太阳能塔式热发电已经处于商业化应用前期和工业化应用初期。塔式太阳能热发电系统的设计思想是在20世纪50年代由苏联提出的，用于传热的循环介质可以是水、油、熔盐或液态钠。塔式太阳能热发电系统由定日镜装置、高温接收器、蓄热装置和发电系统四部分组成，如图5-10所示。定日镜负责采集太阳能，接收器负责将采集的太阳能转化为热能，热能由蓄热装置收集，并由装置内的工作流体通过热力循环将热能传输至动力设备（汽轮机）并带动发电机发电，最终将热能转化成电能。

2010年7月，亚洲首座塔式太阳能热发电站在北京延庆紧张兴建。该电站由中国科学院、皇明太阳能股份有限公司和华电集团联合开发建设，总投资1.2亿元，是中国首个拥有自主知识产权高温热发电项目，也是亚洲第一座塔式太阳能热发电站，如图5-11所示。电站里矗立着一个119米高的集热塔，塔上有一个巨型吸热器。在集热塔的左侧地面上，呈扇形分布着100面巨大的玻璃镜（定日镜）。白天，所有的定日镜把太阳光反射到百米太阳塔顶的吸热器，形成800℃以上的高温，传热介质自塔底向上流过吸热器（即接收器）将热量带走，产生500℃以上的蒸汽推动蒸汽轮机发电。塔底的储热系统用来存储多余的热量，以便在夜间或阴天、多云天气时供热发电。电站运行后，年发电量达270万千瓦·时，相当于1100余吨标准煤产生的电量，可减排二氧化碳2 300余吨、二氧化硫21吨、氮氧化合物35吨。

5.6 光伏神灯照万家

当你走在马路上，是否注意到许多路灯柱子上多了一到两块黑色的小方板呢？事实上，不仅仅在马路两边，在边远郊区十字路口的信号灯上，在公园里和一些度假村的庭院里，许多地方都能看到这种灯柱上的小方板。你知道它是做什么用的吗？其实，这些黑色的小方板就是太阳能电池板，就是靠它把太阳能转换

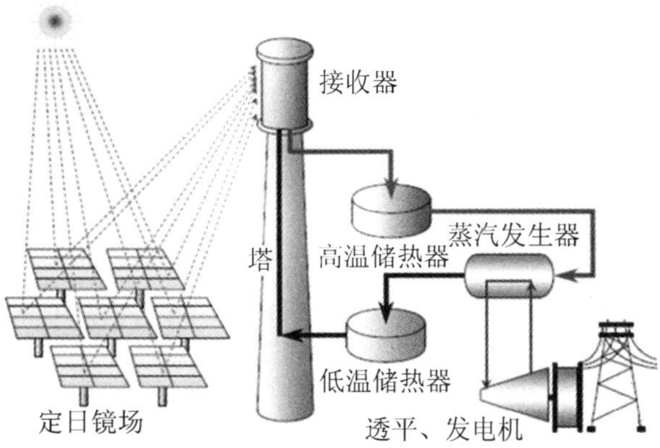

图 5－10 太阳能塔式发电系统示意图

图 5－11 亚洲首座塔式太阳能聚光发电站

成电能，给路灯供电，不再消耗电厂发出的电能了。这是不是很节能、环保呢？

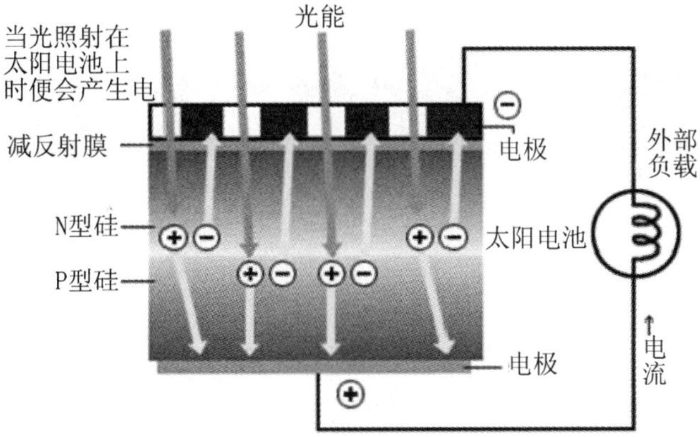

图 5－12 半导体发电原理示意图

这一块块黑色的电池板究竟有什么魔力，竟能把太阳光转换成电能呢？原来，太阳能电池板是由半导体材料晶体硅制成的，其魔力就藏在这半导体材料里。半导体发电原理如图5－12所示，电池板的基本单元是一只半导体二极管，当受到阳光照射时，二极管内的电荷分布状态就发生变化，电子从一端跃到另一端，在中间就形成了电子和空穴，电子和空穴分别移向电池的两极，便产生了电位差。如果这时在二极管两端接一个小功率的灯泡，灯泡就会亮起来。电池板的每个单元产生的电流十分微弱，所以，在实际应用中必须把许多发电单元组合起来，才能产生足够的电力。半导体器件在阳光下的光电转换效率很高，通常把这类光伏器件称为太阳能电池，也称光电效应光电池。

大家也许会问，这些黑色的太阳能电池板是怎样生产出来的呢？太阳能电池板的制作流程如图5－13所示，首先把收集起来的硅料放在大熔炉里熔化成液态硅，除去杂质后浇铸成硅锭，然后把一整块硅锭切割成所需规格的小方块，再把小方块硅材料切成薄片，这些硅片经过特殊处理后成为多晶硅芯片，最后把多晶硅芯片组合成太阳能电池板。

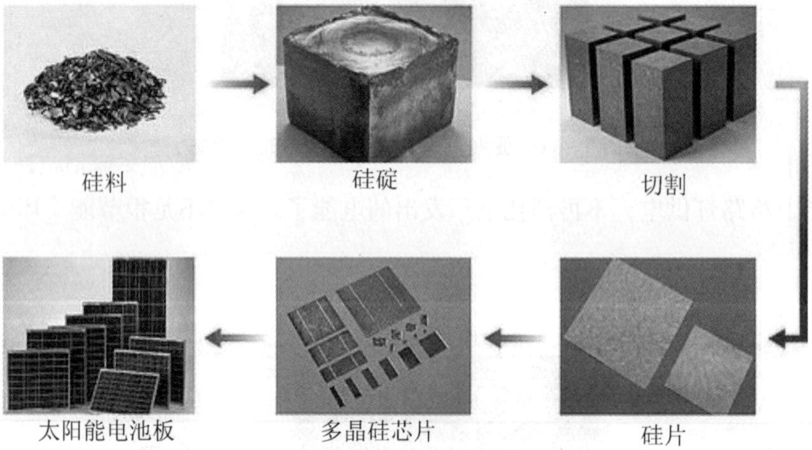

图5－13 太阳能电池板的制作流程

由于单个太阳能电池板发电功率较小，所以要想大规模使用光电，必须采用并网发电。太阳能光伏并网发电是依靠由一系列装置组成的太阳能光伏发电系统来实现的，该系统主要包括光伏太阳能电池、蓄电池、控制器和逆变器等，如图5－14所示。这种光伏发电技术的关键元件是太阳能电池。太阳能电池经过串联后进行封装保护，可形成大面积的太阳电池组件，再配合上功率控制器等部件，就形成光伏发电系统装置了。

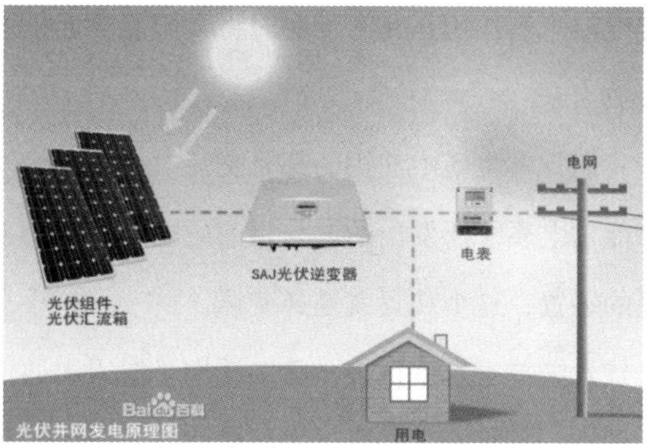

图 5－14 太阳能光伏并网发电系统示意图

图 5－15 正在组装的太阳能电池板

下面就让我们了解一下光伏发电系统的各个部件：

太阳能电池板：太阳能电池板（图 5－15）是太阳能发电系统的核心部件，也是太阳能发电系统中价值最高的部分。其作用是将太阳能转化为电能，并送往蓄电池中储存起来，或推动负载电器工作。因此，太阳能电池板的质量和成本将直接决定整个系统的质量和成本。

太阳能控制器：太阳能控制器的作用是控制整个系统的工作状态，并对蓄电池起到过充电保护、过放电保护的作用。在温差较大的地方，合格的控制器还应具备温度补偿的功能。其他附加功能如光控开关、时控开关都应当是控制器的可选项。

蓄电池：一般为铅酸电池，有 12 伏和 24 伏两种。微型系统中也可用镍氢电池、镍镉电池或锂电池。其作用是在有光照时将太阳能电池板所发出的电能储存起来，需要时再释放出来。

逆变器：由于我们日常生活中使用的都是交流电，而光伏发电产生的都是直流电，要想把太阳能发电系统所发出的电与目前的电网合并，就要加上一个能把直流电变成交流电的装置，这个装置就是逆变器。

国内太阳能光伏发电技术发展很快，已广泛用于航天、通信、交通，以及偏远地区居民供电等领域，近年来又开辟了太阳能路灯、草坪灯和屋顶太阳能光伏发电等新的应用领域。2003 年中国太阳能光伏系统累计安装量约达到 55 兆瓦，这不仅满足了国内应用的需要，还实现了大量出口。目前，中国已经成为世界上产量最大的太阳能消费品生产国，形成了广阔的太阳能光伏产品消费市场。特别是国家实施了“送电到乡”工程，大规模采用太阳能光伏发电技术解决农村无电地区供电问题，有力地带动了太阳能电池的生产和推广应用，使太阳能光伏发电呈现加速发展趋势。太阳能光伏发电具有极大的吸引力和广阔的发展前景，在不久的将来，“光伏神灯”定会照亮我们的生活。

5.7 中国太阳谷

美国有硅谷，中国有太阳谷。中国太阳谷位于号称“中国太阳城”的山东德州，占地 200 多万平方米，由皇明太阳能公司和亿家能太阳能公司倾力打造，是对太阳能生产制造、技术研发、人才培养以及相关配套产业的统称，是对太阳能产业集群的形象概括，规划建成集产、学、研于一体的世界太阳能“硅谷”。中国太阳谷涵盖了太阳能热水器（家庭热水解决方案）、太阳能热水系统（单位集体热水解决方案）、太阳能与建筑一体化、太阳能高温热发电、太阳能锅炉、太阳能光伏发电、太阳能光电照明、温屏节能玻璃、生态门窗、太阳能空调、海水淡化等众多门类。走进太阳谷，你会发现你处在一个真正的太阳能世界里，人们生活用的热水、夏季空调制冷、冬季采暖、晚上的照明等，这些能量全都来自于太阳能。下面就带你走进中国太阳谷的三处典型建筑。

5.7.1　日月坛微排国际酒店

日月坛微排国际酒店（图5－16）最初的设计灵感来源于释放光热、恩泽万物的太阳，以及中国古代的计时工具“日晷”，寓意能源替代不断前进而时间紧迫。它的外形取自中国古代的象形文字“日”“月”两字，白色的建筑色调，采用纯净能源，感恩日月、孕育自然的人文主义情怀呼之欲出。

日月坛微排国际酒店是2010年世界太阳城大会主会场，是中国太阳谷标志性建筑，目前是世界上最大的集太阳能光热、光伏、建筑节能于一体的高层公共建筑，总建筑面积达到7.5万平方米。采用全球首创的太阳能热水供应、采暖、制冷、光伏发电等与建筑结合技术，节能率高达88％，充满独特的未来感。

日月坛微排国际酒店不仅设计创意独具匠心，而且在建筑设计中也融入了先进的绿色设计理念。屋面、外墙采用了远远高于国家现行标准厚度的保温板，整体传热系数大大降低；尤其是门窗、天窗和幕墙，采用了温屏节能玻璃和BIPV温屏光伏组件，使传热系数降低为国家节能标准的一半。该建筑安装的太阳能集热器的集热面积为5 024.6平方米，实现了太阳能与跨季节滞水层技术的完美结合，解决了春秋季节热量多余、夏季热量不集中造成的制冷机频繁启动及效率偏低问题，以及冬季热量供应不足的问题。该设计通过能源的综合利用，实现了夏季制冷、冬季采暖、四季满足生活热水的需求。

图5－16　日月坛微排国际酒店

图5－17　道格拉斯别墅

5.7.2　道格拉斯零能耗别墅

道格拉斯零能耗别墅（图5－17）是一个中美合作项目，位于中国太阳谷皇明日月坛大厦东南部，总建筑面积1 252平方米。本工程是美国太阳能建筑之父、节能建筑大师道格拉斯先生的梦想之作，他把光电、光热、蓄能等节能措施充分利用在建筑中，使建筑整体能耗接近于零。

该建筑最大限度地利用太阳能，太阳能光热及光伏系统每年可节约标准煤40多吨，减排二氧化碳100多吨。该别墅不但热水全部由太阳能提供，房顶上的“烟囱”也与太阳能有关，在春秋季，太阳能集热器产生的一部分热量用来加热空气，使室内空气形成对流，起到室内通风及致凉的作用；在别墅的地下有个特殊的“蓄能室”，它是利用太阳能蓄能技术将春夏秋过剩的太阳能热量储存起来，到了冬季用于太阳能采暖；采暖制冷系统方面，采用太阳能空调制冷、太阳能地暖及吊顶辐射技术（隐藏在天花板里面，不影响美观，具有采暖制冷双重功能）等多重技术相结合。

除太阳能光热、太阳能光伏发电、太阳能采暖制冷、太阳能烟囱、太阳能蓄能等太阳能技术外，道格拉斯还应用了高效围护节能技术、地热能、被动式太阳房技术、可再生能源综合利用技术，以及能源互补技术等多项领先节能技术，使传统能源消耗近乎为零，从而实现“零能耗”。

图5－18 太阳谷国际会议中心

5.7.3 太阳谷国际会议中心

太阳谷国际会议中心（图5－18）是世界上唯一一家太阳能微排大型商务会议酒店。酒店位于目前全球最大的太阳能应用示范推广样板基地、中国最大的太阳能产业聚集区——太阳谷。酒店建筑与皇明太阳能总部大楼构成“日月坛”经典造型，古朴典雅，美观大方。同时采用太阳能集热系统，铺满酒店顶层的集热管，既可随时提供热水，又能满足冬季空调的制热，真正实现节能环保；楼体顶层的太阳能板，白天蓄热聚能，晚上点亮酒店外墙霓虹，使整座酒店熠熠生辉。酒店内部装饰豪华典雅，设施齐全，是集客房、餐饮、会议、康乐于一体的五星级综合性商务会议酒店。其能源主要来自太阳能。

太阳谷国际会议中心运用了太阳能热水、太阳能光伏发电、光伏建筑一体化技术、温屏节能玻璃、吊顶辐射技术、高效智能遮阳技术、楼宇智能控制技术等十项国际领先技术，所有集热器镶嵌于三个扇贝形的巨大网架上，集热面积1 994平方米，网架镶嵌单晶硅组件、多晶硅组件、薄膜电池组件和满天星组件，共计超过70千瓦。国际会议中心建有太阳谷园区能源管理系统，通过对太阳谷园区市电、光热、光电、风电等能源数据的采集，以及对智能设备的监测，来实现太阳谷能源流动的实时显示及控制。

太阳能作为一种可再生的清洁能源，与节能建筑完美结合，不仅降低了建筑能耗，形成了新能源低碳建筑，而且作为建筑的构件，也可满足建筑的美观性。太阳谷作为可再生能源综合利用的示范园区，项目中的技术经过完善适合于工程应用，并将产生巨大的社会效益和经济效益，为未来建筑的发展指引方向。

5.8 更灿烂的阳光

随着可持续发展战略在世界范围内实施的逐渐深入，太阳能的开发利用将被推到新的高度。至本世纪中叶，世界范围内的能源问题、环境问题的解决将主要依靠可再生洁净能源特别是太阳能。随着越来越多的国家和有识之士的重视，太阳能利用技术将有望在以下方面获得较大进展。

（1）提高太阳能热利用效率有望获得突破。目前世界范围内许多国家都在进行新型高效换热器的研制，一些特殊材料开始应用于太阳能储热，利用相变材料储存热能就是其中一种方式。相变储能就是利用太阳能或低谷电能加热相变物质，使其吸收能量发生相变，把热能储存起来。在没有太阳的时间里，储能材料释放出热能。相变储能是针对物质的潜热储存提出来的，对于温度波动小的采暖循环过程，相变储能非常高效。而开发更高效的相变材料将会成为未来提高太阳能热利用效率的重要课题。

（2）新型太阳能电池开发技术有望获得重大突破。光伏技术的发展，近期将以高效晶体硅电池为主，然后逐步过渡到薄膜太阳能电池和各种新型太阳能光电池的发展。薄膜太阳能电池及各种新型硅太阳能电池具有生产材料廉价、生产成本低等优点。随着研发投入的加大，必将促使其中一二种获得突破。正如专家断言，只要有一二种新型电池取得突破，就会使光电池局面得到极大的改善。

（3）太阳能光电制氢产业将得到大力发展。随着光电化学及光伏技术和各种半导体电极试验的发展，使得太阳能制氢成为氢能产业的最佳选择。氢能具有重量轻、热值高、爆发力强、品质纯净、储存便捷等许多优点，随着太阳能制氢技术的发展，用氢能取代碳氢化合物能将是本世纪的一个重要发展趋势。

（4）空间太阳能电站显示出良好的发展前景。随着人类航天技术及微波输电技术的进一步发展，空间太阳能电站的设想可望得到实现。由于空间太阳能电站不受天气、气候条件的制约，其发展显示出美好的前景，是人类大规模利用太阳能的另一条有效途径。

太阳蕴含着取之不尽、用之不竭的能量，是世界万物的能源之母，人类所使用的大部分能源归根结底都来自于太阳。据《科学美国人》杂志报道，地球表面每年从太阳获取的能量，是已知所有煤、石油、天然气及核燃料等所含能量总和的 10 倍左右。从古代人类发明的阳燧，到现代广泛使用的太阳能热水器、太阳能电池等，人类一直在发挥聪明才智，去探索开发太阳能利用的新技术。虽然太阳能利用技术种类繁多，但当前全球消耗能源的 85% 仍来自石油、煤炭和天然气，太阳能在能源消费结构中所占的比例非常小，太阳能供电仅占全球供电量的 1/30 000。

6　风能——来自地球大气层的能源

我们常说“万事俱备，只欠东风”，这个典故出自我国四大名著之一《三国演义》。公元208年，曹操率大军驻扎赤壁，想要攻打刘备，刘备与孙权商量后决定联合抵抗曹操。当时，孙权和刘备兵力很少，而曹操兵多将广，具有压倒性优势。刘备的军师诸葛亮和孙权的大将周瑜，商讨破敌良策，两人都主张用船火攻。可等一切准备就绪，周瑜却发现曹操的船只都停在大江的西北岸，而自己的船只靠南岸。此时正刮西北风，如用火攻，不但烧不着曹操，反而会烧到自己头上，只有刮东南风才能对曹军发起火攻。周瑜眼看火攻不能实现，急得病倒在床上。这时诸葛亮去探望周瑜，问他何故，周瑜说：“人有旦夕祸福，怎能保住不得病呢?”诸葛亮猜透了他的心事，说道：“天有不测风云，人怎能预料到呢?”周瑜听到诸葛亮话中有话，就问有没有治病的良药。诸葛亮说：“我有个药方，保证治好您的病。”说完，写了16个字，递给周瑜。这16个字是：欲破曹公，宜用火攻；万事俱备，只欠东风。诸葛亮有丰富的天文气象知识，他预测到近期肯定会刮东南风，就对周瑜说：“我有呼风唤雨的法术，借你三天三夜的东南大风，你看怎样?”周瑜高兴地说：“不要说三天三夜，只一夜东南大风，大事便成功了。”周瑜命令士兵做好一切火攻的准备，等候诸葛亮借来东风，马上进兵。诸葛亮让周瑜在南屏山修筑七星坛，然后登坛烧香，口中念念有词，佯装呼风唤雨。半夜三更，忽听风响旗动，周瑜急忙走出军帐观看，真的刮起了东南大风，他连忙下令发起火攻。周瑜部将黄盖，率领火船向曹操水寨急驶，当火船靠近曹军水寨时；一声令下，士兵们顺风放火烧船。风助火势，火借风威，把曹营的战船烧个一干二净。这段历史上著名的“诸葛亮借东风”的故事成为妇孺皆知的一段佳话。这个故事中，没有东风就不能火烧曹营。从此以后，东风常用来比作事情成败的关键。风在我们的日常还有哪些用途呢？下面让我们走近来自地球大气层的能源——风能。

6.1 风吹草动

对于风，想必我们一点也不陌生。在美丽的大自然中，风无处不在，无时不有。当我们看见小草随风摇曳的时候，我们就知道是风带来了生机；当我们眺望窗外，看云卷云舒，我们感觉到了风的活泼。寒暑相易，四季交替更迭，有微风拂面的春天、风狂雨骤的夏天、秋风送爽的秋天、寒风凛冽的冬天。对于风，我们有着别样的情结，许多古诗词中都可以寻觅到风的踪迹：

夜来风雨声，花落知多少。（孟浩然《春晓》）

林暗草惊风，将军夜引弓。（卢纶《塞下曲》）

相见时难别亦难，东风无力百花残。（李商隐《无题》）

昨夜西风凋碧树，独上高楼，望尽天涯路。（晏殊《蝶恋花》）

夜来南风起，小麦覆陇黄。（白居易《观刈麦》）

北风萧瑟，洪波涌起。（曹操《观沧海》）

沾衣欲湿杏花雨，吹面不寒杨柳风。（志南《绝句》）

那么风究竟是什么？它是怎么形成的？风对我们的生活有又哪些影响呢？让我们一起来认识风。

风是地球上的最常见的一种自然现象。我们都知道，白天太阳照在地面上，地面的温度会升高，但是在地球的不同地方，受到太阳照射的多少是不同的，受照射多地方温度就高，照射少的地方温度就低，这样在地球表面各处就会出现由于太阳照射不同而产生温度差，温度差会引起压力差。一般来说，温度高的地方压力高，温度低的地方压力低，空气就会像水流一样从压力高处流向压力低处，空气的这种自然流动就形成了风。图 6－1 为风形成的示意图。

在中学物理课中，我们学过运动的物体具有动能，风有一定的质量和速度，在空气流动过程中，风具有的动能称为风能。从风的形成过程来看，风能最终还是来自于太阳能。据估计，到达地球的太阳能虽然只有大约 2% 转化为风能，但其总量仍十分可观。全球的风能约为2.74×10^9兆瓦，其中可利用的风能为2×10^7兆瓦，比地球上可开发利用的水能总量还要大10倍。专家们估计，风能比人类迄今为止所能控制的总能量高得多。全世界每年燃烧煤炭得到的能量，还不到风能的1%。可见，风能是多么巨大，如果我们能大量地利用风能，那么目前的能源危机就会大大地缓解。

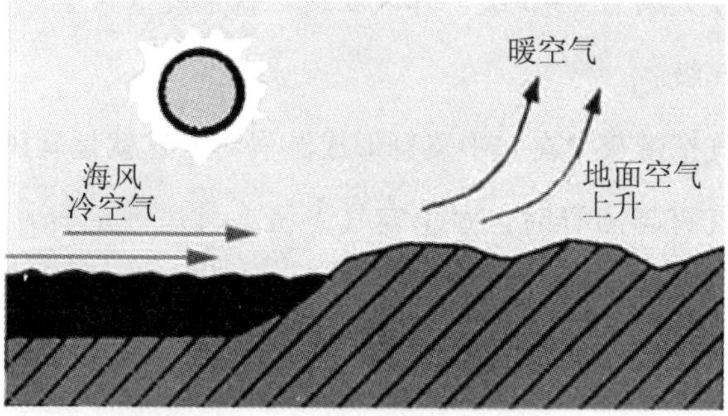

图6－1 风能形成示意图

风的大小常用风速来表示，也就是风流动的快慢。按风速不同，分为不同的级数。风的级数为0～12级。有一首儿歌是这样唱的：

零级烟柱直冲天，一级清烟随风偏，

二级轻风吹脸面，三级叶动红旗展，

四级枝摇飞纸片，五级带叶小树摇，

六级举伞步行难，七级迎风走不便，

八级风吹树枝断，九级屋顶飞瓦片，

十级拔树又倒屋，十一、十二级陆上很少见。

例如，风速8～10m/s的风为5级风，它吹到物体表面上，每平方米约产生10千克力，可以使小树发生摇摆；风速为20米/秒的风为9级风，可使每平方米面积压力可达50千克左右，这个风力可以掀翻屋顶，甚至把烟囱顶部吹得摇动起来；速度更快的是台风，台风的风速可达50～60米/秒，它对每平方米物体表面施加的压力，可高达200千克力以上，陆上很少见到，其摧毁力极大。汹涌澎湃的海浪是被风激起的，它对海岸的冲击力相当大，有时可达每平方米2×10^4～3×10^4千克力的压力，最大时甚至可达每平方米6×10^4千克力左右的压力。

我们平时可能听到过有关风的一些词汇，如“阵风”“旋风”“台风”“飓风”以及“龙卷风”等，那么风都有什么类型的呢？它们之间有什么区别呢？

阵风：当空气的流动速度时大时小时，会使风变得忽而大，忽而小，吹在人的身上有一阵阵的感觉，这就是生活上认定的阵风。气象上，风速通常指2分钟内的平均情况，而风速时大时小，阵风通常就是指这段时间里最大的瞬时风速。如果天气预报，今天风力4~5级，阵风6级，就是说今天平均风力4~5级，最大瞬时风力可达6级。

旋风：当空气携带灰尘在空中飞舞形成漩涡时，这就是旋风。

焚风：当空气跨越山脊时，由于空气下沉，背风坡上容易发生一种暖（或热）而干燥的风，就叫焚风。

山谷风：在山区，白天风沿山坡、山谷往上吹，夜间则沿山坡、山谷往下吹，这种在山坡和山谷之间，随昼夜交替而转换风向的风叫山谷风。

海陆风：在近海岸地区，白天风从海上吹向大陆上，夜间又从陆上吹向海上，这种昼夜交替、有规律地改变方向的风称海陆风。

冰川风：冰川表面温度低，空气下沉，迫使冰川边缘较暖的空气上升，从而引起空气流动，由此形成的风叫冰川风。

季风：随着季节交替，盛行风向有规律地转域的风。在冬季，空气从高压的陆上流向低压的海上，这叫冬季风；在夏季，风从海上吹向陆上，叫夏季风。我国是季风显著的国家，冬季多偏北风，夏季多偏南风。这就给我国大部分地区带来了冬干夏湿的季风气候特色。

信风：在低层大气中，从副热带高压吹向赤道地区广大区域内的持续性风。在北半球，盛行的是东北信风；而在南半球则是东南信风。信风的特征是具有常年性，朝一个方向以几乎不变的力量整年吹。

反信风：在赤道地方上升的热空气到了大气上层分向两级流动，这种气流就称反信风。由于地球自转的作用，反信风在北半球偏右，在南半球偏左。反信风不断把空气带到纬度30°~35°的地带，构成空气聚积的状态，形成副热带高压带。所以在此区域沙漠较多。

台风和飓风：指中心持续风速达到12级的热带气旋中心。这两种风只是发生地点不同，叫法不同。在北太平洋西部、国际日期以西叫台风；而在大西洋或北太平洋东部的热带气旋则称飓风。也就是说在美国一带称飓风，在菲律宾、中国、日本一带叫台风。

龙卷风：又称龙卷、龙吸水等，是一种相当猛烈的天气现象，由快速旋转并造成直立中空管状的气流形成，如图 6 - 2 所示。龙卷风实质上是一种强烈的、小范围的空气涡旋，它上部是一块乌黑或浓灰的积雨云，下部是下垂着的形如大象鼻子的漏斗状云柱，一般伴有雷雨，有时也伴有冰雹。大多数龙卷风直径约 75 米，风速在 64 ~ 177 千米/时，可横扫数千米。还有一些龙卷风风速可超过 480 千米时，直径达 1.6 千米以上，移动路经超过 100 千米。仅仅一处龙卷风，就可以造成十分惊人的破坏。龙卷风所到之处，满目疮痍：断砖碎瓦、被“腰斩”的大树、被砸得面目全非的汽车……

图 6 - 2　龙卷风

由此可见，风不仅类别繁多，而且风能能量很大，在自然界中所起的作用也很大。它可使山岩发生侵蚀，塑造沙漠，形成风海流、沙尘暴，比如黄土高原的形成。它还可在地面输送水分。空气中的水分主要是由风输送的，从而影响气候，形成雨季和旱季。风可传播植物花粉、种子，帮助植物授粉和繁殖，比如蒲公英的种子就是靠风来传播的。合理利用风能，风力发电，既可减少环境污染，又可减缓越来越严重的能源紧张局势。

6.2 风生水起

风能是一种取之不尽、用之不竭、可再生、无污染的清洁能源。人类利用风能的历史可以追溯到公元前。在国外，公元前 2 世纪，古波斯人就利用垂直轴风车碾米；10 世纪阿拉伯人用风车作为动力提水，11 世纪风车在中东已获得广泛的应用，13 世纪风车传至欧洲，14 世纪风车已成为欧洲不可缺少的动力来源。这其中非常出名的要数荷兰风车了，开始时它仅用于磨粉之类。到了十六七世纪，荷兰的各种原料，从各路水道运往风车加工，其中包括木材、大麻籽和亚麻籽、肉桂和胡椒。在荷兰的大港——鹿特丹和阿姆斯特丹的近郊，有很多风车的磨坊、锯木厂和造纸厂。荷兰人民首先是给风车配上活动的顶篷，他们又把风车的顶篷安装在滚轮上。这种风车，被称为荷兰式风车，见图 6－3。后来由于蒸汽机的出现，才使欧洲风车数量急剧下降。

图 6－3　荷兰式风车

我国是世界上最早利用风能的国家之一。公元前数世纪，我国人民就利用风力提水、灌溉、磨面、舂米，用风帆推动船舶前进；古代甲骨文字中就有“帆”字存在；唐代大诗人李白的诗句“乘风破浪会有时，直挂云帆济沧海”，说明当时风帆船已广泛用于江河航运，如图 6－4 所示。宋代更是我国应用风车的全盛时代，当时流行的垂直轴风车，一直被沿用至今。1800 年前东汉刘熙所著《释名》写到：随风张幔曰帆，使舟疾泛泛然也，说明我国是世界上最早利用风能的国家之一。明代宋应星的《天工开物》书中有“扬郡以风帆数扇，俟风转车，风息则止”的记载，表明在明代以前，我国劳动人民就会制作将风力的直线运动转变为风轮旋转运动的风车，我国在风能利用上领先了一大步。我国东南沿海向来有使用风力提水的习惯。

图 6-4　帆船

但是，数千年来，由于风能存在天然不足，所以风能利用技术发展缓慢，没有引起人们足够的重视。自 1973 年世界石油危机以来，在常规能源告急和全球生态环境恶化的双重压力下，风能作为新能源的一部分才又重新被重点开发利用。在近代科技条件下，可以利用风力提水、发电、加热、致冷和航运等。风能被赋予新的意义，所以又称之为新能源。

风能与其他形式能源相比，有其明显的优点：

第一，没有污染。风能是非常清洁的能源，它在转换成电能的过程中，基本上没有污染排放，所以它几乎不对环境造成任何污染。

第二，可以再生。风能又是可再生的，风力发电不需要消耗宝贵的不可再生资源，它的能源可以说是取之不尽、用之不竭的，因此风力电既环保又节能。

第三，技术成熟。在所有清洁能源中，风力发电技术也是最成熟的，风力机组正在向大型化发展，单机容量达数兆瓦，风电电价成本也下降较快。

第四，省钱经济。风电与火电、水电及核电相比，建设周期短、见效快，如果不算测风周期的话，建成一个大型风电场只需要不到 1 年的时间，因此风电一直是世界上增长最快的清洁能源。

可能大家会有疑问，既然风力发电这么经济环保，为什么不推而广之，将火力发电取而代之呢？

一般来说，风力发电的工作场所就是露天的野外，受气候的影响较大，在各种天气因素中，雷电、冰冻和暴风是风力发电设备的主要破坏因素。总的来说，风能主要弱点有如下三个方面：第一，风的能量密度低；在各种能源中，风能是能量密度最低的，这对风能的利用造成了困难。第二，风的不稳定因素多，风的大小和方向随着时间、季节、海拔高度等诸多因素影响，其变化是随机的，因而不利于风能的开发利用。第三，衡量风能潜力大小的重要因素是风能密度，是指单位时间通过单位面积的风所含的能量，常以“瓦/米^2”表示。由于风能源于空气的流动，而空气的密度很小，所以风力的能量密度也很小，只有水力的1/816。

表6－1对我们生活中常见的几种天然能源进行了对比分析，可以看出，在各种能源中，风能的能量密度是极低的，这对其利用造成了很大的困难。由于气流瞬息万变，因此风的波动、日变化、季节变化以至年变化都十分明显，波动很大，极不稳定。

表6－1 几种新能源和可再生能源的能流密度对比

能源类别	风能（3米/秒）	水能（流速3米/秒）	波浪能（波高2米）	潮汐能（潮差10米）	太阳能	
					晴天平均	
能流密度（千瓦/米^2）	0.02	20	30	100	1.0	0.16

我国幅员辽阔、风能资源丰富，由于受地理位置、季风、地形等因素的影响，具有三个特点：北部地区风力较南部地区强；沿海一带较内陆地区强；平原地区较丘陵、山地强。1978年我国将研制风电设备列为国家重点科研项目后，开发风能进展加快，该项目主要是利用风能进行发电，先后研制生产了微型和1～200千瓦风电机组，其中以户用微型机组技术最为成熟。到1998年底，我国已建成19座风电场，共装机529台，总容量为22.36万千瓦，仅占全国电力总装机容量的0.1%。风电技术作为一门不断发展和完善中的多学科高新技术，通过技术创新，提高单机容量，改进结构设计和制造工艺，以及减轻部件重量，降低造价，它的优势必将日益显现出来。

风能应用范围广泛，根据不同场合可以选择不同的利用方式。目前，风能主要用在风力发电、风力泵水、风力制热等方面。

6.2.1 风力发电

风力发电是风能利用的一种基本形式，也是主要形式，日益受到世界各国的高度重视。其原理是把风的动能转变成机械能，再把机械能转化为电力动能。依据目前的风车技术，可广泛应用风力发电。

即使是一般的微风，也可以用来发电。但从经济合理的角度出发，风速大于4米/秒的风才适宜于发电。在世界范围内，风力发电正形成一股热潮，因为风力发电不需要使用燃料，也不会产生辐射或空气污染。风力发电机一般由风轮、发电机（包括传动装置）、调向器（尾翼）、塔架、限速安全机构和储能装置等构件组成。图6－5是小型风力发电机的基本组成示意图。

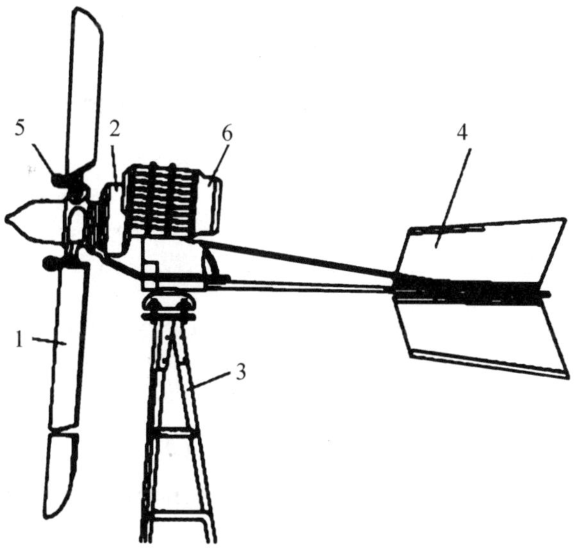

图6－5 小型风力发电机的基本组成

1. 风轮（集风装置） 2. 传动装置 3. 塔架

4. 调向器（尾翼） 5. 限速调速装置 6. 做功装置（发电机）

我们了解了风力发电机的组成，那么它究竟是怎样工作的呢？

风力发电机工作时，风吹向风轮，带动风轮轴转动，发电机在风轮轴的驱动下旋转产生电能。风轮是风力发电机的集风装置，一般由2～3个叶片构成，其作用是把流动空气具有的动能转换成风轮旋转的机械能；发电机的作用是将风轮旋转的机械能转换成电能，按其产生的电能不同，发电机可分为直流发电机、同步交流发电机和异步交流发电机三种；调向器的作用是使风轮随时都迎着风向，从而最大限度地利用风能；限速安全机构用来保证风力发电机安全运转，可使风力发电机的风轮在一定的风速范围内保持转速稳定。另外，风力发电机一般还设有专门的制动装置，当风速过高时，可将风轮制动以保护风力发电机在特大风速下的安全。

风力发电机每小时发出的电量多少与风速的大小有关。自然界中风速的大小和方向时刻在变化，因而风力发电机的发电功率也随之变化，这样发出的电能不稳定，一般无法直接使用，所以需要先储存在蓄电池中，再由蓄电池向直流电器供电，或通过逆变器把蓄电池的直流电转变为交流电后再向交流电器供电。常用的风力发电方式有三种。

第一种是独立运行方式，就是由一台小型风力发电机向一户或几户供电，用蓄电池蓄电，以保证在无风时提供电力，这种风力发电发出的电量较小。

第二种是风力发电与其他发电方式相结合，通常是和柴油机发电或太阳能发电相结合，共同发电，主要用于向一个单位、一个村庄或一个海岛供电。这两种运行方式都属于独立的风电系统，一般由风力发电机、逆变器和蓄电池等组成，主要建造在电网不易到达的边远地区。

第三种就是风力发电并入我们常见的电网中运行，这种方式要求风力发电的发电量非常大，发出的电直接向国家大电网提供电力，属于并网的风电系统。通常是一个风场安装几十台甚至几百台风力发电机，场面非常壮观，如图6－6所示，这种发电方式是风力发电的主要发展方向。由于风机的转速随着外来风力的改变而改变，发出的电不能保持一个恒定的频率，因此需要一套交流变频系统。风力发电机发出的电进入交流变频系统，被转换成与电网相同频率的交流电，再进入电网。

那么是不是什么地方都可以建设风力发电系统呢？其实，在建设风力发电系统时，安装场址的选择对于风力发电机是十分重要的，因为如果场地选择不合理，即使性能再好的风力发电机也不能很好地工作。在选择风力发电机安装场址时，首先应考虑当地的能源概况，比如有多少种能源，都用什么能源，以及白天和晚上用的能源数量的变化情况。如果当地自然能源很少，主要都用电能，每天

图 6－6 陆地和海上的大型风场

的用电量变化又不大，我们就可以考虑使用风力发电，当然还要考虑当地是不是有足够的风，综合考虑选择合适的场址。另外，还要考虑发电机的安装和运输方便，以便降低风力发电机的整体成本。所选择的安装场址应具备以下条件：

第一，要求当地风能资源丰富。根据我国气象部门的有关规定，当某地的年有效风速时数在 2 000 ~4 000 时，年 6 ~20 米/秒的风速时数在 500 ~1 500 时时，则该地即可安装风力发电机进行风力发电，这个数据可以在当地气象部分获得。

第二，要求当地常年的风向变化不大，具有较稳定风向。

第三，要求当地特别高的风速出现的时间较少，也就是说要保证气流的湍流小。当高速的风吹过发电机时会产生湍流，湍流不仅会减少风力发电机的输出功率，还会造成风力发电机的机械振动，甚至导致风力发电机的损坏。

第四，要求当地自然灾害少。风力发电机安装场址应尽量避开强风、冰雪、烟雾、沙尘等天气情况恶劣的地域。

第五，安装场址的选择还应考虑风力发电机对环境的影响，这种影响主要体现在风力发电机的噪声、对鸟类的伤害、对景观的影响、对无线通信的干扰等方面。因而一般大型的风力发电机组多选择在相对空旷的地区。

其实，大多数由雷电导致的发电设备损坏和工作故障都是在夏季发生的。在 6 ~8 月等多雷季节，导致风力发电设备损坏的概率平均值约为 15 %，是冬季类似事故的 3 倍。安装在中等高度山脉地区的风力发电设备发生雷击事故的频率是在平原地区和沿海地区的 2 倍。因此，考虑到这些复杂情况，风力发电应合理选址，风力发电设备应合理配置。

近年来，世界各国风力发电装机容量急速增加，截至 2002 年底，风力发电装机容量已累计达31吉瓦，以德国为首的欧洲各国及美国的风电事业发展迅速。全欧洲风电装机容量占全世界的75％，美国占15％。丹麦总电力需求的10％依靠风能，在西班牙的某些省，风电几乎可以满足这些省100％的需求。德国北部和美国加利福尼亚州对风力发电寄予较高期望。作为世界经济最发达的同家，美国政府高度重视对风能的开发利用。2000年，美国已拥有风电机组超过2 000万台，总装机容量达2 500兆瓦以上。仅1年之隔，2001年美国新增的风力发电装机容量创历史纪录，风电装机总容量达4 200兆瓦，至2004年初已达6 300兆瓦，一跃而居全球第二。这些国家都是由政府提倡并给予优惠政策，以使风力发电具有与其他能源竞争的能力，进而鼓励开发商大力发展风电。

那么，针对风力发电，我国的风力资源又是怎样的呢？

我国位于亚洲大陆东南部，濒临太平洋西岸，季风强盛，冬季基本刮偏北风，夏季基本刮偏南风。季风是我国气候的基本特征，如冬季凛冽的北风在华北呼啸长达6个月，东北长达7个月。

在我国有很多风能丰富区，其风能密度大于200瓦/米^2，风速为3～20米/秒。而可用风累计小时数大于5 000时的地区有：东南沿海、山东和辽东半岛沿海及其岛屿，内蒙古和甘肃北部，新疆达坂城一带，松花江下游地区。其次是沿海岸区、东北、华北的北部地区，青藏高原中部和北部地区，陕北中部、黄河与长江中下游以及川西和云南的部分地区。东从长白山开始，西向穿越华北、经西北到新疆最西端。北从华北开始穿长江过黄河到南岭北侧和从甘肃到云南的北部。如浙江嵊泗、福建平潭等地区，年平均风速达6米/秒或7米/秒以上，是开展风能利用的理想地区。

根据国家气象局估计，全国每年风力资源的总储量为16亿千瓦，近期可开发的约为1.6亿千瓦，内蒙古、青海、黑龙江、甘肃等省风能储量居我国前列，年平均风速大于3米/秒的天数在200天以上。风能作为一种无污染和可再生的新能源有巨大的发展潜力。特别是对沿海岛屿、交通不便的边远山区，地广人稀的草原牧场，以及远离电网和近期电网还难以达到的农村、边疆来讲，发展风能作为解决生产和生活能源的一种可靠途径，有着十分重要的意义。即使在发达国家，风能作为一种清洁的新能源也日益受到重视。

目前在我国偏僻的乡村和多风的海岛，一些小型风力发电装置被广泛应用，其发电量较低，大都在5千瓦以下，这种风力发电所获得的电力成本比使用柴油机发电成本低得多。

6.2.2 风力泵水

风力泵水从古至今一直都得到广泛的应用，尤其是近几十年，风力泵水有了很大的发展，可以解决我国农村、牧场的生活、灌溉和牲畜用水并节约能源，如图6-7所示。它的原理是采用风轮将风能转化为机械能，从而将低洼处的水或深井中的水抽出来。

图6-7 风力泵水示意图

现代风力泵水根据不同的使用技术指标，可分为低扬程大流量型、中扬程大流量型、高扬程小流量型三种。

低扬程大流量风力提水机组。所谓低扬程大流量，就是可以把很多的水提升起来，但是提升的高度比较低。它是由低速或中速风力机与钢管链式水车或螺旋泵相匹配的一类提水机组。它可以提取河水、海水等地表水，用于盐场制盐、农田排灌、水产养殖等作业。这种提水方式可以把水提升到0.5~3米的高度，每小时可抽取50~100平方米的水。风力提水机的风轮直径为5~7米，风轮轴的动力通过两对齿轮传递给水车或螺旋泵，从而带动水车或水泵提水。此类风力机的风轮能够自动迎风，一般采用侧翼-配重滑速机构进行自动调整。

中扬程大流量风力提水机组。它是由高速桨叶匹配容积式水泵组成的提水机组，风轮直径5~6米，这种提水方式可以把水提升到10~20米高，每小时可抽取15~25立方米的水。用于提取地下水，进行农田灌溉或人工草场灌溉。一般均为流线型升力桨叶风力机，性能先进，适用性强。

高扬程小流量风力提水机组。它是由低速多叶式风力机与单作用或双作用活塞式水泵相匹配形成的提水机组，风轮直径2~6米，这种提水方式可以把水提升到10~100米高，每小时可抽取0.5~5立方米的水，可以提取深井地下水。在我国西北部、北部草原牧区为人畜提供饮用水或为小面积草场提供灌溉用水。此类风力机的风轮能够自动对风，并采用风轮偏置－尾翼挂接轴倾斜的方法进行自动调速。风力提水系统（风力提水泵站）主要由水泵、风力提水机、控制室、蓄水与输配水系统、用水终端等组成。

根据我国南方多水、北方缺水的情况，目前我国南方基本上采用低扬程大流量风力提水，而北方采用高扬程小流量风力提水，风力提水机约有十几种产品型号。经过多年的实际应用，我国的这些风力提水机组的产品质量基本可靠，有些机组已达到国际领先水平。近年来，我国低扬程风力提水机组已出口到斯里兰卡和马来西亚等国家。因此，我国现有的风力提水机产品可以在国内外逐步推广使用。

6.2.3 风力制热

风力制热也是风能利用的一个发展方向，目前主要用在家庭用热中，在某些地方需要温度不高的热能时，也可以采用该种方式。风力制热就是将风能转换成热能。目前主要有三种转换方法：一是先进行风力发电，然后将发出的电能通过电热丝发热，产生热能。由于风能转换成电能的效率低，这种方法不可取。二是由风力机将风能转换成空气压缩能，再转换成热能，即风力机带动空气压缩机，对空气进行压缩而放出热能。三是用风力机将风能直接转换成热能，这种方法的制热效率最高。

风力机直接将风能转换成热能有多种方法，常用的有：搅拌液体制热（即风力机带动搅拌器转动使液体变热）、液体挤压制热（即风力机带动液压泵，使液体加压后再从狭小的阻尼小孔中高速喷出，使工作液体加热）、固体摩擦制热和涡电流制热等。

6.3　明天的风向标

近几年，风力发电技术有了迅速发展，自20世纪90年代中期以来，全世界风力发电量每年平均增长超过30%，发电量由1996年的122亿千瓦·时增加到2003年的822亿千瓦·时，占2003年当年各种发电总电量（16.7×10^4亿千瓦·时）的0.5%，世界风力发电成本也迅速下降，从1983年的16.3美分/千瓦·时下降到1999年的4.9美分/千瓦·时。目前，美国是世界上风力发电量最多的国家，其风力发电机组装机容量超过2×10^4兆瓦，现在仍以每年10%的速度增长，1990年美国风力发电量已占总发电量的1%。

现在世界上最大的新型风力发电机组在夏威夷岛，其风力机叶片直径长达97.5米，重144吨，风轮迎风角的调整和机组的运行都由计算机控制，年发电量达1 000万千瓦·时。瑞典1990年风力机的装机容量已达350兆瓦，年发电10亿千瓦·时。丹麦在1978年即建成了日德兰风力发电站，装机容量为2 000千瓦，三片风叶的扫掠直径为54米，混凝土塔高58米，到2005年电力需求量的10%来源于风能。德国1980年就在易北河口建成了一座风力电站，装机容量为3 000千瓦，到上世纪末风力发电占总发电量的8%。英国英伦三岛濒临海洋，风能十分丰富，到1990年风力发电已占英国总发电量的2%。

我国风力机也有较快发展。在20世纪50年代末是各种木结构的布篷式风车，1959年仅江苏省就有木风车20多万台，到60年代中期主要是发展风力提水机，70年代中期以后风能开发利用列入“六五”国家重点项目，得到迅速发展。进入80年代中期，我国先后从丹麦、比利时、瑞典、美国、德国引进一批中、大型风力发电机组，在新疆、内蒙古的风口及山东、浙江、福建、广东的岛屿建立了8座示范性风力发电场，1992年装机容量已达8兆瓦，新疆达坂城的风力发电场装机容量已达3 300千瓦，是全国目前最大的风力发电场。至1990年底全国风力提水的灌溉面积已达2.58万亩。1997年新增风力发电10万千瓦。2006年内蒙古乌兰察布盟也开始建立总装机容量为11 000万千瓦的风力发电厂，总投资

892 亿元。直至 2009 年年底，我国国内的风能装机容量有 2 500 万千瓦。据有关专家预测，我国国内的风电装机容量在 2020 年将达到现在的 10 倍。目前我国已研制出 100 多种不同形式、不同容量的风力发电机组，并初步形成了风力机产业。尽管如此，与发达国家相比，我国风能的开发利用还相当落后，不但发展速度缓慢而且技术落后，远没有形成规模。进入 21 世纪，我国应在风能的开发利用上加大投入力度，使高效清洁的风能在我国能源的格局中占据一席之地。

作为新兴产业，风能产业得以迅速发展。风电目前在电源结构中的比例不高，其装机量不到世界发电装机量的 3 %，发电量约占 1 %，因此风能产业的发展空间巨大。更为重要的是，在风能、太阳能、第二代生物乙醇、海洋能等这些绿色能源种类中，只有风能是商业化程度最高的绿色能源。换言之，风能产业经过 30 多年的发展，已经成功走出试验阶段，面向市场，能够盈利，并产生一批成熟的风机制造企业和风电场运营商，形成了完备的风电产业链条。

《全球风能展望 2010》报告指出，风能能够在减少主要温室气体排放的同时，满足全球日渐增长的能源需求。报告预期全球的风能装机容量到 2020 年可达 10 亿千瓦，从而可避免每年 15 亿吨的二氧化碳排放，这相当于“哥本哈根协议”中发达国家所做的 2020 年减排承诺的 50 % ~75 %。而到 2030 年，通过全球预期将达 23 亿千瓦的风能装机容量，更可避免总计 340 亿吨的碳排放。

目前，风力发电技术的发展具有如下特点：第一，风力发电机不断变大。在过去 20 年，涡轮风机的单机装机容量从 50 千瓦增加到 750 千瓦。采用大涡轮风机比小涡轮风机更加经济，因而涡轮风机的容量将继续增大，现已开发出 1000 ~2000 千瓦级的涡轮机。第二，随着风电单机容量不断增大，风电机桨叶的长度也不断增加，风机叶轮扫风直径与风机容量的对应关系如图 6 –8 所示。2 兆瓦风机叶轮扫风直径已达 72 米。涡轮风机的叶片有 2 片、3 片和多片三种，目前投入工程应用绝大多数是 3 片涡轮风机。第三，实践证实，地处平坦地带的风机，在 50 米高处捕捉的风能要比 30 米高处多 20%。因此，在大、中型风电机设计中，常采用更高的塔架。第四，控制技术的发展大大提高了捕风效率，降低了风机基础费用。随着电力电子技术的发展，开发了一种变速风电机。直接将发电机轴连接到叶轮主轴上，取消了沉重的增速齿轮箱，发出的交流电频率随转子转速

（或风速）而变化，经过置于地面的大功率电力电子变换器，将频率不定的交流电整流成直流电，再逆变成与电网同频率的交流电输出。

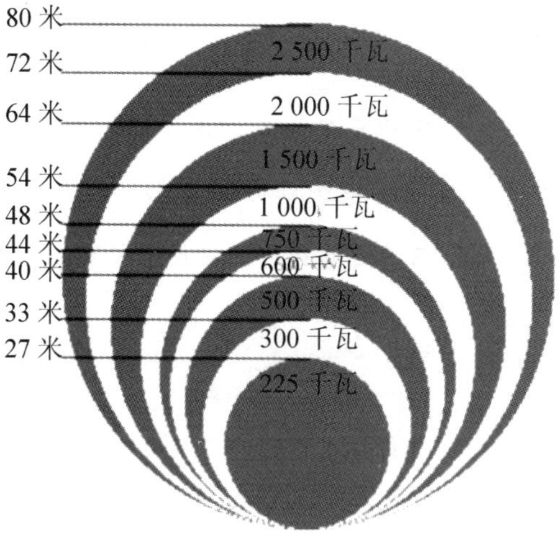

图 6－8　风机叶轮扫风直径与风机容量的对应关系

风电成本相较于传统化石燃料价格还不具备普遍的价格竞争优势。尽管风力发电具有很大的发展潜力，但是目前对世界电力的贡献还是有限的。这是因为大规模发展风电仍受一些因素影响，如风力发电机的效率不高，寿命有待延长；风能资源区远离主电网，联网的费用较大等原因，导致风力发电的成本仍高于常规发电，但由于风电具备绿色能源特性，以及具有可以加强一国能源结构安全性的特性，所以很多国家都给予风力发电一定的补助，并强制要求其国家电网接受风力发电。所以，全球风电产业的健康发展，在今后一段时期内，仍需要各国政府法律和财政政策的支持。业内人士大多相信，随着风电技术更新带来的风电成本下降以及政府对风力发电的扶持，风能产业发展前途一片大好。

图 6－9　风机桨叶的制造和安装

风能作为地球赐予人类的能源大礼，是一种取之不尽，用之不竭的清洁能源。风能的开发利用，可以减少煤炭、石油、天然气等常规能源的使用量，大大减少烟尘、二氧化碳等污染物的排放量，有利于保护环境，实现人类的可持续发展，造福整个地球。目前风能的开发利用还存在成本高、技术水平低等缺点。但是随着风电技术的进步，风能的充分高效利用将逐步实现，对于改善环境质量，建设生态社会，提升生活水平，促进社会和谐都有巨大的作用，可谓是一举多得，利国利民。可以预见，在不远的将来，风能必然会以其独特优势，在能源家族中占据一席之地。

7　生物质能——焕发青春的能源

中国古老的神话传说中有一位燧人氏，据说他得到大神伏羲的指点掌握了钻木取火的本领。从此人类彻底脱离了茹毛饮血的蛮荒年代，进入了快速发展的文明时期。原始人用火烘烤食物、取暖和驱退野兽。从科学角度讲，火是树枝或枯叶中的碳与空气中的氧发生反应放出光和热，而这些树枝和枯叶都是生物质，所以人类文明的诞生和发展与生物质息息相关。

早期人类社会的能量来源主要是树枝、枯叶等薪柴类生物质能，而在煤炭、石油和天然气等石化能源时代，生物质能曾一度淡出了人类的视线。20 世纪 70 年代以来，能源危机和能源安全成为人类文明持续发展的主要瓶颈，能够支撑未来人类文明高速发展的新能源开发成为科技界关注的焦点。经过众多学者多年的研究，科学界对生物质能又有了新的认识，生物质能的范畴大大扩展，生物质能利用方式也趋于多元化。人们逐渐意识到古老的生物质能是未来人类社会发展可依赖的重要能源，生物质能的研究和利用焕发出新的光彩。

生物质能如此重要，那么生物质能的科学定义是什么？当代生物质仅仅是指树枝和枯叶等薪柴吗？当代生物质能利用方式依旧是燃烧取热吗？生物质能与传统化石能源有何区别和联系？生物质能在未来能源安全体系中的地位是什么？本章将对这些疑问给出科学的解释。

7.1　唯有源头太阳照

生物质的最新定义是地球上经光合作用而产生的各种有机体，包括各种动植物和微生物。光合作用是生物质产生的关键过程，那么什么是光合作用呢？通俗地说，光合作用是指生物体利用空气中的二氧化碳和土壤中的水，将吸收的太阳能转换为碳水化合物和氧气的过程。如图 7 – 1 所示，光合作用科学的解释是绿色植物和藻类利用叶绿素等光合色素以及某些细菌（如带紫膜的嗜盐古菌），即利用其细胞本身，在可见光的照射下，将二氧化碳和水（细菌为硫化氢和水）转化为有机物，并释放出氧气（细菌释放氢气）的生物化学过程。

动物（包括人类）是以植物为食的，是光合作用间接的受益者。所以对于生物界几乎所有个体来说，光合作用是它们赖以生存的关键。农作物、树木、陆地和水中的野生动植物有机体、人类社会活动产生的各种有机体和某些有机肥料，都属于生物质。可见生物质能是一种以生物质为载体的能量，它是太阳能以化学能形式储存在生物体中的一种能量形式，它直接或间接地来源于植物的光合作用。

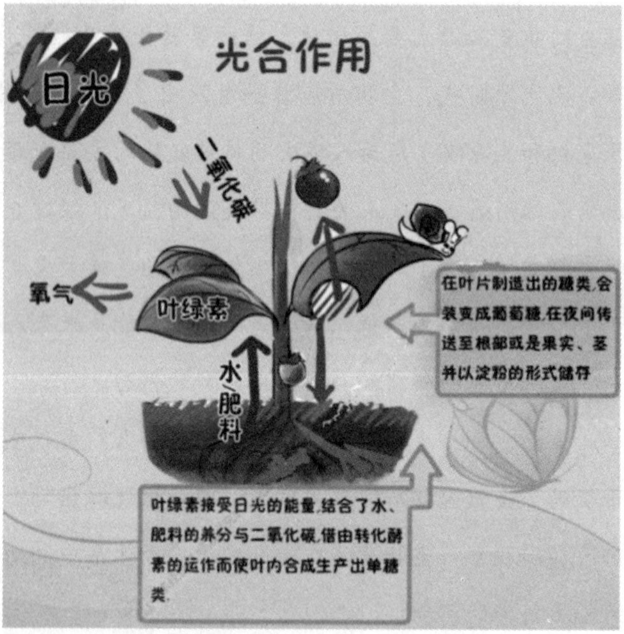

图 7 – 1　植物的光合作用

在各种可再生能源中，生物质能比较独特，诗词“一岁一枯荣”和“春风吹又生”形象地概括了其基本特征。生物质能是储存的太阳能，是唯一可再生的有机碳源，可转化成常规的固态、液态和气态燃料，具有可再生性、储量巨大、分布广泛、低硫、低氮、生长快、二氧化碳零排放的特点。生物质遍布世界各地，据估计地球上每年植物通过光合作用固定的有机碳总量可达200亿吨，含能量达3×10^{21}焦，每年通过光合作用储存在植物的枝、茎、叶中的太阳能，相当于全世界每年耗能量的10倍。因此，生物质能一直是人类赖以生存的重要能源之一，就其能源当量而言，仅次于煤炭、石油、天然气而列为第四大能源。在世界能源消耗体系中，生物质能占总能耗的比例为14%，在不发达地区占60%以上，至今全世界约25亿人生活能源的90%是生物质能。

7.2 刨根问底细分详

地球上生物质的种类有哪些呢？是否所有的生物质都可用于生产生物质能呢？在获知这些答案之前，我们必须了解构成生物质体的化学成分。生物质体主要是由诸如葡萄糖的糖类、淀粉、纤维素、半纤维素、木质素、蛋白质、脂肪、水和一些无机盐构成的，其中能转化为生物质能的成分主要是糖、淀粉、纤维素、半纤维素和木质素等。但并不是所有含有以上成分的生物质都可以用于生产生物质能，例如供我们食用的粮食、肉、禽、蛋等。能够作为能源的生物质称为生物质能资源，其基本条件是资源的容易获得和利用，主要有以下几类。

7.2.1 废弃农作物秸秆

农作物秸秆是指籽实收获后剩下的含纤维成分很高的残留物，包括禾谷类作物秸秆（如稻秸、麦秸、玉米秸、高粱秸秆等）、豆类作物秸秆（如大豆秆、绿豆秆等）、薯类作物秸秆（如甘薯藤、马铃薯藤、红薯藤等）、油料作物秸秆（如花生秆、油菜秆、芝麻秆、胡麻秆等）、麻类作物秸秆（如红麻秆、黄麻秆、亚麻秆等）以及棉花、甘蔗、烟草、瓜果等多种作物的秸秆。农作物秸秆是世界上数量最多的一种农业副产物，我国是农业大国，也是秸秆资源最为丰富的国家之一。国家统计局、农业部的年度统计资料显示：2009年我国总的农作物秸秆量为7.4亿吨，秸秆还田约0.9亿吨，生产饲料用秸秆约1.7亿吨，造纸用秸秆约0.2亿吨，实际作为生物质能资源秸秆用量约1.6亿吨，还有1.6亿吨秸秆被废弃于农田或就地焚烧，造成了严重的环境污染和社会问题。

随着农业现代化水平的提高，秸秆作为现代能源资源的利用率将逐年提高。保守估计，2030年以后我国可利用的农作物秸秆资源量为4亿~5亿吨，折合2亿~3亿吨标准煤。我国秸秆资源的最大特点是既集中又分散，特别是一些粮食主产区几乎都是秸秆资源丰富的地区，东北三江平原、黄淮平原、江汉平原和四川盆地秸秆资源量几乎占全国总量的一半。因此，我国一些地区具备良好的规模化利用农作物秸秆的条件。但是也有许多地区秸秆资源量分布密度低，收集半径大，难以实现规模化利用。

7.2.2 林木剩余物

可用于能源用途的林业剩余物主要包括森林原木采伐剩余物（如树根、枝桠等）和木材加工剩余物（如刨花、锯末类木屑等），各种林地（薪炭林、用材林、防护林、灌木林、疏林等）中育林剪枝以及四旁树（田旁、路旁、村旁、河旁的树木）剪枝获得的薪柴量。根据我国“十五”以及“十一五”期间年森林采伐限额，木材采伐和加工剩余物资源量为7 464万~8 056万吨，折合4 255万~4 592万吨标准煤。2004~2008年的第七次全国森林资源清查结果表明，我国森林面积19 545.22万公顷，森林覆盖率20.36%，活立木总蓄积149.13亿立方米，森林蓄积137.21亿立方米，天然林面积11 969.25万公顷，天然林蓄积114.02亿立方米；人工林保存面积61.688 4万公顷，人工林蓄积19.61亿立方米。每年各种林地剪枝量6 525万吨，折合3 720万吨标准煤。因此，我国可作为生物质能资源的林木剩余物总计约1.43亿吨，折合标准煤8 143万吨。

实际上，目前相当部分的林木剩余物已被用作农民炊事燃料或复合木材制造业等工业原料。普通民用炉灶技术落后，效率低，污染环境，迫切需要采用高效清洁的技术取而代之，以便进一步提高资源利用率。森林采伐和木材加工剩余物作为加工复合木材的原料，具有较高的经济附加值，但用量不大。

7.2.3 禽畜粪便

禽畜粪便中含有大量的有机物，是一类重要的生物质资源，其资源量与畜牧业生产发展情况有关。除少数地方进行处理利用之外，80%的粪便污水被直接排放入各种水体环境之中，不仅浪费资源，而且成为环境的主要污染源之一。对于禽畜粪便生物质的主要应用方式是利用厌氧发酵技术生产沼气。

据2010年统计年鉴，我国大中型奶牛、猪、鸡养殖场有6300家，猪、牛养殖年出栏量7亿多头，家禽85亿只，主要禽畜粪便排放量约15.74亿吨，其干物质重2.39亿吨，可生产沼气61.2亿立方米，折合甲烷产量3.55亿立方米，折合标准煤为10120.8万吨。根据畜牧业发展规划，2020年预计全国禽畜粪便量将达到25亿吨，届时可收集利用禽畜粪便资源量相当于1.8亿吨标准煤。相对于固体生物质来说，禽畜粪便成分复杂，含水量高，能源利用率低，所以这些生物质作为能源利用的潜力不能简单地按总量计算。

目前我国禽畜粪便很少用于能源消费，只有少量被用作沼气发酵原料或被风干后燃烧。如果加以合理利用，每年可多生产500亿~800亿立方米沼气。这对于改善城镇生活环境，降低生活能耗，建设美丽洁净社区环境，提高人民生活质量具有重要意义。

7.2.4 工业有机废弃物

据2010年统计年鉴，2009年全国工业固体废弃物产量达20.39亿吨，且每年呈10%的增长趋势。2020年我国工业固体废弃物产生量预计将达35亿吨，但是仅有农副产品及食品加工业、纺织业、木材加工和造纸工业等具有可再生和可燃的废弃生物质资源适合制备生物质能源，如粮食、食品、制糖、造纸、酿酒、淀粉等生产中会生成大量的有机废渣。2009年我国能作为生物质资源的工业固体废弃物总量约6 596.3万吨，相当于1 013万吨标准煤。

2009年我国废水总排放量约589.1亿吨，并且以每年2.6%增长。一般采用常规厌氧-好氧污水处理工艺处理废水生产沼气，我国废水每年可产沼气潜力为3 104亿立方米，相当于2.16亿吨标准煤。

7.2.5 城市固体有机垃圾

城市固体垃圾中含有部分有机物质，是潜在的可利用生物质资源。固体有机垃圾的能源利用方式通常是利用填埋场固体发酵技术生产沼气发电或利用垃圾直燃发电。我国没有统计生活垃圾产生量数据，只统计城市生活垃圾清运量数据。2008 年我国生活垃圾清运量为 1.54 亿吨，无害化处理的城市垃圾量为 10306 万吨，生活垃圾无害化处理率提高至 66.76 %。2008 年中国城市垃圾堆存量达 70 亿吨。在 2006 ~ 2008 年间我国生活垃圾清运量以 1.3 % 呈逐年递增趋势，2020 年估计我国生活垃圾清运量将达到 1.78 亿吨。我国 1 千克城市有机垃圾的热值约 4.18 兆焦。2008 年我国城市有机垃圾总计可折合约为 2128 万吨标准煤。以 10 % 的利用率计算，每年我国城市固体垃圾的可利用能源资源量约 213 万吨标准煤。

7.2.6 废弃动植物油脂

废弃动植物油脂主要可用于制造生物柴油，是生物液体燃料一种重要原料资源，可分为生产性和生活性废弃油脂。前者主要指工业生产中常见的柴油、汽油、机油和化工油脂等剩下的下脚油渣，包括生产机械洗涤油、传动润滑老油等；后者主要指常见的植物油、动物油这两大类剩余和排放的废弃油渣和泔水油，包括煎炸废油、餐饮废油和地沟油。据计算，废弃油脂量占食用油消费量的 20 % ~ 30 %。我国年均消费食用油约为 2 100 万吨，每年产生废油 400 万 ~ 800 万吨，能够收集起来作为资源的废弃油脂量在 400 万吨左右。但绝大部分尚未得到收集利用，既污染环境又威胁食品安全。

我国年产棉花约 486 万吨，棉籽 900 万吨，可年产 160 万吨棉籽油，估计全国可收集利用 100 万吨棉籽油用于生产生物柴油。据统计，我国有大量山地适宜黄连木等油料植物生长，每年生产的油料作物果实可满足年产 500 万吨生物柴油装置的原料需求。近年来一些企业已经开始收集利用废油生产生物柴油，2012 年我国已经建成约 45 家万吨级的生物柴油生产企业，年产量约 100 万吨。

7.2.7 边际土地和能源作物

边际土地通常是指在现有条件下不具备农业开发价值、又不适合用作居住和建设用地的贫瘠劣质土地。为了实现规模化开发生物质能源，我国必须在“不与民争粮、不与粮争地”的基本原则指导下，探索开发利用各类适宜边际土地资源，因地制宜地种植能源作物和能源林木。

据2008年环境状况公报，我国可供利用的边际土地大约为7923.6万公顷。这些边际土地可用于生产生物燃料的种植类资源既包括农业能源作物（主要为甜高粱、甘薯、木薯等），也包括林业能源作物（主要包括小桐子、黄连木、油桐、乌桕等），还包括薪炭林、灌木林等传统能源林；另外部分地区已经开始尝试速生草的种植和利用。我国南方，特别是长江流域，有约866万公顷冬季闲置稻田，可用于种植油菜为生物柴油提供原料植物油。油菜为冬季作物，与粮棉争地的矛盾少。

能源植物通常是指那些具有合成较高还原性烃能力的、并可用于生产接近石油成分或可替代石油产品的植物，以及富含油脂或碳水化合物的植物，包含所有的陆地和海洋的植物。目前开发利用的重要能源植物主要是甜高粱、甘蔗、木薯、麻风树、光皮树、耶路撒冷菜蓟、黄连木、油楠、绿玉树和一些藻类。能源植物具有环保性能好、可再生、低成本、安全性和持续稳定性好等优点。

据国家林业局最新资料，到2020年我国能源林培育总规模可发展到1300万公顷左右，其中木质能源林890万公顷，油料能源林约410万公顷。这些能源林每年可提供5400万吨干生物质，其热当量约等于3500万吨标准煤，并且可作为年产670万吨生物柴油的原料。

我国林业主管部门已制定了规模化建设木本油料林的规划。但是有效落实相关规划、集约化发展油料植物仍面临着不少问题，主要有优良品种及推广种植面积少，适生条件和实际可利用土地面积不清，规模种植情况下的产油率差异大等问题。

7.3 姹紫嫣红独显贵

蕴藏量巨大的生物质能与传统石油、煤炭、天然气等化石能源相比有何优点和缺点呢？

首先，生物质能具有可再生性，只要有阳光照射，绿色植物的光合作用就不会停止，世上万物就会生生不息，人类的社会活动也会不断地产生各种有机废弃物，生物质能的资源也就不会枯竭。特别是在大力提倡植树种草、合理采樵、保护自然环境的情况下，植物将会源源不断地供给生物质资源。

其次，与化石矿物能源相比，生物质在燃烧过程中，对环境污染小。生物质中挥发性组分含量高、碳活性高、易燃、灰分含量低。在 400 ℃左右的温度下，大部分挥发性组分可释放出来，而煤在 800 ℃时才会释放出 30 %左右的挥发组分。生物质燃烧后灰分少，不易黏结，可以简化除灰设备。生物质中含硫量一般少于 0.2 %，而煤的含硫量一般为 0.5 % ~1.5 %，硫在燃烧过程中产生二氧化硫，是酸雨形成的主要原因，这正是煤燃烧所带来的最主要的环境问题。生物质燃烧过程中产生和排放的氮氧化物和烟尘也比煤少，同时产生的二氧化碳又可被等量生长的植物光合作用所吸收，基本可实现二氧化碳的零排放。这对减少大气中的二氧化碳含量、降低温室效应极为有利。

另外，在风能、海洋能等可再生能源中，生物质是唯一可以储存和运输的能源，其加工转换和连续使用也非常方便，生物质能在未来能源供给体系中作用巨大。

但是，从质量密度的角度来看，与化石矿物燃料能源相比，生物质能量密度较低，属于低品位能源。生物质质量轻，体积大，给运输也带来一定的难度，同时由于风、雨、雪、火等外界因素，导致生物质的难于储存是目前亟待解决的问题。

7.4 千锤百炼品自高

现代文明体系的支撑能源主要是石油、天然气和煤炭等高品位的化石能源，以往能量密度较低的生物质大多被燃烧后取热加工食物和取暖，难道在当今社会储量巨大的生物质能就无用武之地了吗？答案自然是否定的。经过众多学者多年的努力，科学界已经开发出了一系列特殊的加工技术，能够使生物质转变为甲烷气体、燃料乙醇、生物柴油、氢气、电等高品位能源，这些加工技术统称为生物质能源转换技术。

不同生物质的理化性质差异较大，所以其转化途径也各不相同，除人畜禽粪便的厌氧处理以及油料与含糖作物的直接提取外，多数生物质的转化过程较为复杂。目前已经形成的各种生物质能源转换技术与相应的生物质能产品如图 7－2 所示。生物质能源主要有物理、化学和生物三大类转换技术，具体涉及固化、直接燃烧、气化、液化、水解、发酵和热解等技术。

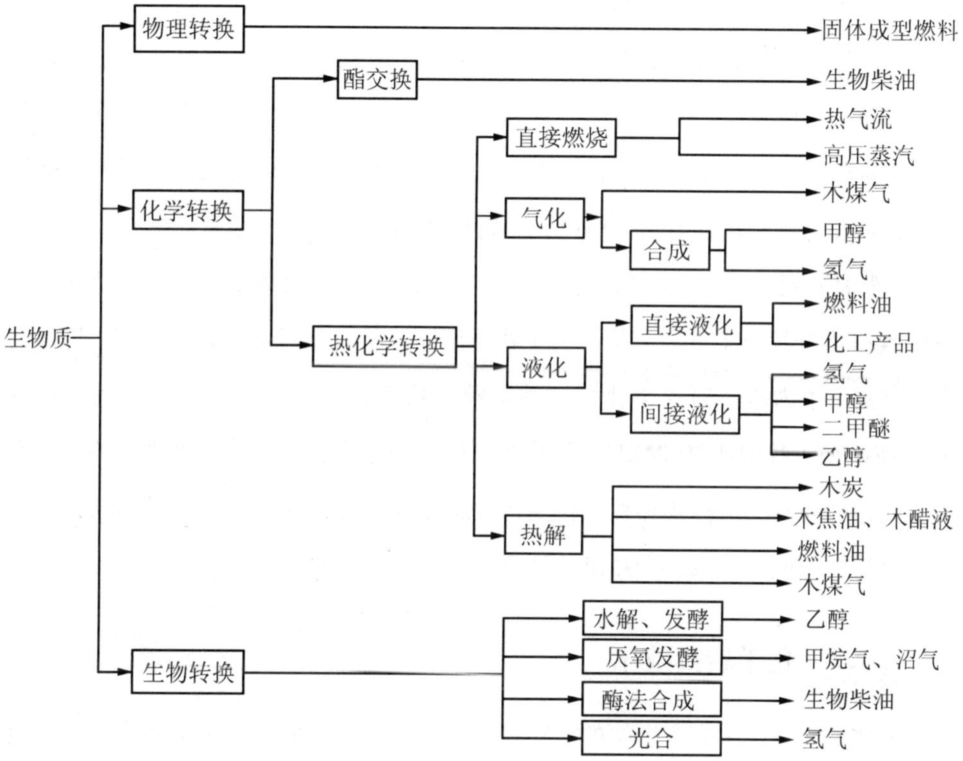

图 7－2 生物质能转化技术与生物质能产品

7.4.1 物理转换技术

直接燃烧是生物质能源最早获得应用的方式，但其不仅热效率低下，传统炉灶的热效率仅为 10 %，而且单位体积生物质的能量密度也很小。自然界中未经加工的生物质，特别是秸秆，比较松散，堆积密度较小，即使直接燃烧也不能满足当今蒸汽锅炉装置的需求。如果将秸秆类生物质压缩，其体积就会大大缩小，密度也会大幅提高，热值和能量密度也得以增加，很可能获得类似煤炭的热能效应。沿着这一思路出发，科学家成功开发出了生物质压缩成型技术。该技术是一种物理转化技术，首先将木屑、稻草、玉米秸秆等各类松散的生物质通过干燥和粉碎制成一定粒度和含水率的粗料，然后在50~200兆帕高压、150~300℃高温（或不加热）、不加黏结剂条件下，压缩成棒状、粒状、块状及其他固定形状和一定密实度的成型燃料。经压缩成型后的生物质燃料密度增加4~50倍，含水率低于8%，含挥发性组分高达75%，灰分含量小于5%，并且还可进一步加工为型炭和活性炭。压缩成型后的生物质燃料与煤炭类似，不但形状完整，便于运输和储存，而且热值较高，使用方便，着火容易。与煤炭相比燃烧完全，灰分少，几乎不产生硫化物，故也称为“清洁燃料”，广泛应用于工业锅炉、民用炉灶等场合，也可作为气化炉的燃料。所以，生物质成型燃料堪称一种理想能源。

生物质压缩成型技术产业化的主要难点是开发高效耐磨的压缩成型机械。1948年日本开发出了世界上第一大生物质压缩棒状成型机械。20世纪70年代初美国研制出了内压滚筒式生物质压缩颗粒状成型机械，年生产颗粒成型燃料达80万吨以上。我国从20世纪80年代起开始致力于生物质压缩成型固体燃料技术的研究，已经开发出棒状和颗粒状生物质压缩成型燃料技术，比较成熟的技术是棒状及其压缩成型机械，产品出口到泰国、韩国、印度等。

7.4.2 化学转换技术

生物质在空气中完全燃烧的产物是二氧化碳气体，那么如果生物质在燃烧过程中氧气的量比较少，即不完全燃烧时的产物会是什么呢？在化肥工业中煤炭、空气和水在焦炉中不完全燃烧会生成氢气和一氧化碳可燃性气体，是否生物质也会发生类似的现象呢？这个想法并不稀奇，100多年以前，就有学者验证了这个猜测，结果发现生物质不完全燃烧的产物也是氢气和一氧化碳。这说明可通过不完全燃烧的办法使低品位的生物质转换为高品位的可燃气体。这就是生物质气化技术，是一种生物质热化学转化技术。其中，气化反应的科学定义是指固体生物质在高温条件下与气化剂反应得到小分了可燃气体的过程，常见的气化剂是空气、水煤气、氧气、蒸汽。气化后产生的可燃气体一般是氢气、甲烷、一氧化碳等烷烃类碳氢化合物，俗称木煤气。生物质气化技术已有100多年的历史，最初的气化反应器产生于1883年，它以木炭为原料，气化后的燃气驱动内燃机，推动早期的汽车或农业排灌机械。

生物质木煤气不仅可利用气化技术获得，而且还可通过生物质热解技术制取。生物质热解技术也是一种生物质热化学转换技术。烧炭是林木在缺氧状态下被高温烘烤后其内的易挥发组分释放和难挥发组分固化的过程。这个过程与生物质的热解过程类似，热解生物质也是在隔绝或少量供给氧气的条件下，利用热能切断生物质大分子中碳氢化合物的化学键，使之转化为小分子物质的加热分解过程，这种热解过程所得产品主要有气体（木煤气）、液体（生物油）、固体（炭）三类。其中生物油是一种液体燃料产品，有高的氧含量及低的氢碳比，但具有热不稳定性，需要经催化加氢、催化裂解等处理才能用作燃料。虽然生物质热解技术研究开发时间较长，也有多种热解工艺问世，但是工业化应用仍不理想，特别是最有希望的快速热裂解的条件比较难以控制，条件控制不好对热解产物影响较大。我国从“十五”计划就开始了开始生物质快速热解研究工作，目前仍处于实验和中间实验研究阶段。由于生物质热解转换技术的产品与当代化石能源较为类似，所以该技术难点克服以后，将成为热化学转化中最主要的方式。

利用生物质热解技术可得到少量的生物油液体燃料，这种液体经过催化加氢等处理过后性质类似柴油，这个现象引起了科学家的强烈兴趣，如果能有办法使生物质产生大量的液体燃料油，那么可再生的蕴藏量巨大的生物质将成为人类未来燃料油的重要矿藏。经过多年的研究，科学家终于找到了一种方法能使生物质产生更多的生物油液体燃料，这就是生物质液化技术。

液化是指通过化学方式将生物质转换成液体产品的过程，主要有直接液化和间接液化两类。直接液化是把生物质放在高压设备中，添加适宜的化学催化剂，控制好温度、压力、浓度等工艺条件使生物质发生热化学反应，生成分子量较小的碳氢化合物（液化油），作为汽车用燃料或进一步分离加工成化工产品。通过高温高压直接液化技术可以生产出物理稳定性和化学稳定性均较好的液体产品。

典型的生物质高压液化工艺流程见图 7 - 3。高压液化反应的产物为气体和液体，离开反应器的气体被迅速冷却为轻油、水及不能冷凝的气体。液体产物包括油、水、未反应的木屑和其他杂质，可通过离心机将固体杂质分离开，得到的液体产物一部分可用作循环油使用，其余液化油可作为产品。目前，高压液化反应器主要采用间歇式操作的高压釜，因此难以实现大规模工业化生产，连续流动式的高压液化技术将是未来更具有实际意义的研究。

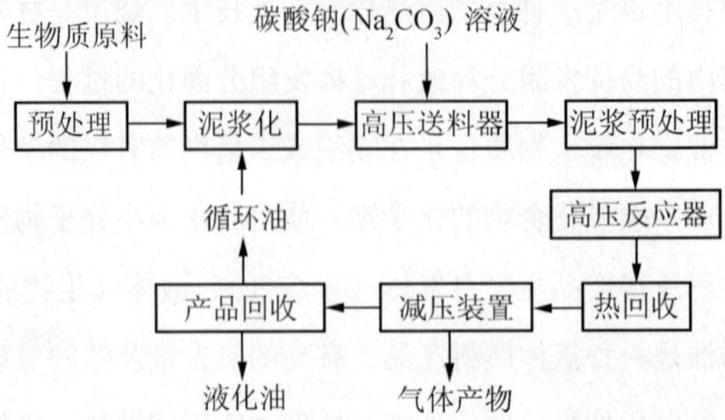

图 7－3 生物质高压直接液化工艺

间接液化是把生物质气化和热解后的木煤气，再进一步进行催化合成反应制成甲醇、乙醇和二甲醚等液体燃料。甲醇不仅是极为重要的有机化工原料，也是化工的基础产品，还是一种洁净燃料，其能量密度较高，燃烧时只释放二氧化碳和水蒸气，可制作燃料电池。二甲醚则是一种极具发展潜力的有机化工产品，在制药、染料、农药等化学工业方面有其独特的用途，还可作为气雾剂的抛射剂，并具有较高的十六烷值，易压缩，存储压力为 1. 35 兆帕，可替代柴油用作清洁的车用燃料以及替代液化石油气作民用燃料。由于化石能源储量有限和环境保护的压力，利用热化学间接液化方法从生物质中获取液体燃料的研究日益受到重视。生物质气化甲醇合成技术主要有生物质预处理、热解气化、气体净化、气体重整、氢气和一氧化碳比例调节、甲醇合成及分离提纯等，为了提高整个工艺的效率，降低甲醇产品的成本，还可利用以上过程中产生的余热、尾气等实行热电联供。生物质热解气化合成二甲醚技术与生物质气化甲醇合成原理基本相同。

7. 4. 3 生物化学转化技术

单纯利用化学技术转化生物质能需要高压和一定的温度条件，生产能耗较高而且安全性较低。如果能在常温和常压下将生物质转换为生物油、醇醚、氢气和甲烷等可燃性气体，这些问题就会迎刃而解。如何能降低苛刻的生物质化学转换工艺条件呢？科学家想到了水解与生物发酵技术。生物酶和微生物可在常温常压下吸收营养物质生成醇和酸等化工产品，例如酿酒。能被微生物利用的营养物质大多是简单多糖、有机酸、无机盐等，而生物质的成分一般是纤维素、木质素、淀粉和脂肪类大分子物质，所以生物发酵之前必须将生物质水解为小分子的物质。生物质水解技术有化学法和生物酶法之分，前者主要利用酸或碱溶液把生物质大分子断裂为小分子，后者主要利用各种微生物或酶破坏生物质的某些化学键。一般淀粉和脂肪的水解比较容易进行，而木质素和纤维素等需要经蒸汽高温高压爆碎等处理才能进行水解。

生物发酵技术有厌氧和需氧发酵两种。厌氧发酵是指在隔绝氧气的情况下通过细菌作用进行生物质的分解，广泛应用于有机废水、固体有机垃圾的处理，产品主要是富含甲烷的沼气。一般将有机废水（如制药厂废水、人畜粪便等）置于厌氧发酵罐（反应器、沼气池）内，先由厌氧发酵细菌将复杂的有机物水解并发酵为有机酸、醇、氢气和一氧化碳等产物，然后由产氢产乙酸菌将有机酸和醇类代谢为乙酸和氢气，最后由产甲烷菌利用已产生的乙酸和氢气、一氧化碳等形成甲烷，可生产甲烷（体积分数为 55% ~65% ）和二氧化碳（体积分数为 30% ~40%）气体混合物。

利用各种转换技术将生物质转化为当前人们常用的可燃性气体、高含能固体和液体燃料是未来生物质能发展的主要趋势。目前欧盟、美国、日本等发达国家已经部分实现了生物质二甲醚、生物燃料乙醇、生物柴油等工业级生产。虽然我国生物质转化技术的研究起步较晚，但在某些领域中已经处于世界先进之列，一些生物柴油、生物乙醇、生物气化发电厂已成规模。

7.5 燃料乙醇显奇能

二战之后，石油、煤炭和天然气成为世界主要利用能源，然而南美洲的一个发展中国家巴西却没有勘探出任何化石能源矿藏，该国也没有雄厚的工业基础，更没有大量外汇用于购买石油和天然气。但巴西是一个农业大国，地处热带，光照充分，具备甘蔗种植的优越条件，是世界上最大的甘蔗种植国。利用甘蔗渣发酵制取燃料乙醇成为巴西工业化发展的无奈选择。

早在1931年巴西政府就颁布法令，规定在全国所有地区销售的汽油必须添加2%~5%的无水乙醇。此后，这一比例在1966年提高至10%，1981年提高至20%，1993年提高至22%，2002年提高至25%。在巴西超过1500人的城镇中必须安装乙醇加油泵。在天然种植优势和政府鼓励的双重刺激下，2009年巴西甘蔗产量增长至6.29亿吨，成为仅次于美国的全球第二大乙醇生产国和全球最大的乙醇出口国，还是全球使用生物燃料比例最高的国家。虽然近年来巴西境内陆续勘探出储量丰富的石油矿藏，但2005年其生物质能源消耗比例仍占全部能源消耗的20%。

现在巴西已经成为全球最具经济增长力的"金砖四国"之一，燃料乙醇对其经济发展可谓功不可没。那么什么是燃料乙醇呢？其实燃料乙醇是指加入改性剂后不可饮用的乙醇，是已投入能源市场的液体燃料，被誉为当前最直接、最有效、应用最广泛、社会认知度最高的石油基替代燃料。燃料乙醇的应用对减少汽油用量，缓解化石燃料的紧张，减少二氧化碳及城市车辆尾气的排放，拉动农业经济的发展都具有重要的意义。

2008年全球燃料乙醇的产量已达到0.53亿吨，在15个国家实现了以5%~25%的比例与汽油掺混。我国是继美国和巴西后世界第三大燃料乙醇生产国。遗憾的是，目前我国能源市场上所应用的燃料乙醇几乎都来自玉米和甘蔗，存在"与民争粮，与粮争地"的问题，且成本过高，原料的资源潜力即可利用量和可持续性差，不能满足我国燃料乙醇长期发展的需要。2006年12月国家发展和改革委员会联合财政部发布紧急通知，明确指出我国生物燃料乙醇项目的原料，应坚持以非粮为主，重点支持木薯、甜高粱以及含纤维素资源的非粮原料产业发展。2007年8月出台的《可再生能源中长期发展规划》明确提出，到2020年我国非粮生物燃料乙醇年利用量将达到1000万吨。甜高粱、能源甘蔗、木薯和纤维类生物质，这些非粮作物主要特点是产量大、生长能力强、耐贫瘠性土地、耐旱、耐涝、耐盐碱地、发酵出酒率高、生长过程中几乎不需肥料和农药，特别适合生长于非农荒地、盐碱地等边际性土地。通过农业及生物技术的应用可提高此类作物的单产和抗逆性，是玉米和甘蔗原料的良好替代品。其中纤维素类生物质还可来自木屑、秸秆等农林废弃物。这些原料被称为非粮作物或能源作物，以此为原料生产的燃料乙醇称为非粮生物燃料乙醇。

工业上燃料乙醇的生产方法主要有化学法和生物发酵法两种。化学合成法始于20世纪30年代是指利用炼焦、石油工业中石油裂解产生的废气为原料，经化学合成而生成乙醇，最常用的是乙烯直接水合法。生物发酵法是燃料乙醇的主要生产方法，首先对农林废弃秸秆、木薯、甜高粱、能源甘蔗等进行除沙除杂，然后进行粉碎、压榨、蒸汽爆破、蒸煮糊化、水解等前期预处理，再通过特定的微生物或者酶发酵后即可获得一定浓度的乙醇，经分离纯化后，即可获得高浓度的燃料乙醇。

与化石汽油相比，燃料乙醇热值较低，仍较难大范围推广应用。非粮燃料乙醇原料预处理仍有很多难题亟待突破，分离纯化后的乙醇需要变性处理以适应汽油发动机的要求。这已经引起了广大科学工作者的关注，例如巴西已研制出了可变性燃料技术，使用该技术的汽车可使用乙醇和汽油任意比例掺混的燃油。这种汽车可使消费者更加灵活地选用燃油品种，降低市场价格变化的冲击。随着科学技术的发展，燃料乙醇将逐渐替代汽油和天然气成为人类社会发展的必需能源。

7.6 变性改造产柴油

柴油的原料一般是石油，很难相信生物质能够用于生产柴油。石化柴油的本质是具有一定碳链长度的直链脂肪酸酯，而动植物油脂是甘油三酸酯，如果有办法去除其中的甘油基团，那么动植物油脂就有可能转化为柴油。早在1895年德国工程师鲁道夫已经做出了大胆的预测，可利用动植物油脂生产适合内燃机使用的液体燃料，但直到20世纪50年代末，生物柴油及其生产技术的研究才逐渐展开。2006年全球生物柴油的年生产能力为1270万吨，年消费量为690万吨，分别比2005年增加了89％和103％，2010年全球生物柴油的年生产能力达到8410万吨，年产量为4480万吨。生物柴油作为可再生化石柴油替代燃料进入蓬勃发展时期。

美国材料与测试协会将生物柴油燃料定义为由可再生脂质原料合成的长碳链一元烷基酯，脂质原料包括植物油脂及动物油脂。生物柴油可单独或与石化柴油混合使用。作为一种可再生能源，生物柴油具有许多独特的优点：第一，可生物降解，无毒。第二，良好的排放性能：燃用生物柴油与石化柴油比较，二氧化碳排放量降低24.1％，总碳氢（THC）排放量降低51.1％，颗粒物（PM）排放量降低63.72％。第三，优越的环保性：生物柴油硫含量不到石化柴油的1/10；由于生物柴油来源于绿色植物，由生物柴油燃烧产生的二氧化碳完全可以为植物光合作用所吸收，循环二氧化碳排放量几乎为零，减小了由二氧化碳排放造成的温室效应。第四，高度的安全性：生物柴油的闪点均大于120℃，具有极佳的热稳定性及抗爆性，在运输、储存及使用过程中安全性较高。

生物柴油制备技术可分为物理法、化学法及生物酶法三种类型，如图7－4所示。

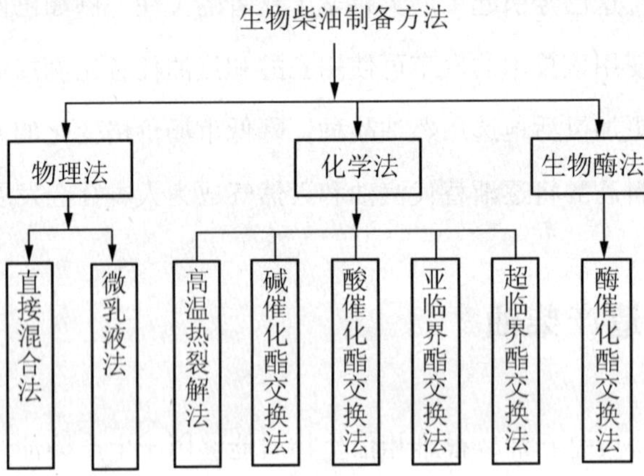

图7－4　生物柴油的制备方法

当今生物柴油制造商普遍采用化学法制备生物柴油。其中高温热裂解法是在常压、快速加热、超短反应时间的条件下使生物质中的有机高聚物迅速断裂为短链分子，并使结炭和产气降到最小限度，从而最大限度地获得燃料油。但高温热裂解法的主要产品是生物汽油，生物柴油只是其副产品，热裂解装备价格昂贵。化学催化酯交换法是目前生产生物柴油的主要方法，即用动物或植物油脂与甲醇或乙醇等低碳醇在催化剂作用下，在一定温度下进行酯交换反应，生成相应的脂肪酸甲酯或乙酯，再经洗涤干燥，即得生物柴油。化学催化酯交换法易于工业化，投资少，见效快。但也存在以下缺点：后处理工序复杂、甲醇必须过量，能耗高，设备重复多，易产生较多的废水，增加了污水处理的难度。

生物酶催化酯交换法是利用酶或微生物作为催化剂的酯交换反应。这类酯交换法具有专一性强、反应条件温和、醇用量少、产物易于分离与富集、无污染排放、原料适应性广泛、设备要求不高、安全性好等优点。工业化脂肪酶主要来源于动物及微生物，其中来源于微生物的脂肪酶种类最多，生产方便且活性高。为了提高酶催化效率，降低成本，提高酶的使用率，生物柴油酶催化酯交换反应通常在少量水及有机相反应体系中进行。为了提高脂肪酶的回收率，降低酶法制备生物柴油的成本，固定化脂肪酶及固定化细胞是酶法制备生物柴油最具发展潜力的新技术。生物酶法制备生物柴油目前仍处于技术研究阶段，限制其工业规模化生产的主要问题是脂肪酶用量大，酶促反应时间长和固定化酶使用寿命短等。

我国的生物柴油产业化水平远远落后于欧美国家，为及早改变现状，2006年12月6号国家税务总局规定以动植物油为原料，经提纯、精炼、合成等工艺生产的生物柴油，属于消费税免征税范围。据不完全统计，我国生物柴油产量按厂家设计规模已达300万吨以上，但生物柴油实际生产能力每年仅20万吨，主要原因是原料收集十分困难，并且相当一部分生物柴油原料，如地沟油及酸化油等垃圾油，被用于生产油酸类价格更高的化工产品；另外地沟油等垃圾油市场价格每吨高达3 800元，能源油料作物和林木仍未形成种植规模，如果生物柴油的生产过程控制不好，很可能处于亏本边缘。但是生物柴油是未来国际能源安全的重要保障之一，是最重要的可再生生物质液体燃料之一，生物柴油产业化的研究与开发仍是能源替代的重要方向。未来我国如何建立生物柴油原料供应体系，加快生物柴油制备技术的规模化发展，深化固定化脂肪酶制备生物柴油工业示范，促使生物柴油技术产业化快速发展仍是能源开发的重要课题。

7.7 厌氧发酵产沼气

20年前如果你参观过禽、畜养殖场，一定会对那里的满地粪便印象深刻；如果你是一个城市卫生管理人员，一定会对数量惊人的城市垃圾感到头疼。但有机废水和粪便、围城的垃圾其实都是重要的生物质能资源，都是厌氧发酵生产沼气的良好原料。沼气的主要成分是甲烷和二氧化碳，还含有微量氢气、氮气、氨气、硫化氢和水蒸气，是良好的生活燃气。

我国有近百年的沼气应用历史，20 世纪 70 年代，由于农村生活燃料缺乏，曾大力发展农村户用沼气。2000 年后我国加大了对农村沼气建设的资金投入，农村小型户用沼气得到了迅速的发展。截至 2008 年底全国农村户用沼气池已达 3 048万户，年产沼气 114 亿立方米，相当于当年天然气消费量的 8. 5 %，超过 1 亿农村人口利用沼气进行炊事和照明。

沼气发酵是指在没有溶解氧、硝酸盐和硫酸盐存在的条件下，微生物将各种有机质进行分解并转化为甲烷、二氧化碳、微生物细胞以及无机营养物质的过程，其生物化学过程主要包括分解、水解、产酸、产乙酸和产甲烷五个步骤。各种复杂的有机质，无论是颗粒性固体还是溶解状态，无论成分复杂，还是成分相对单一的纯有机质，都可以经过该生物化学过程产生沼气。伴随农村户用沼气的发展，规模化、集约化、产业化沼气工程也得到了迅速的发展，截至 2008 年年底全国有 2 761 处大中型沼气工程在稳定运行。我国丰富的生物质资源量可用于厌氧发酵生产沼气，年产沼气潜力约为 2 220 亿立方米，折合产甲烷潜力每年 1 250 亿立方米，相当于我国 2008 年天然气消费量的 1. 55 倍。

7. 8　生物燃料能发电

生物质发电技术是目前应用最多、最有效的规模利用生物质能方式之一，主要有生物质直接燃烧蒸汽发电和生物质气化发电两种。生物质在特定锅炉中直接燃烧，产生蒸汽驱动汽轮发电机发电，包括生物质锅炉直接燃烧发电和生物质 - 煤混合燃烧发电。生物质直接燃烧发电装备中锅炉是关键设备，目前世界上生物质燃烧发电使用的均是振动炉排锅炉，技术较为成熟，热效率高达 91% 以上。生物质气化发电技术的基本原理是把生物质转化为可燃气，再利用可燃气推动燃气发电设备进行发电。气化发电包括三个过程。一是生物质气化，把固体生物质转化为气体燃料；二是气体净化，气化出来的燃气都带有一定的杂质，包括灰分、焦炭和焦油等，需经过净化系统把杂质除去，以保证燃气发电设备的正常运行；三是燃气发电，利用燃气轮机或燃气内燃机进行发电。为了提高发电效率，发电过程可以增加余热锅炉和蒸汽轮机。

生物质发电技术是生物质能利用中较为独特的方式，技术非常灵活，可采用内燃机，也可采用燃气轮机，甚至可结合余热锅炉和蒸汽发电系统，可根据规模的大小选用合适的发电设备，保证在任何规模下都有合理的发电效率，非常适合生物质分散利用的特点。其次，该技术环保性较好，可以有效减少二氧化碳和二氧化硫等有害气体的排放，而且生物质发电过程中温度较低，氮化物生成量也较少。另外，生物质发电技术的灵活性可以保证该技术在小规模下有较好的经济性，同时生物质燃气发电没有高压过程，设备简单，特别是合理的生物质气化发电技术比其他可再生能源发电技术投资更小，其综合发电成本已接近小型常规能源的发电水平，它既能解决生物质难于利用而又分布分散的缺点，又可以充分发挥燃气发电技术设备紧凑而污染少的优点，所生产的电力可以直接供给附近的用电单位，也可以并入电网，是生物质能最有效最洁净的利用方法之一。

近年来，国外以生物质燃气为燃料进行发电的技术发展很快，欧美等国家相继建起了 7 ~ 72 兆瓦的大中型生物质发电示范工厂，巴西建成了 31.9 兆瓦级的大型生物质发电示范工厂。我国在 20 世纪 60 年代初曾开展了生物质气化发电方面的研究。近 30 年来，我国先后完成了不同生物质原料、不同发电规模和设备的生物质发电技术基础研究工作，特别是中国科学院广州能源研究所利用自主研发的生物质循环流化床发电技术，已经建成 3. 5 ~ 5 兆瓦的生物质发电示范工厂。

7.9 生物能源焕青春

生物质能源是唯一可再生、可替代化石能源转化成液态和气态燃料以及其他化工原料或者产品的碳资源，是未来能源的主要来源之一。据预测，到 2050 年生物质能用量将占全球燃料直接用量的 38 %，发电量占全球总电量的 17%。美国在利用生物质能方面，处于世界领先地位。据报道，目前美国有 350 多座生物质发电站，是世界上最大的燃料乙醇和生物柴油生产国。欧盟和日本等国家相继投入巨资进行生物质能的研究和开发。

我国对生物质能的渴望尤为迫切，特别是在一些燃料缺乏的地区，砍伐林木，割搂野草，致使森林及草原植被破坏、土壤退化、水土流失、泥石流、洪涝成灾，给生态环境造成了严重恶果。在生活燃料不缺乏的地区，夏秋收获季节焚烧大量秸秆，火焰四起，浓烟滚滚，雾霾天气不断，交通事故频发，影响了交通和人们的健康，也浪费了资源，如图 7－5 所示。改革开放以来，随着农村经济的发展和农民生活水平的提高，农村对优质燃料的需要日益迫切，生物质能的传统利用方式与农村逐步实现现代化的发展形势很不适应，生物质能的优质化转换利用势在必行。随着城镇的扩大，乡镇企业的崛起，有机垃圾和有机废水日渐增多，如不进行有效处理，不仅浪费能源，也会造成严重的环境灾难。

图 7－5 水土流失和秸秆焚烧情况

国家能源局发布的《生物质能发展“十二五”规划》中，制定了具体的目标：到 2015 年生物质能年利用量超过 5 000 万吨标准煤；生物质发电装机容量 1 300万千瓦、年发电量约 780 亿千瓦·时；生物质年供气 220 亿立方米；生物质成型燃料 1 000 万吨；生物液体燃料 500 万吨。国家“十二五”期间重点支持农林生物质、垃圾生物质、沼气等发电技术，生物质成型燃料技术，生物柴油和燃料乙醇等生物质能利用技术的研究和开发。“十二五”期间将在各个层面给予生物质能行业种种支持，比如继续实行生物质发电电价补贴，加强农村沼气用户的技术培育，给予生物质能企业税费的优惠等。同时，我国将在生物质能领域内投资超过 1 400 亿元，推动我国的生物质能技术研究和生物质能产业踏上新的台阶。

生物质能是人类最早利用的能源，对人类文明的诞生和社会的发展作用巨大。在当代世界能源消耗体系中，生物质能占总能耗的比例为 14%，全世界约

25 亿人生活能源的 90% 是生物质能。生物质能一直是人类赖以生存的重要能源之一，就其能源当量而言，仅次于煤炭、石油、天然气而列为第四大能源。当代生物质能源主要有生物燃料乙醇、生物柴油、生物航油、沼气、生物质发电、氢气等。地球上生物质原料非常丰富，新型的生物质能转化技术也不断涌现。随着光合生物技术的发展，多种新型微小藻类不断被发现和改良，其不仅能用于生产生物柴油和生物质氢气，而且未来极有可能也是生物质发电的重要原料。与化石能源相比，生物质能具有可再生性和环境友好的特点，并且利用相关的能量转化技术，也能转化为高品位的液体和气体燃料。随着能源危机日趋严峻和环境污染日益严重，大力发展生物质能对人类文明的持续发展意义重大。

8　地热能——来自地下的清洁热源

图8-1是一幅冰山上火山喷发的壮观场景，火山爆发时能放出滚滚浓烟，同时还伴随着炽热的岩浆，破坏力相当惊人，熊熊大火使大片的山脉变成了“火焰山”，火山喷发散发的热量令覆盖在火山口上200多米厚的冰川迅速融化，大量的洪水喷泻而出，附近约800名居民紧急撤离，造成了严重的经济损失。我们不禁要问，寒冷的冰川下面，到底是哪里来的这么大的热量？

图8-1　冰山上的火山

图8-2　皑皑雪山下的温泉

我们再来看下一幅图片（图8-2）：皑皑雪山下，人们在泉水里面嬉戏，他们不冷吗？哪里来的热量让这里在寒冷的冬季中蒸汽腾腾呢？带着这两个疑问，我们一起走近地球这个大热库，认识地热能。

8.1　地球是个大热库

大家可能会感觉，上面提到火山和温泉之所以会有那么高的温度肯定是地下的原因，但为什么地下会有那么高的温度呢？其实，在我们生活的土地下面潜藏着一股巨大的能量，在物理学中我们叫它地热能。人类很早以前就开始利用地热能，例如利用温泉沐浴、医疗，利用地下热水取暖、建造农作物温室、水产养殖及烘干谷物等，但真正认识地热资源并进行较大规模开发利用却始于 20 世纪中叶。

地热能就储存在地下，它是来自地球深处的可再生能源。由于它在地下，所以不受天气状况的影响。地热能的起源，要从地球内部熔融的岩浆和放射性物质的衰变谈起。我们都听说过居里夫人和镭的故事，知道镭是不断衰变的。实际上地下有很多类似于镭的元素，在不断进行着衰变，这些元素在衰变过程中会产生大量的热能，这些热量日积月累，聚集在地球内部。当地下水或地下岩浆在地球内部流动时，这些水或岩浆就把衰变产生的热量从地下深处带至近表层，于是就有了火山、温泉等自然现象的发生。

其实地球内部是一个高温高压的世界，是一个大型“热库”，蕴藏着无比巨大的热能。地球通过火山爆发、间歇喷泉和温泉等方式，源源不断地把内部的热能通过传导、对流和辐射的方式传到地面上来。据估计，全世界地热资源的总量大约为 14.5×10^{25} 焦，相当于 $4\,948\times10^{12}$ 吨标准煤燃烧时所放出的热量。如果把地球内储存的全部煤炭燃烧所放出的热量作为基准，那么地球内石油储存的热量约为煤炭的 8％，目前可利用的核燃料储存的热量约为煤炭的 15％，而地热能的总热量则为煤炭的 17 000 万倍。举个大家都能懂的例子，假若以目前全世界的能耗总量来对地热能进行估计，即便是全世界其他能源都不用了，完全使用地热能，4 100 万年以后也只能使地球内部的温度至多下降 1℃。可见，地球是一个名副其实的巨大“热库”，我们居住的地球实际上是一个庞大的“热球”。

我国地热资源储量十分巨大，经过近十年的发展，浅层地温能开发已初具规模，常规地热能开发正在起步，增强型地热系统尚处在科研初级阶段。我国常规地热资源以中低温为主，埋深在 200～3 000 米。中低温传导地热资源主要分布在中东部沉积盆地，中低温对流地热资源主要分布在广东、福建等东南沿海，高温对流地热资源分布在滇川藏及台湾地区。埋深在 0～200 米范围的浅层地热能资源主要分布在东北地区南部、华北地区、江淮流域、四川盆地。

8.2 “解剖” 地球

既然地球内储存如此巨大的热量，为什么地球表面没有起火？我们为什么能在地球表面生存呢？

我们来给地球做个“解剖”，先看一下地球的内部结构。如图 8－3 所示，地球内部是一个高温高压的世界，是一个大型“热库”，蕴藏着无比巨大的热能。它的构造就像是一个半熟的鸡蛋，主要分为三层。地球的外表相当于蛋壳，这部分叫作“地壳”，它的厚度各处很不均一，由几千米到 70 千米不等。地壳的下面是“中间层”，相当于鸡蛋白，也叫“地幔”，它主要是由熔融状态的岩浆构成，厚度约为 2 900 千米。地壳的内部相当于蛋黄的部分叫作“地核”，地核又分为外地核和内地核。

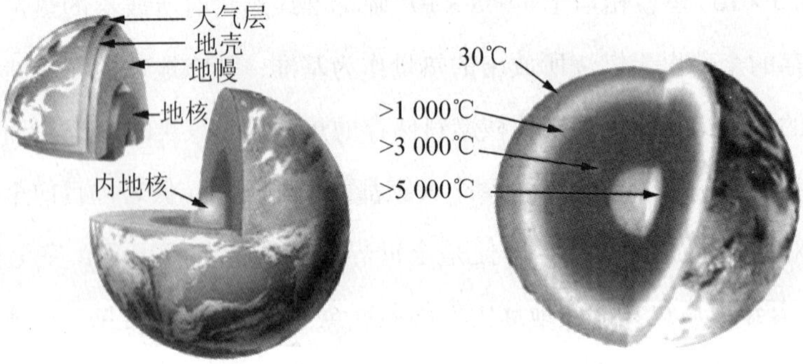

图 8－3　地球的内部构造及其温度分布

在地壳中，地热的分布可分为可变温度带、常温带和增温带。顾名思义可变温度带，就是温度会变化的地带，该地带由于受太阳辐射的影响，其温度随着昼夜、年份、世纪遵循一定规律的变化，这一地带很薄，大约是从地表到地下15～20 米；常温带，这一地层的温度基本保持一个固定的值，它位于可变温度带以下，深度一般为地下 20～30 米；增温带，位于常温带以下，在这一层内，底层的温度随深度增加而不断的升高，其热量主要来自于地幔和地核。当然我们知道，这三个温度带是依次连续的，并没有明确的界限。而在地球内部地壳、地幔和地核之间温度状况差别很大。在地壳的表面是常温带，地温随着离地表的深度增加而不断升高，越深越热。平均地下每加深100米，温度升高3 ℃，到达一定的温度后，温度升高的幅度逐渐变小。一般来说，地壳底部至地幔上部的温度大约在1 100 ~1 300 ℃，地核的温度大约在2 000 ~ 5 000 ℃。举个例子，80 ℃的热水大致就埋藏在2 000 ~2 500 米的地下，如果我们可以在2 000 ~2 500 米的地下打口井，就可以直接抽出热水喝了。这不是异想天开，随着科技进步，可能再过几十年我们就可以直接喝到地下热水啦!

地热资源根据开发深度不同，可划分为浅层地热（距地表200 米以内）、深层地热（距地表200 ~3 000 米，也称为常规地热）以及增强型地热（也称为干热岩）三种。而按温度划分，地热资源可以分为高温（ >150℃）、中温（90 ~150℃）和低温（25 ~90℃）三种类型。其中高温地热资源主要用于发电，中温和低温的地热资源以直接利用为主，多用于采暖、干燥、工业、农林牧副渔业、医疗、旅游及人民的日常生活等方面。对于25℃以下的浅层地热，可利用地源热泵进行供暖、制冷。此外，地热资源也是一种可供提取溴、碘、硼砂、钾盐、铵盐等工业原料的热卤水资源和天然肥水资源，还是医疗热矿水、饮用矿泉水和生活用水的水源。

在地球表面，有的地方有温泉，有的地方没有温泉，根据这一差别我们把地球表面划分为“正常地热区”和“异常地热区”。在正常地热区，地下较高温度的热水或岩浆懒惰地隐藏在地壳的较深处，很难把热量传递到地球的表面。在异常地热区，较高温度的热水或蒸汽埋藏在地壳的较浅部位，有的甚至天然地直接冒出地表，那些天然冒出的地下热水或蒸汽就形成了我们常见的温泉。温泉是在当前技术水平下最容易利用的一种地热资源。在异常地热区，除温泉外，人们也容易通过钻井等人工方法把地下热水或蒸汽引到地面上来加以利用。一般认为，地下热水和地热蒸汽主要是雨雪渗入地球内部的岩浆处，热的岩石把雨水加热成地下热水和地热蒸汽，形成示意图如图8 -4 所示。

那么地热能都分布在哪里呢？我们周围有没有可以直接利用的地热呢？请看图8 -5，这是我们国家地热的分布图，红色越深的地方表示所蕴含的地热能越丰富。大家可以对照一下，你所在的省份或地区是不是处在一个地热丰富的地方呢？如果是的话，那么请开动脑筋，想想怎么利用这些免费的取之不尽的地热资源吧。

图 8－4　地下热水和地热蒸汽的形成

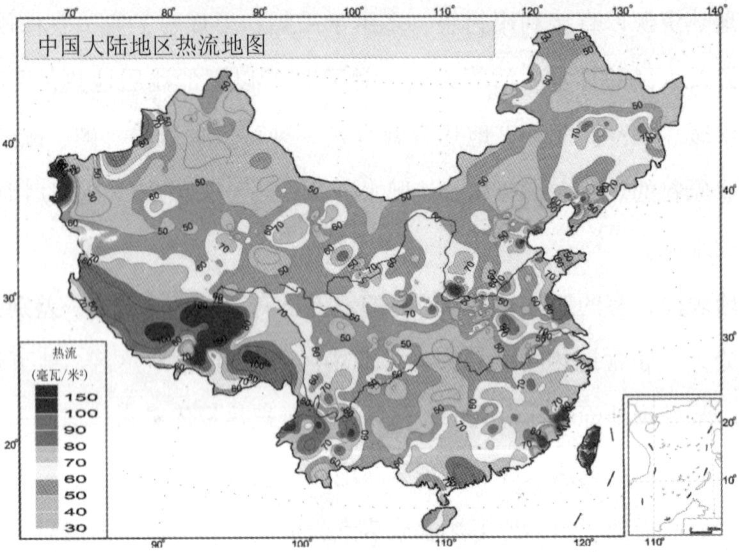

图 8－5　我国地热分布地图

8.3　分享地热能大蛋糕

以上我们了解了地热的形成和分布，知道地热能的储量大得惊人，也知道了大部分地热都深深地埋藏在地壳很深的地方，并且地热能的分布比较分散，因而开发难度较大，一般无法直接开发利用。面对如此巨大的热能“蛋糕”却不能吃下口，看来我们需要想点办法了。在这之前，还是让我们再进一步认识地热能的类型吧。

8.3.1 地热能的类型

地热资源有多种分类方法。按温度分，我国一般把高于150℃的地热称为高温地热，主要用于发电；低于150℃的地热叫中低温地热，通常直接用于采暖、工农业加温、水产养殖、医疗和洗浴等。按照地热的储存形式，地热资源可分为蒸汽型、热水型、地压型、干热岩型和岩浆型五类。

（1）蒸汽型。蒸汽型地热是最理想的地热资源。它是指以温度较高的饱和蒸汽或过热蒸汽形式存在的地下储热。形成这种地热田要有特殊的地质构造，即储热流体上部被大片蒸汽覆盖，而蒸汽又被不透水的岩层封闭包围。这种地热资源最容易开发，可直接送入汽轮机组发电，腐蚀较轻。蒸汽型地热田储量很少，仅占已探明地热资源的0.5%，而且地区局限性大，只在某些特定区域才存在这种理想的蒸汽型地热资源。

（2）热水型。热水型是指以热水形式存在的地热，通常包括温度低于当地大气压下饱和温度的热水和温度高于沸点的有压力的热水。这类资源分布广，储量丰富，温度范围很大。90 ℃以下称为低温热水田，90～150 ℃称为中温热水田，150 ℃以上称为高温热水田。中、低温热水田分布广，储量大，我国已发现的地热田大多属于这种类型。所以这是存在数量最多的地热资源，也是我们开发的重点。

（3）地压型。这是目前尚未被人们充分认识的一种地热资源。它以高压高盐分热水的形式储存于地表以下2～3千米的深部沉积盆地中，并被不透水的岩石所封闭，可以形成长1 000千米、宽几百千米的巨大热水体。地压水除了高压（可达几十兆帕）、高温（温度在150～260 ℃范围内）外，还溶有大量的甲烷等碳氢化合物。因此，地压型地热资源中的能量实际上是由机械能（高压）、热能（高温）和化学能（天然气）三部分组成。由于沉积物的不断形成和下沉，地层受到的压力会越来越大。地压型常与石油资源有关。这样的地热能成分复杂，存在形式多样，目前对它的认识还不够充分，科学家们也在努力研究。我们如果有兴趣，也可以加入到这个研究行列中，进行创新性的研究，挖掘其利用途径和方式。

（4）干热岩型。干热岩简单理解就是又干又热的岩石，是指地下深处普遍存在的没有水或蒸汽的热岩石。干热岩温度范围很广，一般在 150～650 ℃。干热岩的储量十分丰富，比蒸汽、热水和地压型资源大得多。目前大多数国家把这种资源作为地热开发的重点研究目标。从现阶段来说，干热岩型资源是专指深度较浅、温度较高的有经济开发价值的热岩。提取干热岩中的热量需要有特殊的办法，技术难度大。干热岩体开采技术的基本概念是形成人造地热田，说白了，就是先挖口 4～5 千米的深井，让深井直接通入温度高、渗透性低的岩层中，然后往井里面注入凉水，凉水和干热岩换热后变成热水，采出热水，从而形成一个大的热交换系统。这样，注水和采水便通过人造地热田连接成一个循环回路，水便通过该系统进行循环。

（5）岩浆型。岩浆型是指蕴藏在地层更深处处于动态或完全熔融状态的高温熔岩，温度非常高，可以高达 600～1 500℃。在一些多火山的地区，这类资源可以在地表以下较浅的地层中找到，但多数则是深埋在目前钻探还比较困难的地层中，储藏深度一般为 3～10 千米。火山喷发时常把这种岩浆带至地面。据估计岩浆型资源约占已探明地热资源的 40% 。在各种地热资源中，从岩浆中提取能量是最困难的。

8.3.2 地热能的利用

以上我们了解了地热能的类型，接下来看看目前我们如何“吃下”这块地热大“蛋糕”，让地热能为人类服务。地热能是新能源家族中重要的成员之一，是一种相对清洁的、环境友好的绿色能源。著名地质学家李四光说过：“开发地热能，就像人类发现煤、石油可以燃烧一样，开辟了利用能源的新纪元。”地热资源的常见利用方式有：温度比较高的地热能可就地转变成电能，通过电网远距离输送；中低温地热资源可直接向生产工艺过程供热、向生活设施供热、向农业供热；提取某些地热流体和热卤水中的矿物原料等。具体利用形式有以下几种。

（1）地热能发电。地热发电就是利用能量转换原理，把潜藏在地热能里的热能转换成电能。地热发电原理和我们常见的地面上火力发电原理并无根本区别，所不同的是地热电站的热源来自天然“地热锅炉”，而火电站用的是燃煤或燃气锅炉，天然“地热锅炉”代替了火电站燃烧原煤使其化学能转变为热能的过程。“地热锅炉”的载热体可以是蒸汽或热水，其温度和压力要比火电站高压锅炉生产的蒸汽温度和压力低得多。由于“地热锅炉”的地热介质类型、温度、压力和焓等物理参数不同，地热发电可分为地热蒸汽发电和地热水发电两大类。

1）地热蒸汽发电。地热蒸汽发电有一次蒸汽法和二次蒸汽法两种。一次蒸汽法可直接利用地下的热蒸汽，或利用从汽、水混合物中分离出来的蒸汽发电。二次蒸汽法有两种含义，一种是不直接利用比较脏的存储在地下的天然蒸汽，而是让它通过换热器加热其他的干净的水，使干净的水变成洁净蒸汽，再利用洁净蒸汽发电，这样可避免地下天然蒸汽对汽轮机的腐蚀和结垢；第二种含义是将从第一次汽水分离出来的高温热水进行减压扩容产生二次蒸汽，压力仍高于当地大气压力，和一次蒸汽分别进入汽轮机发电。图 8－6 为地热蒸汽电站地热发电系统示意图。

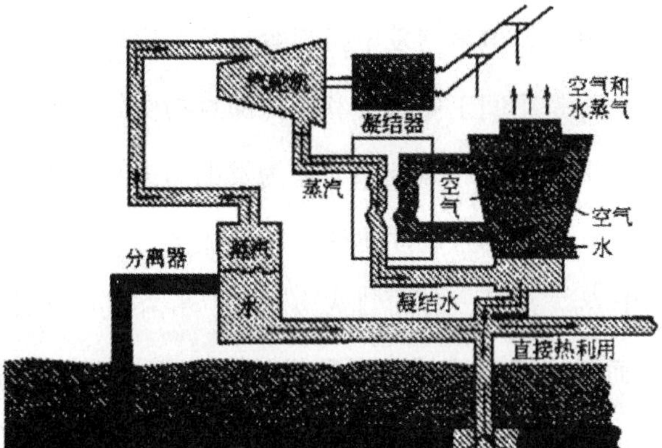

图 8－6　地热蒸汽电站地热发电系统示意图

2）地热水发电。利用地下热水发电不像利用地热蒸汽那么方便，因为用地热蒸汽发电时，蒸汽本身既是载热体又是工作流体。但地热水按常规发电方法是不行的，因为热水不能直接送入汽轮机做功发电，必须以蒸汽状态才能进入汽轮机做功发电，因为只有蒸汽才能使汽轮机工作。目前，对温度低于 100℃ 的非饱

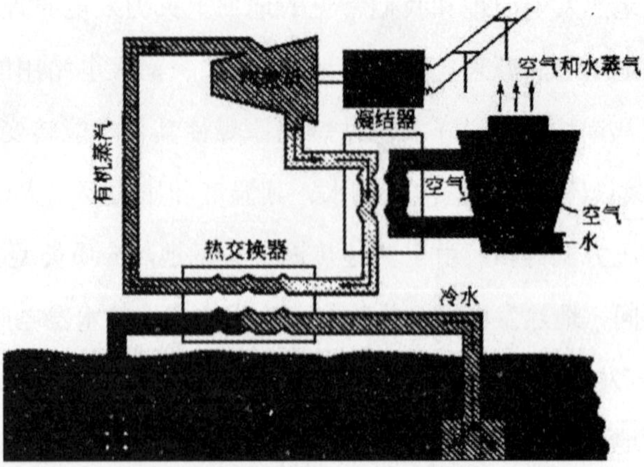

图 8－7　地热水电站发电系统示意图

和态地下热水发电有两种方法：一是减压扩容法，即利用抽真空装置使进入扩容器的地下热水在压力下降的情况下汽化，产生低于当地大气压力的扩容蒸汽，然后通过装置将汽和水分离，接着排水，最后把蒸汽送入汽轮机做功，达到发电的目的，这种系统称“闪蒸系统”。不过由于低压蒸汽的比容很大，因而使汽轮机的发电量受到很大的限制。并且，由于水中含有杂质，时间长了会在装置中结垢。不过，减压扩容方式发电虽然发电机组容量小，但运行压力低，所以运行过程中比较安全。另一种是中间工质法，利用低沸点物质如空调、冰箱中常用的制冷剂氯乙烷、正丁烷、异丁烷和氟利昂等作为发电的中间工质，地下热水通过换热器加热低沸点物质，使低沸点物质迅速沸腾变成蒸汽，利用所产生的蒸汽进入发电机做功，做功后的工质从汽轮机排入凝汽器，并在其中经冷却系统降温，又重新凝结成液态工质后再循环使用。这种系统被称为“双流系统”或“双工质发电系统”，如图 8－7 所示。但这种发电方式安全性较差，因为里面的低沸点物质大部分都是易燃易爆或对环境有危害的物质，如果发电系统的密封稍有泄漏，工质逸出后很容易发生事故。比如采用氟利昂作为低沸点物质，泄漏后就会破坏大气的臭氧层，危害地球的大气安全。

（2）地热应用于工业。地热能可广泛应用于工业领域，可用于任何形式的烘干和蒸馏过程，也可用于简单的工艺供热、制冷，或用于各种采矿和原材料处理工业的加温。有时候，地热本身也是一种有价值的原料，某些地下热水含有比地面水更丰富的各种盐类和其他有价值的化学物质，天然地下蒸汽则可能含有具有工业用途的不凝性气体等。概括起来，地热能在工业上的主要应用如下。

1）造纸和木材加工。在造纸工业的生产过程中，需要利用地热的地方是纸浆的蒸煮与烘干。新西兰塔斯曼公司的纸浆和纸张工厂就是利用天然地下蒸汽的第一座造纸工厂，当初选择建厂位置就是为了就地利用地热。纸厂紧靠一个地热田，年生产能力为新闻纸纸浆 34.5 万吨，牛皮纸纸浆 10 万吨，该公司利用地热能为厂区装机 10 兆瓦的地热发电站提供发电所需蒸汽，还通过两条管线将大量地热蒸汽直接输送到厂房，用于烘干原木、纸浆和纸张等工艺流程，约占整个工厂蒸汽用量的 2.5%。该公司正在实施扩大利用地热能计划，将可节省燃料费的 70 %，每年可节省 1 000 多万元的开支。

2）纺织、印染、缫丝的应用。我国的天津、北京及湖北省等许多纺织、印染、缫丝轻纺工业中，早已开始利用当地的地热水资源进行生产或满足某些特殊工艺所需热水的供应。各个厂家利用地热水后有一些共同的优点：提高了产品质量，增加了产品色调的鲜艳程度，着色率也提高了，并使一些毛织品的手感柔软、富有弹性，另外还节约了部分常规燃料。此外，由于所用地热水的硬度适宜，这样既节省了软化水的处理费用，又节省了许多原材料，相应地降低了产品的成本。

3）从地热流体中提取重要元素和矿物质。地热水或地热蒸汽中含有很多重要的稀有元素、放射性元素、稀有气体和化合物等，诸如碘、钾、硼、锂、锶、铷、铯、氦及重水、钾盐等，这些都是国防、化工、农业等领域不可缺少的原料。可以通过对地热水或地热蒸汽进行加工处理，提取其中的重要元素和矿物质，创造可观的经济效益。

（3）地热能供热。在冬季，我们可以将地热能直接用于建筑物的采暖和供热水，这是仅次于地热发电的最常用的地热利用方式。地热供暖是以来自于地下的不高于 60℃的地下热水为热媒，地下热水到达地面后，在加热管内循环流动，加热地板，通过地面把热量散发到室内，给室内供热。生活用热水方面，人们可根据需要直接把从地下取出的热水使用或加热后使用。因为这种利用方式简单、经济性好，备受各国重视，特别是位于高寒地区的西方国家，其中冰岛开发利用得最好。该国早在1928年就在首都雷克雅未克建成了世界上第一个地热供热系统，现今这一供热系统已发展得非常完善，每小时可从地下抽取大量80℃的热水，供全市11万居民使用。采用地热供热就不用再建锅炉房了，所以到了冰岛，看不见高耸的烟囱，大气环境非常好，现在冰岛首都已被誉为“世界上最清洁无烟的城市”。可见，将地热用于冬季供热既节能又环保。我国在目前能源紧张、环境污染严重的背景下，开发地热供热无疑是一个特别好的方式。我国利用地热供暖和供热水的发展也非常迅速，在京津地区已成为地热利用中最普遍的方式。

除利用地热给建筑物供热外，地热还可给工厂供热，如用作干燥谷物和食品的热源，用作硅藻土、木材、造纸、制革、纺织、酿酒、制糖等生产过程的热源。目前世界上最大两家地热应用工厂就是冰岛的硅藻土厂和新西兰的纸浆加工厂。

（4）地热应用于农业。在地热资源丰富的农村，地热也广泛用于农业生产中，主要用在地热温室种植和水产养殖两大领域。据1999年统计数字显示，地热温室和地热养殖在全球直接利用类型中所占比例分别为9%和6%，说明了世界各国十分重视利用地热能为本国发展农牧副渔业。地热温室所需只是低温热资源，水温可低到60℃，很少超过90℃热水。在温室应用的同时，室外土壤加热需要的水温不超过40℃，甚至最低的初温也能用。因此，如果我们周边有地热资源，可以依托地热井，建造温泉温室，种植名优花卉、特种蔬菜，供给大饭店、宾馆、酒楼等之需，也可用来发展旅游农业。在养殖方面，养殖所需水温可更低些。通过地热养殖，可大大缩短多种水生物的孵化期和生长周期。所以，我们还可以依托地热资源发展高产鱼类等养殖产业。

（5）地热应用于医疗。地热在医疗领域的应用有诱人的前景。目前地下热矿水被视为一种宝贵资源，世界各国都很珍惜。由于地热水从很深的地下提取到地面，除温度较高外，常含有一些特殊的化学元素，从而使它具有一定的医疗效果。如含碳酸的矿泉水供饮用，可调节胃酸、平衡人体酸碱度；含铁矿泉水饮用后，可治疗缺铁贫血症；氢泉、硫水氢泉洗浴可治疗神经衰弱和关节炎、皮肤病等。由于温泉的医疗作用及伴随温泉出现的特殊的地质、地貌条件，使温泉常常成为旅游胜地，吸引大批疗养者和旅游者。在日本就有1500多个温泉疗养院，每年吸引1亿人到这些疗养院休养。我国利用地热治疗疾病的历史悠久，含有各种矿物元素的温泉众多，因而充分发挥地热的医疗作用，发展温泉疗养行业大有可为。

8.4　地热发电出奇葩——羊八井地热发电站

藏族有个古老传说，在远古时期天地一片混沌之时，有一只金凤凰飞来，将自己的一只眼睛化为神灯，照亮世界并融化了唐古拉山的雪，使大地充满生机。然而，一个魔鬼用箭将神灯射灭，神灯的碎片飞溅到地上，化为多个温泉。据说这就是羊八井地热温泉的来源。羊八井异常丰富的地热让它闻名天下。清晨，由于空气还比较冷，羊八井地热田一带总弥漫着白色雾气，地热田产生的巨大蒸汽团从湖面冒起，如人间仙境。如果运气好，碰上热水井喷发，便可一睹沸腾的温泉由泉眼直冲云霄的场面，十分壮丽美观。如图8-10所示。

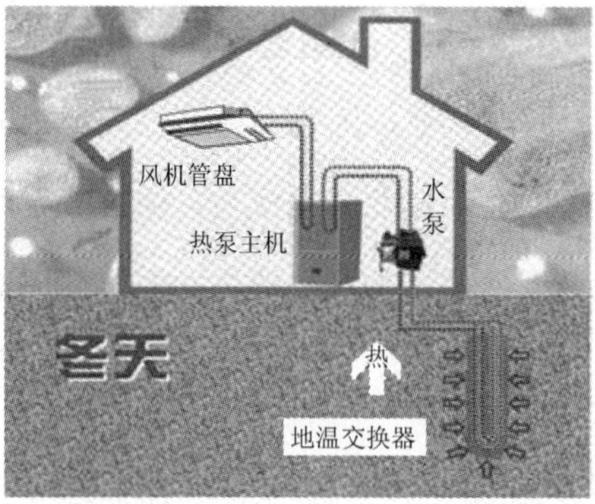

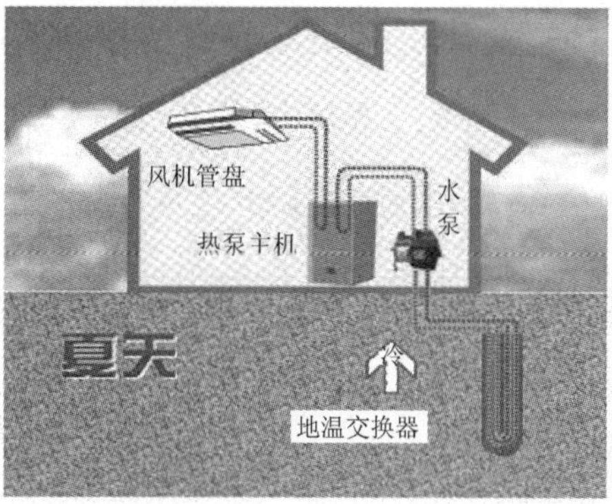

图8-8　羊八井地热温泉蒸汽升腾的场面

抛开美丽的神话传说，我们来科学地分析一下羊八井地热的形成原因。羊八井地理位置比较特殊，它位于一个地质断裂破碎带内，海拔4 300米，其地热田地下深200米，形成了两个高大的地热散热口，散热口像蒸笼一样不停地吐着白雾，地热蒸汽温度高达172℃。正是利用地热蒸汽，建成了目前举世闻名的地热发电站——西藏羊八井地热发电站，如图8-9所示。

羊八井地热发电站采用的发电方式是将地热井喷出的汽水混合物经汽水分离

图 8-9　西藏羊八井地热发电站

器分离，分离出的蒸汽送入汽轮机，分离出的热水经减压扩容后产生蒸汽也送入汽轮机。羊八井地热发电站先后投资 2 亿多元，总装机容量 2.5 万千瓦，是当今世界唯一利用中温浅层热储资源进行工业性发电的电站。该电场发电量稳定，其发电量已占到拉萨电网的 40 %，也说明了我国利用地热资源技术逐渐成熟。电站的建成发电，填补了我国在这一领域的一系列空白，也引起了国际社会的关注。几十年来，先后有美国、日本、新西兰、澳大利亚等国家和地区以及联合国的专家，专程到这里研究地热资源的开发。羊八井地热发电的成功，标志着我国在开发利用地热资源发电领域中所取得的成就。目前，羊八井地热发电站利用地热能发电技术日趋成熟，在国际上享有较高声誉，被称为“世界屋脊上的一颗明珠”。

羊八井地热发电站为西部大开发带来了巨大的优势，也为西藏人民带去了用之不竭的能源，同时在地热资源利用方面使我国在世界范围内处于领先地位。面对当今世界日益紧张的能源危机，作为一种用之不竭的可再生能源，地热资源的利用和开发前景将会越来越好。

8.5　可冷可热——地源热泵

通过上述介绍，我们知道了地球内部地热储量十分巨大，在地热资源丰富的地方可以开发诸如发电、供热、温泉洗浴等利用方式。但我们身边更常见情况是高温的地热水或地热蒸汽被深深埋在地下，暂时不具备开发该深度地热的条件。那么，有没有其他方法可以开发利用浅层低温的地热资源呢？这个问题的答案是肯定的——那就是地源热泵技术。

什么是地源热泵呢？地源热泵是一种通过消耗少量的高品位能源（一般是电能），利用埋藏较浅的地热资源（可以是浅层土壤、地下水等携带的热量），实现由低温位热能向高温位热能转移，既可冬季供热又可夏季制冷的高效节能空调设备。在冬季，把土壤或地下水中蕴含的地热能提取出来，提高温度后，供给室内采暖；夏季，把室内的热量取出来，释放到土壤或地下水中去。冬夏两季地源热泵的工作过程原理如图 8－10 所示。通常地源热泵消耗 1 千瓦·时的电能，用户可以得到 4 千瓦·时以上的热量或冷量。目前，地源热泵已成功提取土壤、地下水等蕴涵的地热，实现冬季供热或夏季供冷。这里仅以土壤源为例，介绍地源热泵这一地热能利用的新技术。

图 8－10　地源热泵冬季和夏季工作原理示意图

地源热泵是利用地球表面浅层地热资源（通常深度小于 400 米）作为冷热源，进行能量转换的供暖空调系统。地表浅层地热资源可称之为地热能，是指地表土壤、地下水吸收熔岩热能、放射性能量、太阳能而蕴藏的低温热能。这种储存于地表浅层近乎无限的能源，是一种清洁的可再生能源。因此，地源热泵技术属于可再生能源利用技术。地源热泵供暖空调系统主要包括三部分：室外地热能换热系统、地源热泵机组和室内采暖空调末端系统。其中地源热泵机组主要有两种形式：水－水式和水－空气式。三个系统之间靠水或空气换热介质进行热量传递，地源热泵与地热能之间的换热介质为水，建筑物采暖空调末端的换热介质可以是水或空气。

目前土壤源地源热泵有水平埋管式和垂直埋管式两种形式，它们的工作原理完全相同，仅仅是埋在地下的换热管形式不同。

水平埋管式地源热泵如图8－11a所示，通过水平埋置于地表土壤2～4米以下的闭合换热系统，与土壤进行冷热交换。此类系统适合于制冷供暖面积较小的建筑物，如别墅和小型单体楼。该系统初投资和施工难度相对较小，但占地面积较大。

a.水平埋管　　b.垂直埋管

图8－11　地源热泵的两种形式

垂直埋管式地源热泵如图8－11b所示，通过垂直钻孔将闭合换热系统埋置在50～400米深的岩土体中，与土壤进行冷热交换。此类系统适合于制冷供暖面积较大的建筑物，周围有一定的空地，如别墅和写字楼等。该系统初投资较高，施工难度相对较大，但占地面积较小。

地源热泵系统可供暖、制冷，还可供生活热水，一机多用，一套系统可替换原来的锅炉加空调两套装置或系统。然而，实现地源热泵主机系统的一机多用，需要一整套系统解决方案，其中的动力输配系统有节能空调机房、室内末端输送设备（采用地暖分集水器）、水力平衡分配器、多功能水箱等。地源热泵空调系统的优点是：机械运动部件较少，维护费用低，其大部分部件不是埋在地下便是安装在室内，从而有效避免了室外恶劣天气的影响；机组紧凑、节省空间；自动控制程度高，可无人值守。

地源热泵系统的大部分能量来自于天然能源，其装置的运行没有任何污染，不向外界排放任何废气、废水、废渣，环境效益显著，是一种理想的“绿色空调”，被认为是目前对环境最友好和最有效的供热、供冷系统。该系统无论严寒地区或热带地区均可应用，可建造在居民区内，没有燃烧，没有排烟，也没有废弃物，不需要堆放燃料和废物的场地，且不用远距离输送热量。该系统可广泛应用于办公楼、宾馆、学校、医院、商场等建筑内，更适合于别墅住宅的采暖、空调。

8.6　地热明天更辉煌

我国地热资源潜力巨大，截至2010年，我国直接使用地热资源量为8 898兆瓦，排名世界第二。供暖和制冷方面，常规地热能供暖面积达到3 500万平方米，浅层地热能供暖和制冷面积达到1.4亿平方米。地热发电方面，装机容量25兆瓦。全国主要盆地常规地热资源储量折合标准煤8 530亿吨，年可利用量折合标准煤6.4亿吨，可减少排放二氧化碳13亿吨。全国地级以上城市每年浅层地热能资源量折合标准煤95亿吨，年可利用量折合标准煤35亿吨，可减少排放二氧化碳5亿吨。另外，大于3 000米的增强型地热资源，折合标准煤860万亿吨。

我国的地源热泵技术利用水平已经排到世界第三。尽管如此，目前我国在地热能利用上依然与世界上一些国家，如美国、德国等存在差距。这些国家地热能的迅猛发展，离不开良好的政策激励和先进技术作为支撑。

以美国为例，该国先后出台《国家能源政策法》《21世纪清洁能源的能源效率与可再生能源办公室战略计划》《能源战略计划》等法律法规支持地热发展，在税收减免、贷款担保、专项资金支持和关键技术研究等方面也给予大力支持。在这些政策的支持下，美国的装机容量达到3 093兆瓦，位于世界第一。而德国政府通过颁布《可再生能源法》，以法律的形式推进地热能源等可再生资源的开发利用。政府通过“联邦市场激励计划”筹集资金对地源热泵等项目予以资助，而且环保部也投入大量经费用于地热能研发。多重优惠政策的扶持和推动，使得德国在地热资源不好的条件下也取得了较大发展。

冰岛被誉为“冰火之国”，冰川与火山并存，地上冰川覆盖，地下热流滚滚。自 1975 年以来，冰岛就确定了自己的新能源发展方向——大规模使用地热能资源。由于决策正确，现在已是成就斐然：全国约 90 % 居民利用地热取暖，约 1/3 的电力来自地热发电厂，石油进口大幅下降。与燃烧石油或燃煤相比，利用地热资源时的二氧化碳排放量微乎其微，冰岛的温室气体排放量提前几十年就已达到了国际标准。

地热利用存在着可持续性的问题，随着地热资源利用领域的拓宽和社会需求的增加，给人们的生活带来越来越多的好处，但是人们对地热资源的综合利用价值和产业化开发利用的意义认识不足，将地热混同于一般的矿产资源或水资源。一些地热资源丰富的地区未能建立有自己特点的地热产业，使宝贵的地热资源开发停留在低层次、低效益的水平上，且资源浪费现象严重，相当一部分地区天然的温泉没有充分利用，被白白浪费；一些开发商对地热资源的特点认识不清，造成地热资源得不到合理开发和有效保护。为实现可持续开发利用的目的，在开发中，要采取行之有效的措施，建立资源利用中心的高效低耗体系，要积极推广应用高新技术与设施，提高地热开发的科技含量，发展节约型、效益型的开发利用模式，努力提高地热利用率，减少资源浪费，使地热创造更大的社会、环境、经济效益。

地热资源的开发利用可能产生的环境问题是多方面的，主要有水污染、热污染、空气污染、土壤污染、地面沉降等。地热开发利用过程中，必然向大气和水体排放大量的热量，造成周围的空气或水体温度上升，影响了周围环境和生物的存活生长，破坏了水体的生态平衡；地热资源的开发利用过程中，热流体中所含的各种有害气体和悬浮物将排入大气中，造成空气污染；含盐量较高的地热水排入农田将侵蚀土地、破坏植被，会造成严重的土壤板结和盐碱化，同时地热水中，不同程度的含有氡、铀及钍等放射性元素，对人体健康有不同程度的危害；长期地热流体开采而不回灌，将导致地面的沉降和水平位移。所以，地热开发利用过程中引起的环境问题是不容忽视的，对于这些问题我们只要正确认识，给予必要的重视，且积极、认真的研究，采取各种有效的技术措施，严格监测和防治，是可以解决和控制的。

虽然地热在发展中遇到了一些问题，但是地热能的前景也是很光明的。据2005年土耳其世界地热大会统计，2004年全球直接利用地热能达72 622吉瓦时，比2000年增长了40 %。按用途划分，热泵占33 %，洗浴游泳和疗养占29 %，供暖占20 %，温室占7.5 %，工业占4 %，养殖占4 %，其他用途2.5 %。2004年全球直接利用的地热能相当于每年节约了11 232亿桶，即1 840万吨石油；同时，减少CO_2排放量5 933万吨，社会、经济及环境效益显著。

我国地热能的发展预测：根据我国地热开发利用现状、资源潜力评估和国家、地区经济发展预测，地热产业将目标任务规划为初期、中期、远期三个阶段。

初期目标与任务：第一，高温地热发电主要在羊八井地热电站，对现有地热发电装备进行完善、优化。第二，地热采暖达到950万平方米，主要在京津地区、京九沿线的山东西部、松辽盆地的大庆地区，完善、优化已有地热供热工程，选点建立示范区。

中期目标与任务：第一，高温地热发电装机达到40～50兆瓦，主要在西藏羊八井开发利用已有深部高温热储，积极建设西藏羊易地热电站；在滇西腾冲高温地热田力争完成250℃以上1～2口地热生产井施工，发电潜力12兆瓦以上。第二，地热采暖达到1 500万平方米主要在京津冀，京九沿线的山东西部、松辽盆地的大庆地区，建立地热示范区。单井地热采暖达10万～15万平方米，单个地热采暖区50万～100万平方米。在已开发的地热田建立生产回灌系统。

长期目标与任务：第一，高温地热发电装机达到75兆～100兆瓦，主要藏滇高温地热勘探开发200～250℃以上深部热储。力争单井地热发电潜力达到10兆瓦以上，单机发电10兆瓦以上。第二，地热采暖达到2 200万～2 500万平方米，主要在北方京津冀地区、环渤海经济区、京九产业带、东北松辽盆地、陕中盆地、宁夏银川平原地区发展地热采暖、地热高科技农业，建立地热示范区。单井地热采暖工程力争达到15万平方米。

随着石油、天然气和煤炭资源的可采储量日益减少及价格不断上涨，世界各国皆加大了地热能这一绿色可再生能源的勘查和开发利用力度。在资源匮乏的今天，地热能已成为代替常规能源的稳定能源之一。总之，地热能由于其可再生性，且蕴藏量大，使用过程不会对地球环境产生危害，长远来看，它必将可以作为煤炭、天然气和核能的最佳替代能源之一。地热能利用技术的发展将会给人类以新的生机，使人类摒弃传统的破坏环境的发展方式，还地球以绿色。

9　海洋能——在汹涌澎湃中探索能量

从人造卫星上看地球，地球就是个蔚蓝的大圆球。地球的表面71％都被广阔的海洋所占据，所以我们经常听到有人说“地球应该叫水球”。海洋是地球生命的摇篮，是人类生存与发展的重要空间。自有人类以来，认识海洋、征服海洋、利用海洋等活动就从未停止过。在古代，人们认为大海中住着海龙王，居住在华丽无比的水晶宫里。它神通广大，能翻手为云，覆手为雨，高兴时，能给人们带来风调雨顺、五谷丰登的幸福和欢乐；一旦被触怒，就会倒海翻江，给人们带来巨大的灾难。所以，人们总是虔诚地祈祷与敬奉它，将自己的美好愿望寄托于海龙王。随着科学的发展，海洋的真实面貌和许多奥秘已逐渐被人们所认识和揭示，被古人视为神秘莫测的大海已不再是天堑阻隔，人类越来越有能力驾驭大海，让大海为自己服务。一望无际的汪洋大海，不仅为人类提供航运、水产和丰富的矿藏，而且还蕴藏着巨大的能量。打开这个资源宝库，必然造福人类。这一章我们就来看看，人们都从汹涌澎湃的大海中，挖掘出了哪些可以利用的能量？

9.1　汹涌澎湃话海洋

地球上海洋的面积要远比陆地面积大的多，地球表面总面积约为 5.1×10^8 平方千米，其中陆地表面积为 1.49×10^8 平方千米，占29%；海洋面积达 3.61×10^8 平方千米，占71%，根据这一比例，把地球称为“水球”更加贴切，如图9－1所示。地球上的海洋是非常深的，以海平面计，全部陆地的平均海拔约为840米，而海洋的平均深度却为3 800米，在海洋最深的地方，即使把地球上最高的喜马拉雅山倒装到里面，也够不到海底。那么广而深的海洋，能容纳的海水也是相当多的，整个海水的容积多达 1.37×10^9 平方千米。太阳到达地球的能量大部分落在海洋上空和海水中，部分转化为各种形式的海洋能。

一望无际的汪洋大海，时而平静，时而波涛汹涌，其中蕴藏着有无穷无尽的财富，是一个巨大的蓝色资源宝库，像一个蓝色钻石一样镶嵌在地球表面。我们来看一下海底到底有多少种可以利用的资源吧。

图 9－1　地球表面汹涌澎湃的海洋

9.1.1　海底动植物资源

海洋里有着丰富的生物资源。据调查，海洋中生物的资源是地球上生物资源的 4 倍，海洋中的动植物多达几十万种，仅鱼类就有 25 000 多种，可以想一下，我们对其中的鱼类又认识多少呢？你会发现，我们知道的鱼类和海洋鱼类总量比起来，真是九牛一毛。此外，海洋中很多动植物还可作为提炼蛋白质和抗生素药物的生物，这些生物达 30 多万种。我们在药店中所见到的鱼肝油和胰岛素等药物就来自海洋生物。海洋还有丰富的可供食用的水产资源，在不破坏生态平衡的情况下，每年可以开发 30 多亿吨。目前人类每年的捕捞量仅为 7 000 万～9 000 万吨，还不到其中的 1/30。

9.1.2　海洋矿产

科学家们已经发现，海水中蕴藏着 80 多种矿产资源，包括金、银、铜、铁、铝、钨、汞、锑、氧、镁、溴、碘、铷、铯、镍、铀、锶等，可以这么说，只要陆地上有的矿物资源，大海底下也有。科学家估计，仅海底蕴藏的铜矿就够全世界用 6 000 年，镍够用 15 万年，铝够用 2 万年。在太平洋底和红海附近海底，人们还发现了一种极有价值的金属软泥（铜矿砂），它的储量约有1万亿吨，够人类用上数千年。近年来，人们还探明了各大洋底蕴含着大量的金属结核矿，达40余种，其中，锰结核矿的储量就有15亿吨，仅太平洋就有1万多亿吨，比陆地上的储量要高出千百倍。这种“未来的资源”，将成为人类共同的财富。

9.1.3 海底石油、煤、天然气

在海底，人们还发现了大量的石油、煤、硫黄和天然气。据估计，整个地球上的石油总储量约为3000亿吨，其中900亿吨埋藏在海底，仅大陆架的石油蕴藏量就达1000多亿桶。到目前为止，已有100多个国家和地区开展了大陆架石油勘探与开采，已发现了500多个油气田。现在，海底石油产量已占世界石油总产量的30%左右，估计到本世纪末，它将同陆地产量并驾齐驱。海底的煤资源也极为丰富。目前，日本的煤产量有30%来自海底，加拿大为40%，而智利则高达80%。此外，海洋中蕴含丰富的盐分，如果把海洋中的食盐全部提炼出来，用它平铺在陆地上，地面将会增高近百米，可见海洋中食盐蕴含量之大。

9.1.4 海洋是地球的大空调

如果把地球看成一个村庄或一个大城市的居民小区，海洋就是它的中央空气调节器。太阳能辐射到地球，80%以上被地球表面吸收，不到20%反射到空中。海洋面积大，海水吸收热量的能力强，储存热量的能力大。到达地球的大部分太阳能被海洋吸收并储存起来，海洋成为地球上巨大的热能仓库。而陆地表面吸收太阳热量的能力差，吸收来的热量大多集中在地球表层很浅的地方，白天热得快，夜晚也凉得快。这样一来，地球热量的稳定性就主要由海洋来调节。海洋通过海水温度的升降和海流的循环以及与大气的相互作用影响地球气候变化。

海洋不仅通过大气调节地球气候，还能够通过海洋浮游植物的光合作用调节地球气候，这些浮游植物经过光合作用，向地球大气提供40%的再生氧气。另外60%的再生氧气是森林和其他地表植物提供的。因此，人们把海洋与森林并称为地球的两叶肺。不过，地球的这两叶肺与动物肺的功能是相反的，前者吸入二氧化碳，呼出新鲜氧气。

9.1.5 海洋蕴藏能量

波涛汹涌的海洋，还蕴藏着巨大的能量，仅全世界海洋中涨落的潮汐能就约有10亿千瓦，我国沿海的潮汐能约有1.9亿千瓦。此外，还有海流能、波浪能、海水温差能等，人们称之为“蓝色的煤海”。

综上我们可以看出，海洋中资源无限，是个名副其实的巨大宝库，等待人类去开发。在本书接下来的内容中，我们要重点介绍一下如何让海洋中的能量为人类服务。

9.2 海洋能量宝库探密

通过上一节的介绍，我们知道汹涌澎湃的海洋不仅为人类提供航运、水产和丰富的矿藏，而且还蕴藏着巨大的能量，我们给这些能量起个统一的名字为“海洋能”。海洋能是指依附在海水中的可再生能源，包括：潮汐能、波浪能、海洋温差能、海流能和海洋盐差能等，其中潮汐能与潮流能来源于月球和太阳的引力，其他海洋能均来源于太阳辐射。

海水温差能是热能，潮汐、海流、波浪能都是机械能，河口水域的海水盐度差能是化学能。可见，各种能量涉及的物理过程、开发技术及开发利用程度等方面存在很大差异。全球海洋能的可再生量很大，上述五种海洋能理论上可再生的总量为766亿千瓦。

海洋通过各种物理过程接收、储存和散发能量，这些能量以潮汐、波浪、温度差、盐度梯度、海流等形式存在于海洋之中。下面分别予以说明。

9.2.1 汹涌的潮汐——潮汐能

凡是到过海边的人们，都会看到海水有一种周期性的涨落现象：到了一定时间，海水推波助澜，迅猛上涨，达到高潮；过后一些时间，上涨的海水又自行退去，留下一片沙滩，出现低潮。如此循环重复，永不停息。海水的这种运动现象就是潮汐，这汹涌的潮汐中蕴含着的能量就是潮汐能。

潮汐能的形成是地球、月亮、太阳相互之间引力作用的结果，是地球旋转所产生的能量通过太阳和月亮的引力作用而传递给海洋的，并由长周期波储存的能量，潮汐的能量与潮差大小和潮量成正比。与太阳相比，月球离地球更近，所以月球引力占主要地位，而太阳的引力仅为月球的1/2。主要的潮汐循环有规律地与月球的运动同步，也随着地球－月球－太阳体系的复杂作用而不断变化。由于地球表面的不规则外形而使潮汐变化呈现复杂化。在陆地边缘，由于水深梯度大，潮汐的能量变化剧烈，相当大的能量随之消失。潮汐能在地球上的浅海、海湾及河口区传播时，会遇到海沟、岩石等，将近1/3的潮汐能都消耗在这些地区内。全世界海洋的潮汐能约有 3×10^{6} 千瓦·时。若用这些潮汐能来发电，年发电量可达 1.2×10^{12} 千瓦·时。我国潮汐能蕴藏量丰富，约 1.1×10^{5} 兆瓦，年发电量近 9×10^{10} 兆瓦。

9.2.2 翻滚的海浪——波浪能

波浪能的形成主要是由地球上风的作用产生的，波浪有很快的速度，因而具有动能，波浪又有一定的高度，因而具有重力势能，波浪的能量与波高的平方和波动水域面积成正比。波浪能是海洋能中能量最不稳定的一种能源。波浪对1米长的海岸线所做的功，每年约为100兆瓦。全球海洋的波浪能大约为 7×10^{7} 兆瓦，可供开发利用的波浪能为 $2\times10^{6}\sim3\times10^{6}$ 兆瓦，每年发电量可达 9×10^{13} 千瓦·时，其中我国波浪能约有 7×10^{4} 兆瓦。

9.2.3 潜伏的温差——海水温差能

海洋温差能又称海洋热能。在热带和亚热带海区，由于太阳的照射，使海水表面吸收大量的热，温度升高，而在海面以下40米内，90%的太阳能被吸收，而40米水深以下的海水温度很低。热带海区的表层水温高达25～30℃，而深层海水的温度只有5℃左右，两者之间的温差达20℃以上，这就为发电提供了一个总量巨大且比较稳定的能源。海水温差能与温差的大小和水量成正比。据估计，世界海洋的温差能达 5×10^{7} 兆瓦，而可能转换为电能的海水温差能仅为 2×10^{6} 兆瓦。我国南海地处热带、亚热带，可利用的海洋温差能约有 1.5×10^{5} 兆瓦。

9.2.4 奔腾的海流——海流能

海流能是指海水流动的动能，主要是指海底水道或海峡中较为稳定的流动，以及由于潮汐导致的有规律的海水流动。海流的能量与流速平方和流量成正比。相对于波浪能而言，海流能的变化要平稳且有规律。潮流能随潮汐的涨落每天两次改变大小和方向。世界上可利用的海流能约 5×10^4 兆瓦。我国沿海的潮流能丰富，蕴藏量约为 3×10^4 兆瓦。

9.2.5 神奇的盐差——海洋盐差能

盐差能是指海水和淡水之间或两种含盐浓度不同的海水之间的化学电位差能。它主要存在于江河入海口水域，由于淡水与海水间有盐度差，若隔以半透膜，淡水向海水一侧渗透可产生渗透压力，促使水从浓度低的一侧向另一侧渗透，使浓度高的一侧水位升高，直至膜两侧的含盐量相等为止。盐差能与压力差和渗透流量成正比。盐能差是海洋能中能量密度最大的一种可再生能源，世界海洋可利用的盐度差能约为 2.6×10^6 兆瓦。我国盐度差能的蕴藏量约为 1.1×10^5 兆瓦。

9.2.6 海洋能的特点

上述几种类型的海洋能具有下列共同特点：

（1）可再生性。海洋能来源于太阳辐射能以及天体间的万有引力，只要太阳、月亮等天体与地球共存，海水就会产生周而复始的潮汐、海流和波浪等运动，海水受太阳照射总要产生温差，江河入海口永远会形成盐度差。

（2）能流分布不均、密度低。尽管在海洋总水体中蕴藏着丰富的海洋能，但单位体积、单位面积、单位长度拥有的能量较小，特别是在不同地理位置和海拔的水域里能流差别较大。

（3）能量不稳定。海水温差能、盐差能及海流能变化缓慢，潮汐能和海流能进行着周期性变化，波浪能则具有明显的随机性，但这些海洋能都存在着不稳定的变化因素，导致能量不稳定。

（4）海洋能开发对环境无污染，属于清洁能源。

经过以上介绍，我们可以感受到，与常见的煤、石油、天然气等能源相比，海洋能的强度要低。海水温差小，海面与500～1 000米深层水之间的较大温差仅为20℃左右；潮汐、波浪水位差小，较大潮水位差仅7～10米，较大波高仅3米；潮流、海流速度小，较大流速仅4～7米/秒。即使这样，在可再生能源中，海洋能仍具有可观的能流密度。以波浪能为例，每米海岸线平均波功率在最丰富的海域是50千瓦，一般的也有5～6千瓦。又如潮流能，最高流速为3米/秒的舟山群岛潮流，在一个潮流周期的平均潮流功率达4.5千瓦/米^2。海洋能作为自然能源是随时变化着的，但海洋是个庞大的蓄能库，将太阳能以及派生的风能等以热能、机械能等形式蓄在海水里，不像在陆地和空中那样容易散失。海水温差、盐度差和海流24小时不间断，昼夜波动小，只稍有季节性的变化。潮汐、潮流则做恒定的周期性变化，据现在科技水平，人们是可以对大潮、小潮、涨潮、落潮、潮位、潮速、方向做出准确预测的。海浪是海洋中最不稳定的，有季节性、周期性，而且相邻周期也是变化的。但海浪是风浪和涌浪的总和，其中涌浪源自远处的风或已经过去的风带来的海水波动，它们不像太阳能和风能那样容易骤起骤止和受局部气象的影响。总的来说，海洋能还是有广阔的应用前景的。

9.3 潮涨潮落显奇能——潮汐能发电

在海湾或河口，可见到海水或江水每天有两次的涨落现象，早上的称为潮，晚上的称为汐。如图9－2所示。这种现象主要是由月球、太阳的引潮力以及地球自转效应所造成的。我们都知道著名的钱塘江大潮，它就属于较大规模的一种潮汐现象。

通过上面的介绍，我们已经了解到，由于引潮力的作用，使海水不断地涨潮、落潮。涨潮时，大量海水汹涌而来，具有很大的动能；同时，水位逐渐升高，动能转化为势能。落潮时，海水奔腾而归，水位陆续下降，势能又转化为动能。海水在涨潮和落潮时所具有的动能和势能统称为潮汐能。潮汐能是一种蕴藏量极大、取之不尽用之不竭、不需开采和运输、洁净无污染的可再生能源。目前

图 9-2　海水的潮涨潮落

潮汐能最成熟的利用形式是潮汐发电。潮汐发电原理如图 9-3 所示。

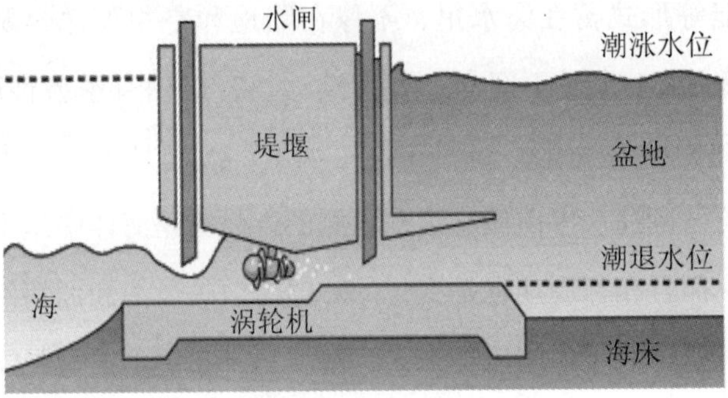

图 9-3　潮汐发电原理

潮汐发电是水力发电的一种。它是利用海湾、河口等有利地形，建筑一座拦水堤坝，形成水库，以便于大量蓄积海水，并在坝中或坝旁放置水轮发电机组，建造水力发电厂房，利用潮汐涨落时海水水位的升降，海水通过水轮机时推动水轮发电机组发电。

从能量的角度说，潮汐发电就是利用海水的势能和动能，通过水轮发电机转化为电能。潮汐发电与普通水力发电原理类似，差别在于海水与河水各自的特点，蓄积的海水落差不大，虽然流量较大，但呈现间歇性，而河水不仅流量较大，而且是连续流动的，这可以驱动水轮机连续地工作。因而潮汐发电的水轮机的结构要具有低水头、大流量的特点。利用潮汐发电必须具备两个物理条件：首先潮汐的幅度必须大，至少要有几米；其次海岸地形必须能储蓄大量海水，并可进行土建工程。

目前，潮汐能发电相关的技术进步极为迅速，人们已开发出多种将潮汐能转变为机械能的机械设备，如螺旋桨式水轮机、轴流式水轮机、开敞环流式水轮机等，日本甚至开始利用人造卫星提供潮流信息资料。利用潮汐能发电技术日趋成熟，逐渐进入大规模实用阶段。

9.3.1 潮汐能发电形式

潮汐发电大体有3种形式：

（1）单库单向发电。在海湾或河口建造一道堤坝和一个水库，涨潮时海水进入水库，落潮时利用水库与海面的潮差推动水轮发电机组。这种形式只能在落潮时发电，它不能连续发电。也有的采用反向形式，即利用涨潮时水流由外海流向水库时发电，落潮时开闸把库水放低。

（2）单库双向发电。该发电方式同样是建造一个水库，只是采用一定的水工布置形式或采用双向水轮发电机组保证电站在涨落潮时都能发电。这种发电形式在涨潮与落潮时均可发电，只是在平潮时不能发电，它大大提高了潮汐能的利用率。广东省东莞市镇口潮汐电站及浙江省温岭市江厦潮汐电站，就是这种形式。

（3）双库双向发电。在有条件的海湾建造两个水库，在涨、落潮过程中两水库的水位始终保持一定的落差，水轮发电机组在两水库之间，使其连续不断地发电。说明白点，它是用两个相邻的水库，使一个水库在涨潮时进水，另一个水库在落潮时放水，这样前一个水库的水位总比后一个水库的水位高，故称前者为上水库，后者为下水库。水轮发电机组放在两水库之间的隔坝内，两水库始终保持着水位差，故可以全天发电。

因此，为了使潮汐电站能够全日连续发电，就必须采用双水库的潮汐电站。由双水库潮汐电站的特点可知，海水潮汐的水位差远低于一般水电站的水位差，所以潮汐电站应采用低水头、大流量的水轮发电机组。目前全贯流式水轮发电机组由于其外形小、重量轻、管道短、效率高已被各潮汐电站广泛采用。

潮汐能发电是海洋能中技术最成熟和利用规模最大的一种。目前全世界潮汐电站的总装机容量为265兆瓦，我国为5.64兆瓦。世界上最大的潮汐发电站是法国朗斯的24万千瓦潮汐电站。世界上第一座潮汐发电站是1913年在德国在北海海岸建立的。我国第一座潮汐发电站是1957年在山东建成的。1980年8月4日我国第一座单库双向式潮汐电站——江厦潮汐试验电站正式发电，装机容量为3 000千瓦，年平均发电1 070万千瓦·时，其规模仅次于法国朗斯潮汐电站，是当时世界第二大潮汐发电站。同时，我国还是世界上建造潮汐电站最多的国家，在20世纪50~70年代，先后建造了近50座潮汐电站。江厦电站是中国最大的潮汐电站，已正常运行近20年。总之，我国的海洋发电技术已有较好的基础和丰富的经验，小型潮汐发电技术基本成熟，已具备开发中型潮汐电站的技术条件。但是现有潮汐电站整体规模和单位容量还很小，单位千瓦造价高于常规水电站，水工建筑物的施工水平还比较落后，水轮发电机组尚未定型标准化。这些均是我国潮汐能开发中存在的问题。其中，关键是中型潮汐电站水轮发电机组技术问题没有完全解决，电站造价亟待降低。

9.3.2 潮汐能发电的优缺点

金无足赤，人无完人。潮汐能发电也有其优点和缺点。以下我们就来全面了解下潮汐能发电的优缺点，在开发中，我们要趋利避害，发挥潮汐能发电的最大优势。

（1）潮汐能发电的优点。

1）潮汐能是一种清洁、不污染环境、不影响生态平衡的可再生能源。潮水每天涨落，周而复始，取之不尽，用之不竭。它完全可以发展成为沿海地区生活、生产和国防需要的重要补充能源。

2）潮汐能是一种相对稳定的可靠能源，很少受气候、水文等自然因素的影响，全年总发电量稳定，不存在丰水期、枯水期的影响。

3）潮汐能发电站不但不需淹没大量农田构建水库，不存在人口迁移、淹没农田等复杂问题，而且可用拦海大坝，促淤围垦大片海涂地，把水产养殖、水利、海洋化工、交通运输结合起来，大力发展综合利用。这对于人多地少、农田非常宝贵的沿海地区，更是个突出的优点。

4）潮汐电站不需筑高水坝，即使发生战争或地震等自然灾害，水坝受到破坏，也不至于对下游城市、农田、人民生命财产等造成严重灾害。

5）潮汐能开发一次能源和二次能源相结合，不用燃料，不受一次能源价格的影响，运行费用低，是一种经济能源。

6）机组台数多，不用设置备用机组。

（2）潮汐能发电的缺点

1）潮差和水头在一天内经常变化，在无特殊调节措施时，出力有间歇性，给用户带来不便。但可按潮汐预报提前制订运行计划，与大电网并网运行，以克服其间歇性。

2）潮汐存在半月变化，潮差可相差两倍，故保证出力、装机的年利用小时数也低。

3）潮汐能发电站建在港湾海口，通常水深坝长，施工、地基处理及防淤等问题较困难。故土建和机电投资大，造价较高。

4）潮汐能发电站是低水头、大流量的发电形式。涨落潮水流方向相反，低水轮机体积大，耗钢量多，进出水建筑物结构复杂。因水轮机长时间浸泡在海水中，海水、海生物对金属结构物和海工建筑物有腐蚀和玷污作用，故需做特殊的防腐和防海生物黏附处理。

5）潮汐变化周期严格来讲不是以天为周期，而是以24小时50分钟为周期，这个时间有个特别的名字叫作一个太阴日。每天潮汐运行周期落后正常的一天约50分钟，所以与按每天给出用电负荷配合时，会出现配合差。

潮汐发电虽然存在以上不足之处，但随着现代技术水平的不断提高，这些技术难题是可以得到解决的。如采用双向或多水库发电、利用抽水蓄能、纳入电网调节等措施，可以弥补第一个缺点；采用现代化浮运沉箱进行施工，可以节约土建投资；应用不锈钢制作机组，选用乙烯树脂系列涂料，再采用阴极保护，可克服海水的腐蚀及海生物的黏附。

潮汐电站除了发电外还有着广阔的综合利用前景，其中最大的效益是围海造田、增加土地，此外还可进行海产养殖以及发展旅游。潮汐发电因其广阔的应用前景已备受世界各国重视。潮汐发电是一项潜力巨大的事业，经过多年来的实践，在工作原理和总体构造上基本成型，可以进入大规模开发利用阶段。

9.4 浪花滚滚——波浪能

俗话说："无风海面三尺浪。"我们经常能见到大海上滚滚的浪花，从能源的角度看，这些浪花包含着一种能量——波浪能。波浪能是海洋能源中蕴藏最丰富的一种，占整个海洋能的 90 % 以上，是潮汐能蕴藏量的几十倍。

从能量角度来讲，波浪能是指海洋表面波浪所具有的动能和势能。波浪能与波高的平方、波浪的运动周期以及迎波面的宽度成正比。波浪能是海洋能源中能量最不稳定的一种能源。波浪能是由风把能量传递给海水而产生的，实质上是海水吸收了风能而形成的。能量传递速率和风速有关，也和风与水相互作用的距离有关。波浪可以用波高、波长和波周期等特征来描述。

波浪能具有能量密度高、分布面广等优点。它是一种取之不竭的可再生清洁能源。尤其是在能源消耗较大的冬季，可利用的波浪能的能量也是最大的。目前研究的波能利用技术大都源于以下几种基本原理：利用物体在波浪作用下的升沉和摇摆运动将波浪能转换为机械能，利用波浪的爬升将波浪能转换成水的势能等。波浪能可以用于发电抽水、供热、海水淡化以及制氢等，其中波浪发电是波浪能利用的主要方式。小功率的波浪能发电，已在导航浮标、灯塔等获得推广应用。我国有广阔的海洋资源，波浪能的理论存储量为 7 000 万千瓦左右，沿海波浪能能流密度为每米 2 ~7 千瓦。在能流密度高的地方，每米海岸线外波浪的能流就足以为 20 个家庭提供照明。可见波浪能发电的储量是巨大的。

波浪能利用的关键是波浪能转换装置。通常波浪能要经过三级转换：第一级为受波体，它将大海的波浪能吸收进来；第二级为中间转换装置，它优化第一级转换，产生出足够稳定的能量；第三级为发电装置，其与其他发电装置结构一致。波浪能发电方式数以千计，按能量中间转换环节主要分为机械式、气动式和液压式三大类。

9.4.1 机械式波浪能发电

机械式波浪能发电是通过传动机构，实现波浪能从往复运动到单向旋转运动的传递来驱动发电机发电的方式（图9－4）。采用齿条、齿轮和齿轮机构的机械式装置。这种发电方式是在大海中装一个浮子，齿条连在浮子上。随着波浪的起伏，浮子上下浮动，齿条跟浮子一起升降，驱动与之啮合的左右两只齿轮做往复旋转。齿轮各自以齿轮机构与轴相连。齿条上升，左齿轮驱动其轴做逆时针旋转运动，右齿轮则顺时针空转。通过后面一级齿轮的传动，驱动发电机顺时针旋转发电。机械式装置多是早期的设计，往往结构笨重，可靠性差，未获实用。

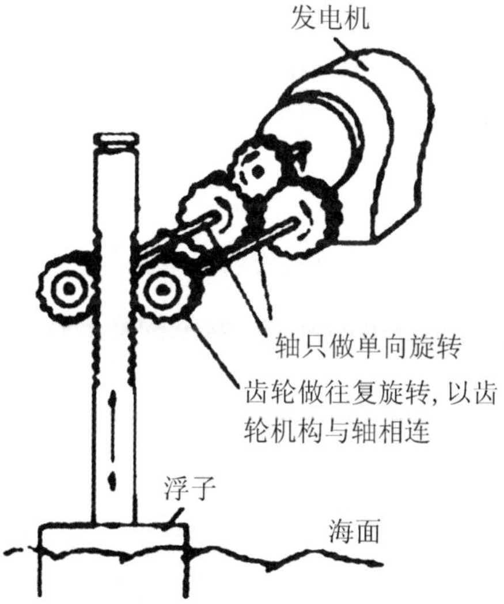

图9－4　机械式装置简图

9.4.2　气动式波浪能发电

这种发电方式实际上不是波浪本身去推动发电机运转，而是通过空气来实现的。其原理主要是将波浪能转换为压缩空气来驱动空气透平发电机发电。如图9－5a所示，当波浪上升时，波浪将空气室中的空气顶上去，被压空气穿过正压水阀室进入正压气缸，并驱动发电机轴伸端上的空气透平使发电机发电；如图9－5b所示，当波浪落下时，空气室内形成负压，大气中的空气被吸入气缸并驱动发电机另一轴伸端上的空气透平使发电机发电，其旋转方向不变。

气动式装置使缓慢的波浪运动转换为汽轮机的高速旋转运动，机组缩小，且主要部件不和海水接触，提高了可靠性。

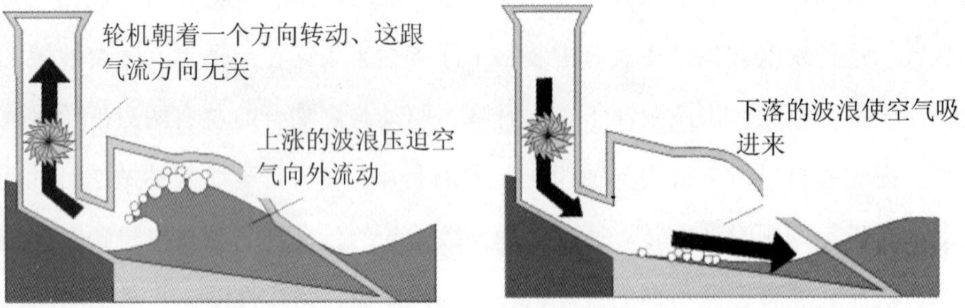

a. 浪奔　　b. 浪流

图9-5　波浪能发电原理示意图

9.4.3　液压式波浪能发电

通过某种泵液装置将波浪能转换为液体（油或海水）的压力能或位能，再由油压泵或水轮机驱动发电机发电的方式。常见的是“点头鸭”液压式波浪能发电装置，如图9-6所示。

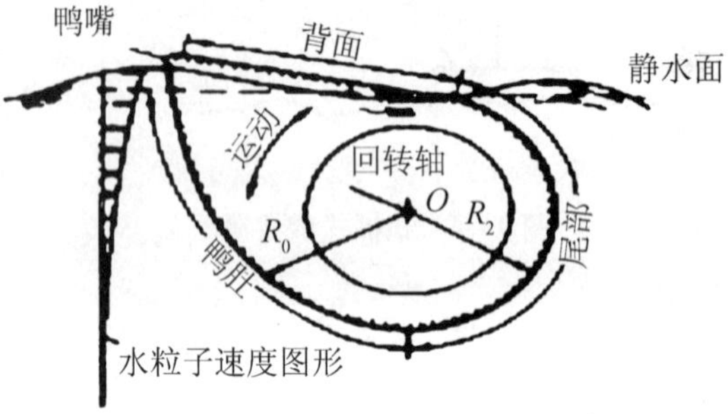

图9-6　“点头鸭”液压式装置简图

“点头鸭”液压式波浪能发电，工作过程像一只鸭子在点头一样，波浪运动产生的流体压力使靠近鸭嘴的浮动前体升沉并绕相对固定的回转轴往复旋转，驱动油压泵工作，将波浪能转换为油的压能，经油压系统输送，再驱动油压发电机组发电。点头鸭装置有较高的波浪能转换效率，但结构复杂，海上工作安全性差，未获实用。

我们常说“你就像大海中的一盏明灯，指引着我前进的方向”。可见，在茫茫大海上，一盏指示灯有着多么重要的意义，要是能有像陆地上的红绿灯一样的指示灯就好了。这个问题已经成功地由波浪能发电技术解决了。波浪能发电技术应用的一个成功地装置叫航标灯，如图9-7所示。20世纪60年代，日本首先研制成功航标灯用波能发电装置，目前该装置已经商品化，在沿海海域航标和大型灯船上推广应用。

图9-7 波能发电航标灯

波浪能发电技术兴起于20世纪80年代初，西方海洋大国利用新技术优势纷纷展开实验。我国波浪能发电技术研究始于20世纪70年代。我国波浪发电虽起步较晚，但发展很快，目前我国是世界上主要的波能研究开发国家之一，其中微型波发电技术已经成熟，小型岸式波力发电技术已进入世界先进行列。从80年代初开始，我国主要对固定式和漂浮式振荡水柱波能装置以及摆式波能装置等进行研究。1985年中国科学院广州能源研究所开发并成功制作了利用对称翼透平的航标灯，这种航标灯所需的电能就是用波浪发电装置产生的。经过十多年的发展，已有60~450瓦的多种型号产品并多次改进，目前已累计生产了600多台，在中国沿海使用，并出口到日本等国家。

大规模波浪能发电的成本还难与常规能源发电竞争，但特殊用途的小功率波浪能发电，已在导航灯浮标、灯桩、灯塔等上获得推广应用。在偏远海岛，小型波浪能发电已可与柴油发电机组发电竞争。值得一提的是，若在海岸边排列几艘大型的波浪能发电装置，不仅可利用波浪发电，而且还可将它们当作防波堤，起消波作用。今后，科学家们会进一步研究新型装置，以提高波浪能转换效率。研究在离大陆较远、波浪能丰富的海域利用工厂船就地发电、就地生产能量密集的产品，如电解海水制氢、氨及电解制铝、提铀等，对提高波浪能发电的经济效益有着深远意义。预计随着化石能源资源的日趋枯竭，波浪能发电将在波浪能丰富的国家逐步占有一席之地。

9.5 海洋热电站——海洋温差能

海水表面的温度和海水深处的温度是有高有低的，海洋不同水层之间的温差很大，一般表层水温度比深层或底层水高得多。我们都知道热量会从高温处向低温处传递，同样，在表层海水和深层海水之间水温差作用下，也会发生热量的传递，这种热量学名叫作海洋温差能，它以热能的形式存在，是海洋能的一种重要形式。海洋表面海水吸收太阳的辐射能，把大部分的太阳能转化为海水的热能储存在海洋的上层。另一方面，接近冰点的海水在不到 1 000 米的深处，大面积从极地缓慢地流向赤道。这样，就在许多热带或亚热带海域终年形成 20℃ 以上的垂直海水温差，利用海水的这一温度差可以实现热力循环并发电，其被称为海洋温差能发电，其原理如图 9－8 所示。

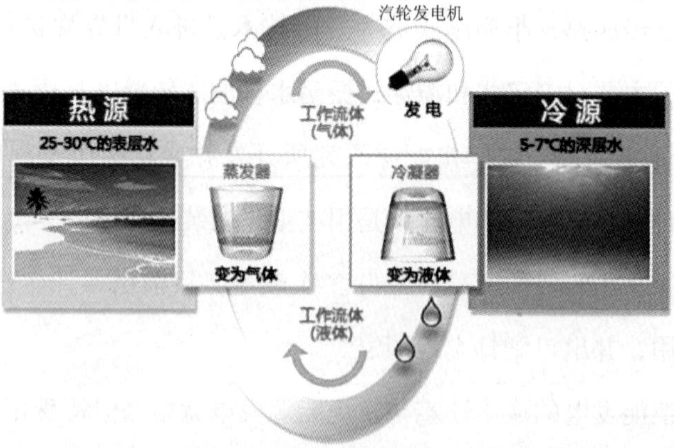

图 9－8　海洋温差能发电原理示意图

首次提出利用海水温差发电设想的是法国物理学家阿松瓦尔。1926 年，阿松瓦尔的学生克劳德试验成功海水温差发电。1930 年，克劳德在古巴海滨建造了世界上第一座海水温差发电站，获得了 10 千瓦的功率。1979 年，美国在夏威夷的一艘海军驳船上安装了一座海水温差发电试验台，发电功率达 53.6 千瓦。1981 年，日本在南太平洋的瑙鲁岛建成了一座 100 千瓦的海水温差发电装置，1990 年又在鹿儿岛建起了一座兆瓦级的同类电站。

海洋温差能发电原理如下：深层低温海水由冷水泵通过冷水管抽入冷水工作管道，表层温水由温水泵通过温水管抽入温水工作管道。温水通过管道流经充满氨水的蒸发器将氨水加热为氨气，氨气通过工作管道被输送到涡轮机并带动涡轮机运转，涡轮机带动发电机发电。从涡轮机出来的氨气沿工作管道被输送到冷凝器，深层冷海水流经冷凝器将氨气转换为氨水。氨水由工作流体泵被继续输送到蒸发器，冷水与温水被排水管排回海洋。如此反复循环，以达到利用海洋温差能的目的。

温差发电是海洋温差能利用的主要方式。按照工质及流程的不同，海洋温差发电的工作方式可分为有闭式循环和开式循环。两种循环方式各有优缺点。

9.5.1 开式循环

当温海水进入热交换器（蒸发器）加热氨等低沸点工质，使之蒸发，产生绝对压力约 2.4 千帕的蒸汽。该蒸汽膨胀后，驱动低压汽轮机转动，产生动力。该动力驱动发电机产生电力。做功后的蒸汽经冷海水降温而冷凝，减小了汽轮机背后的压力，同时生成淡水。开式温差发电原理如图 9－9 所示。开式循环过程中要消耗大量的能量：在温海水进入真空室前，需要开动真空泵将温海水中的气体除去，造成真空室真空；在淡水生成之后，需要用泵将淡水排出系统；冷却的冷海水需要从深海抽取。这些都需要从系统产生的动力中扣除。当系统存在效率不高、损耗过大、密封性不好等问题时，就会造成产能下降或耗能增加，系统扣除耗能之后产生的净能量就会下降，甚至为负值。因此，降低流动中的损耗，提高密封性，提高每个泵的工作效率，提高换热器的效率，就成为系统成败的关键。

开式循环的优点在于产生电力的同时还产生淡水；缺点是用海水作为工质，沸点高，汽轮机工作压力低，导致汽轮机尺寸大（直径约 5 米），机械能损耗大，

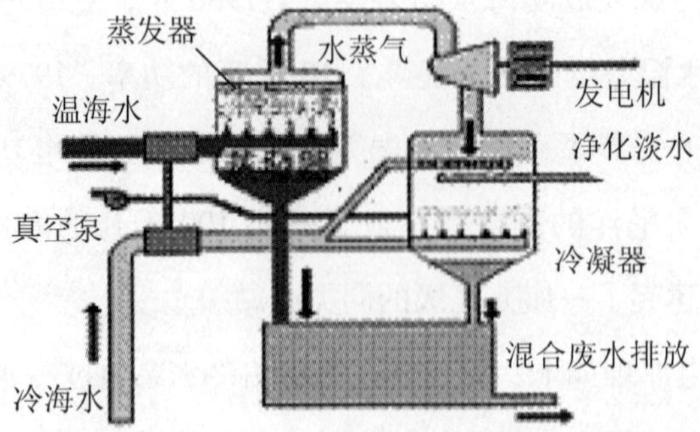

图9－9　开式温差发电原理

单位功率的材料占用大，施工困难等。目前世界上净输出最大的开式循环温差能发电系统是1993年5月在美国夏威夷研建的系统，净输出功率达50千瓦，打破了日本在1982年建造的40千瓦净输出功率的开式循环温差能发电记录。

9.5.2　闭式循环

在闭式循环中，温海水通过热交换器（蒸发器）加热氨等低沸点工质，使之蒸发。工质蒸发产生的不饱和蒸汽膨胀，驱动汽轮机，产生动力。闭式温差发电原理如图9－10所示。该动力驱动发电机产生电力。做功后的蒸汽进入另一个热交换器，由冷海水降温而冷凝，减小了汽轮机背后的压力。冷凝后的工质被泵送至蒸发器开始下一循环。闭式循环的优点在于工质的沸点低，故在温海水的温度下可以在较高的压力下蒸发，又可以在比较低的压力下冷凝，提高了汽轮机的压差，减小了汽轮机的尺寸，降低了机械损耗，提高了系统转换效率；缺点是不能在发电的同时获得淡水。从耗能来说，闭式系统与开式系统相比，冷海水和温海水流动上所需的能耗是一致的，不一致的是工质流动的能耗以及汽轮机的机械能耗，闭式系统在这两部分的能耗低于开式系统。

无论是开式循环还是闭式循环，都类似于常规热电站的工作方式，不同的是海洋温差发电工作温度低些，所需热量来源于海水而不是燃料燃烧产生的热能。海洋温差能发电与潮汐能和波浪能发电不同之处在于它可提供稳定的电力。为使海洋温差发电实现大规模商业化应用，目前各国正致力于相关技术难题的攻关。

海水温差发电涉及耐压、绝热、防腐材料、热能利用效率等诸多问题，目前

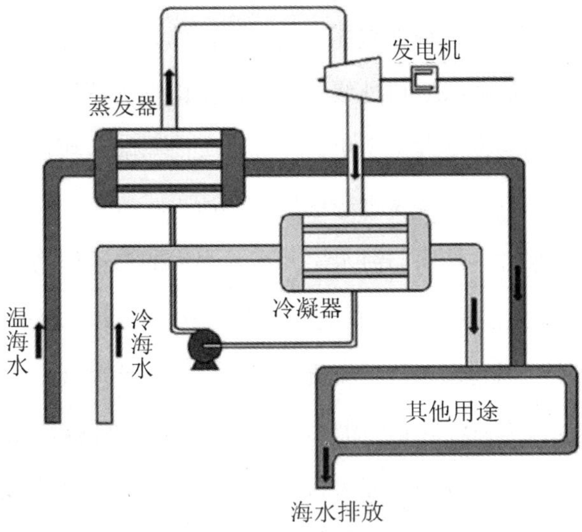

图 9－10 闭式温差发电原理

各国仍在积极探索中。出于对地理因素影响与经济效益的考虑，世界各国对于温差发电的推动尚无出色的成绩。我国地理环境适合，在提倡利用可再生能源的今天，对于温差发电的相关研究工作，国家应该给予更多的支持。

我国是国际公认的最有开发海洋温差发电潜力的地区之一。台湾东部面临太平洋，沿岸陡降，离岸不远处水深即可达 1 000 米，海水温差经年维持在 20℃以上，且有黑潮暖流通过，有利于温差的提高。我国东部海域蕴藏着 3 000 兆瓦的海洋温差能源尚待开发。

9.6 神奇的盐差能发电

当河流奔腾入海时，由于河水与海水所含盐分浓度的不同，海洋较咸，含盐量大，河流较淡，含盐量小，从而会促使“河流淡水”与“海洋咸水”发生由低浓度的液体流向高浓度的液体的物理渗透反应，从而产生巨大的海水渗透压，这种压力称为海洋盐差能，它能推动涡轮机进行大功率发电。海洋盐差能能量密度较高，盐差能主要在江河入海口附近沿岸。

海水渗透发电技术的原理是：利用液体的渗透性发电，即利用浓溶液扩散到稀溶液所释放出来的能量发电。这种新能源既不产生垃圾，也没有二氧化碳排放，更不受天气影响，可以说盐差能是高度清洁的，而且它是取之不尽、用之不竭的。人们可以在河流的入海口处修建这样的发电站，特别是在盐分浓度更高的水域中，渗透发电站的发电效果会更好。我国大海与陆地河口交界水域的盐度差所潜藏的巨大能量一直是科学家理想的发电场所。

从物理学角度来说，淡水与海水之间有着很大的渗透压力差，一般海水含盐度为3％～3.5％，它和河水之间的化学电位差相当于240米水头差的能量密度，如果这个压力差能利用起来，从河流流入海中每立方英尺（1立方英尺＝0.0283立方米）的淡水可发0.65千瓦·时的电。这种水位差可以利用半透膜在盐水和淡水交接处实现。这一过程中，如果盐度不降低的话，产生的渗透压力足可以将盐水水面提高240米，利用这一水位差就可以推动水轮发电机发电。我国目前海水渗透发电技术正处于起步阶段，普及该技术所面临的最大难题就是发电站的建造成本过高，并且缺乏高效廉价的薄膜。目前对盐差能这种新能源的研究还处于实验室实验水平。

海洋盐差能研究利用时间较短，目前还处于初期的原理研究和试验阶段。盐差能发电系统有渗透压式盐差能发电系统、蒸汽压式盐差能发电系统、机械－化学式盐差能发电系统和渗析式盐差能发电系统，但均处于研发阶段，要达到经济性开发目标尚需一定的时间。

9.7 扬帆起航

我国有着丰富的海洋能资源，据估算总蕴藏量为4亿～5亿千瓦。由此可见，开发利用好海洋能将缓解我们巨大的能源需求。众所周知，海洋能是绿色、干净、零污染排放的可再生能源，其开发应用具有广阔的远景。近年来，海洋能已经受到世界各主要海洋国度重视以及广泛地开发应用。

目前许多国家纷纷加快了对海洋能的开发利用研究，海洋能的开发和综合利用已取得明显效益，其规模不断扩大，已达到或接近商业化应用阶段。有专家预计，2020年后，全球海洋能源的利用率将是目前的数百倍。随着我国经济的快速发展，海洋矿产资源开发，尤其近海、深水石油天然气的勘探开发以及海洋工程作业的扩大，能源消耗和需求越来越大。40 年来我国海洋能资源的开发利用取得了一定的发展，尤其是改革开放以来，逐渐在潮汐能、波浪能发电技术的研究和开发利用方面形成了一些较为成熟的技术，具备了一定的开发利用规模。

海洋能的开发对国家有战略意义。我国岛屿众多，跨海供电成本高、可靠性低，而我国地处亚洲大陆东部，邻接太平洋，拥有 18 000 多千米的大陆岸线，有着丰富的海洋能资源，所以开发海洋能给岛屿供电是最佳选择。海洋能技术的开发对企业也有战略意义，对于有志于开发新能源的大型企业，开发海洋能自发电装置可以使平台更独立、依赖性减小，同时，新技术可以作为企业的战略储备。虽然目前化石能源仍占据主导地位，但是当化石能源逐渐枯竭或在海洋能源的研究中某一项技术得到突破，进而成本已不再成为制约海洋能发展的因素时，如果中国拥有足够扎实的技术储备和一支完备的科研队伍，我们就能够在未来的海洋能利用中立于不败之地。因此，海洋能是一项亟待开发利用的具有战略意义的新能源。

有人把海洋称为“蓝色的油田”。由于海洋能的开发利用不污染环境、不占用陆地，取之不尽、用之不竭，从 20 世纪 70 年代石油危机以来受到海洋国家的高度重视，许多国家纷纷把寻找新能源的希望转向海洋。目前，潮汐能、波浪能开发利用技术趋于成熟，已达到或接近商业化应用阶段，而被国际社会公认为最具开发潜力的海洋热能转换技术，近 20 年来也取得了实质性进展。预计在不久，海洋能的开发利用有望获得重大发展，并形成新兴的海洋能源产业。

海洋能资源的开发利用是当代新兴的能源产业。它是在一系列现代科学技术取得辉煌成就的基础上发展起来的一项知识和技术创新工程。加快海洋能资源的科技研究和技术开发，不仅是加速海洋能产业发展，增强经济与社会可持续发展能力的迫切需要，也是一个国家综合国力和科技发展水平的有力显示。我国是一个有丰富海洋能资源的国家，近 20 年来，在经济与社会发展方面取得了举世瞩目的成就，特别是沿海各省（市、区），作为我国改革开放的前沿，已成为我国经济发展最繁荣、最具活力的地区。从需求和可能两方面来讲，这为发展我国海洋能开发利用事业提供了基础和保证。因此，目前重要的是要着眼未来，面向海洋，瞄准国际海洋能科技前沿，加强科技力量和科技研究，从开发及推进成熟技术的产业化做起，切实采取有力措施，迅速把我国海洋能资源开发利用的水平和规模搞上去。相信通过一段时期的努力，我国的海洋能资源开发利用事业将会取得更加光辉的成就。

海洋能被称为“21世纪的绿色能源”，是绿色、干净、零污染排放的可再生能源，具有广阔的应用远景。海洋能资源的开发利用是当代新兴的能源产业，加快海洋能资源利用的科技研发，不仅是加速海洋能产业发展，增强社会经济可持续发展能力的迫切需要，更是一个国家综合国力和科技发展水平的体现。我国拥有丰富的海洋能资源，开发海洋能对沿海地区及海域的经济发展与节能减排工作都具有重要意义。目前，瞄准国际海洋能科技前沿，加强海洋能科技研发，推进海洋能利用成熟技术的产业化，加速我国海洋能资源开发利用水平和规模的发展，已迫在眉睫，我们应积极投身于海洋能的开发利用中。可以预见，随着海洋能利用技术的日益成熟和能源危机日趋严峻，海洋能必将发展为代替常规能源的重要能源之一。相信经过我们的共同努力，我国的海洋能资源开发利用事业必将取得更加辉煌的成就。

10 可燃冰——能源希望之星

有一种储藏在海底及高原冻土层中能燃烧的冰，我们称之为可燃冰，专业名称叫作天然气水合物，它是人类发现的一种新型化石能源，其储量大约是所有常规化石能源（煤炭、石油和天然气）总储量的两倍以上。

“百慕大三角”位于美国佛罗里达半岛南端到波多黎各岛和百慕大群岛之间。百慕大三角的边长各约1 700千米，海域范围相当辽阔，这里是世界上有名的飞机和船舶事故多发区，被世人称为“死亡的陷阱”或“魔鬼三角”。据不完全资料统计，仅20世纪以来就有100多艘船舶、30多架飞机和1 000多人在这个“三角”海区内失踪。尽管每次事故后，有关当局立即派出大量人员赶赴现场进行多方搜索和营救，但结果都是劳而无功，既未找到一具遇难者尸体，也从未发现过一星半点失踪的飞机或船只的残骸，“百慕大三角”成了人类未解之谜。1984年，加拿大科学家唐纳德·戴维森曾提出过一个天然气水合物分解释放大量甲烷气，导致轮船因海水密度降低无法承受轮船的重量而沉没，飞机因尾气引燃甲烷气体而烧毁的假说。当然唐纳德·戴维森的假说并没有得到进一步证实，并且这种假说仍有许多无法解释的困难问题。天然气水合物与“百慕大三角”之谜也未必存在必然联系，但天然气水合物分解能给人类带来灾难却早已被科学家证实。

神奇的可燃冰的本质是什么？它的储量有多大？都分布在哪些区域？其在未来能源体系中有何种地位和作用？如何成功地开采可燃冰，而避免发生各种可能的地质灾害或环境灾难？本章将对这些疑问给出科学的回答。

10.1 黑海着火了

1927年地处欧亚大陆中心黑海南部的克里米亚半岛发生了一次大地震，伴随着怪异的轰轰声，一团耀眼的火苗突然窜出了海面。黑海着火了！火焰直冲云天，熊熊烈火向空中足足延伸了250米，海面出现了一座高达数百米的火焰山，从海面到天际都被染成了血一般可怕的红色！这种地震伴生现象前所未有，俗话说“水火不能相容”，这里水和火居然可以共同存在。到底是何种因素导演了这一诡异神奇的事件？是碳氧风暴？是火山喷发？还是石油泄漏？……黑海地震着火事件成为当时一个难以解释的科学之谜。

2002年的一天夜晚，一支由俄罗斯和乌克兰共同组成的科考队来到了黑海，在幽暗冰冷的海底，队员们借着深海潜艇灯光，忽然在海床岩石上不经意地看到许多怪异的细小气泡（图10－1），检测结果表明，古怪气泡的成分居然与天然气成分完全相同，甲烷含量竟然高达97％，而且会冒气泡的岩石分布范围非常大，在黑海周边海域，几乎随处都能找到它们的踪影。此事一经报道，科学家很快就与1930年在西伯利亚冻土带、1990年在北美墨西哥湾及1995年在日本四国海槽的发现联系在一起，令科考队员不曾想到的是，沉寂多年的黑海地震着火科学之谜也有了科学合理的解释。原来，科学家发现黑海海底蕴藏着大量的天然气水合物矿藏，1927年的地震造成了黑海海底地层的断裂，再加上高温熔岩使得黑海海底冻土带中所蕴含的大量天然气水合物分解，形成大量可燃气体喷发到海面，遇到火山高温熔岩燃烧，形成了黑海海面的火焰山。

10.2 幽幽海底可燃冰

科学家终于解开了黑海燃起熊熊烈火的谜团，原来是天然气水合物从中作怪。其实，人类早在20世纪30年代就已经偶然地发现了天然气水合物的存在。当时，苏联的工程技术人员发现西西伯利亚等地区的天然气输送管道经常莫名其妙地被冰块堵塞。把这种冰块取出之后，发现其与一般的冰块不同，其在融化过

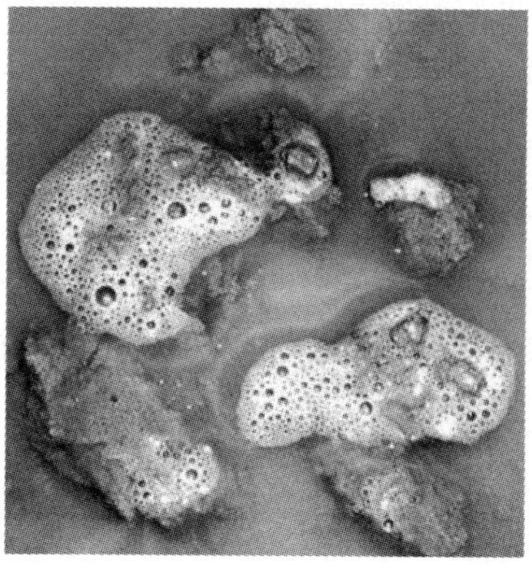

图 10－1 黑海海底冒甲烷气泡的海床

程中会释放出天然气，而且能被点燃和燃烧。学者把这种不同寻常的冰块命名为可燃冰，而且认为这是自然界中未被发现的一种新物质，其对高寒地区天然气的输运会造成不良影响，这也引起了众多学者对这种新物质的分子结构、性质和应用产生了浓厚的研究兴趣。经过长达二十多年的研究，人们发现可燃冰实际上是天然气与水在一定压力和温度下形成的外形类似冰晶的白色笼形络合物，是一种“气体水合物”，其科学的命名应该为“天然气水合物”。

可燃冰是人们对所发现能够燃烧的白色类冰状神奇物质的俗称。目前科学界对可燃冰的定义为天然气水合物，又称为笼形络合物，是在一定的环境条件下（较低的温度、较高的压力、高气体饱和度、低盐度，pH 值约为 7 等）由水和天然气形成的类冰状的、非固定化学计量的、笼形结晶化合物，其主体分子是水分子，客体分子是气体分子。早在 1810 年，英国化学家在伦敦皇家研究院实验室中发现氯气和水能够形成一种非固定化学计量的笼形晶体络合物，并首次提出了“气体水合物”的概念。1823 年，科学家对气体水合物的组分进行了系统研究，认为其组成可由 M_nH_2O 表达，其中 M 表示形成水合物的外来客体气体分子，n 表示每个气体分子为形成一个气体水合物所需要的水分子数目，也称为水合指数。如图 10－2 所示，天然气水合物是依靠主体水分子之间较强的氢键作用，形成一种类似笼状的空间点阵结构，气体分子则充填于点阵结构的晶穴之中，气体分子与水分子之间的作用力是范德华力，所以气体和水之间没有固定的化学计量关系。外来分子尺寸是决定其是否能够形成水合物、形成何种结构气体水合物以及气体水合物组分和稳定性的最重要因素。外来分子太大则无法进入晶穴，太小则范德华力太弱，也无法形成稳定的水合物。组成天然气的气体成分如甲烷、乙烷、丙烷、丁烷等同系物以及二氧化碳、氮气、硫化氢等均可形成单种或多种天然气水合物。形成天然气水合物的主要气体为甲烷，对甲烷分子含量超过99%的天然气水合物通常又称为甲烷水合物。当压力降低、温度升高时，天然气水合物的这种空间点阵结构会被破坏，水合物就会分解成为水和天然气，所以天然气水合物可被点燃和燃烧。

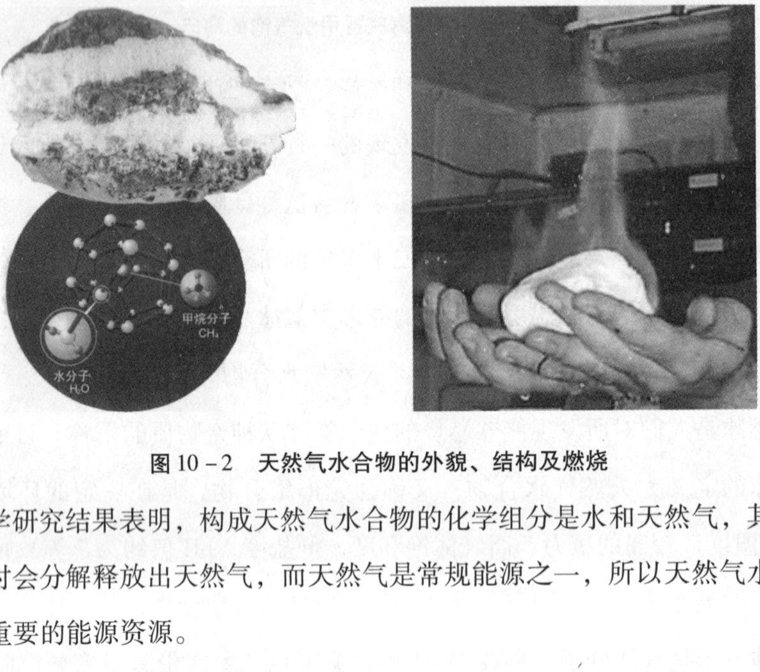

图 10－2　天然气水合物的外貌、结构及燃烧

科学研究结果表明，构成天然气水合物的化学组分是水和天然气，其在减压和升温时会分解释放出天然气，而天然气是常规能源之一，所以天然气水合物也是一种重要的能源资源。

10.3　蒸蒸日上发展路

大量研究表明生成气体水合物需要一定的温度和压力条件，所以科学界大多仍认为水合物只能存在于高寒地区的天然气输送管道和实验室内，水合物在自然条件下不可能存在，也就是说自然界中是不存在能源矿藏形式的天然气水合物。那么自然界中就真的没有天然的天然气水合物矿藏吗？这个答案到1965年才揭晓。

1965年在麦索亚哈油气田、西西伯利亚油气田钻井浅层勘探过程中，工程技术人员发现由钻井开采机械挖掘出冻土层下的土壤中含有大量的白色类冰状晶体。如图 10－3 所示，这种类冰状物质遇明火可燃烧，而且火焰很大。现场技术人员将采集到的样品带回莫斯科后，经过科学家的反复研究，最终确认该物质为天然气水合物，并且初步判定麦索亚哈和西西伯利亚地区冻土层之下埋藏着大量的天然气水合物。这一新能源宝藏的重大发现，在二战之后的冷战时期可谓意义重大，苏联甚至举国欢庆，并于 1970 年开始对该地区天然气水合物矿藏进行试开采。苏联天然气水合物矿藏的发现令美国羡慕不已，经过五年多坚持不懈的努力，1971 年美国科学家在深海钻探岩心中首次发现了天然气水合物，并公布了美国北卡罗来纳沿海海底蕴藏着天然气水合物的大量证据，同时正式提出“天然气水合物”概念。美国的这个发现使人们意识到天然气水合物新能源矿藏的分布不仅仅在陆地，而且在占地球总面积 71 % 的大洋海底也可能埋藏着巨大的天然气水合物矿藏。20 世纪 60 年代，特别是能源危机以来，美国、加拿大、俄罗斯、英国、法国、德国、日本、印度等相继开始了深海钻探计划（DSDP）和大洋钻探计划（ODP），即在世界各大洋与海域内有计划地进行大量的深海钻探和海洋地质地球物理勘查，在多处海底直接或间接地发现了天然气水合物矿藏。

图 10－3 西西伯利亚油气田浅层钻井和祁连山木里煤田 33 号井残余水合物被点燃后燃烧

科学家依靠什么来判定天然气水合物矿藏呢？他们判断天然气水合物矿藏的方法主要有直接识别技术和间接识别技术两种。天然气水合物矿藏可以通过海底或冻土带中底质沉积物取样、钻探取样和深潜考察等方式直接识别，也可以通过拟海底反射层（BSR）、速度和振幅异常结构、地球化学异常、多波速测深与海底电视摄像等多种手段间接识别。大规模的甲烷水合物聚集可以通过高电阻率

（>100 欧·米）、高声波速度、低体积密度等参数进行直接判读。现已证实曾是地质地震研究强有力手段的拟海底反射层（BSR）技术也是间接识别海底天然气水合物的有利工具，常被用来识别天然气水合物的存在，编制水合物分布图，判明天然气水合物层的顶端和底部以及产状，计算水合物层深度、厚度和体积等。另外，浅层沉积物和底层海水中甲烷浓度异常高、浅层沉积物孔隙水氯离子含量（或矿化度）和硫化物含量异常高、出现富含重氮的菱铁矿等也是天然气水合物矿藏的重要标志。

在海洋环境中，水合物富集区烃类气体长年累月的渗漏和逸出，可在海底形成特殊环境和特殊的微地形地貌，形成大量的泄气窗、甲烷气苗、泥火山、麻点状地形、碳酸盐壳、化学合成生物群等。德国基尔大学的科学家曾经在美国俄勒冈州西部大陆边缘海底观测到水合物海台就发现了许多不连续分布、大小在 5 平方厘米左右的水合物泄气窗，甲烷气苗从泄气窗中一股一股地渗出，渗气速度为每分钟 5 升，渗气流的周围有微生物、蛤和碳酸盐壳。乌克兰南部海洋生物研究所辐射生物和化学生物分所所长、生物学博士叶戈罗夫曾乘潜水装置到过黑海西北部海底，亲眼目睹过天然气水合物在地下的奇观，他描述说："在黑海海面 226 米深处的硫化氢区域，我们通过照明装置看到，在平如地板的软泥海底上，坐落着奇异的珊瑚状堆积物，高约 3 米。其中许多物体随着水流方向倾斜，顶端的小孔清晰可见，不时地吐出一个个气泡，在小孔周围有一片片厚厚的死菌层，这就是硫化氢区域，实际上不会有任何生命。我们仔细观察后发现，这些物体里面全都是空的。大量的甲烷从这些物体中释放到水中，甲烷同空气混合在一起会形成危险的爆炸物。"

到目前为止，在世界海域内已有 85 处直接或间接发现了天然气水合物，其中在 22 处钻探岩心中见到天然气水合物，53 处见有天然气水合物的地震标志拟海底反射层（BSR）。天然气水合物的发现历程可见表 10 - 1。

表 10-1 天然气水合物发现历程

年份	内容
1934 年	苏联在天然气输气管道里发现了天然气水合物。由于水合物的形成，输气管道被堵塞。这一发现引起苏联对天然气水合物的重视
1965 年	苏联首次在西西伯利亚永久冻土带中发现天然气水合物矿藏，并引起多国科学家的注意
1970 年	苏联开始对天然气水合物矿藏进行商业开采
1971 年	美国学者在深海钻探岩心中首次发现海洋天然气水合物，并正式提出“天然气水合物”概念
1974 年	苏联在黑海 1950 米水深处发现了天然气水合物的冰状晶体样品
1979 年	国际深海钻探计划（DSDP）第 66 和 67 航次在墨西哥湾实施深海钻探，从海底获得 91.24 米的天然气水合物岩心，首次验证了海底天然气水合物矿藏的存在
1981 年	DSDP 计划利用“格罗玛·挑战者号”钻探船也从海底取上了 3 英尺（1 英尺 = 0.3048 米）长的水合物岩心
1992 年	大洋钻探计划（ODP）第 146 航次在美国俄勒冈州西部大陆边缘海底取得了天然气水合物岩心
1995 年	ODP 第 164 航次在美国东部海域布莱克海台实施了一系列深海钻探，取得了大量水合物岩心，首次证明该矿藏具有商业开发价值
1997 年	DSDP 和 ODP 在 10 个深海地区发现了大规模天然气水合物：秘鲁海沟陆坡、中美洲海沟陆坡（哥斯达黎加、危地马拉、墨西哥）、美国东南大西洋海域、美洲西部太平洋海域、日本的两个海域、阿拉斯加近海和墨西哥湾等海域
1998 年	日本与加拿大合作，在加拿大西北 Mackenzie 三角洲进行了水合物钻探，在 890 ~ 952 米深处获得 37 米水合物岩心。该钻井深 1 150 米，是高纬度地区永冻土带研究气体水合物的第一口井
1999 年	日本在其静冈县御前崎近海挖掘出天然气水合物

续表

年份	内容
2004 年	中德首次发现了我国南海天然气水合物气体“冷泉”喷溢形成的巨型碳酸盐岩，证实了该工作海域陆坡浅表层存在天然气水合物。此次考察还通过海底电视观测和海底电视监视抓斗取样，首次发现了自生碳酸盐岩分布面积约 430 万平方千米的巨大区域
2007 年	中国在南海北部成功钻获天然气水合物样品
2009 年	中国在青藏高原冻土带地区成功开采出天然气水合物样品

10.4 地大物博论储量

虽然地质勘探表明全球有近 90 个地方富含天然气水合物矿藏，但是作为最近发现的新化石能源矿藏，其储量有多少呢？是否具有商业开采价值呢？在未来的能源体系中有何作用呢？这些问题一直是世界各国科研机构和政府部门关注的焦点。2009 年，美国白宫发言人就新能源问题回答记者提问时表示，天然气水合物是近年来在海洋和冻土带发现的新型洁净化石能源，其地质分布与开发可能会影响着未来全球的政治格局和地缘政治局势，美国在这个领域的研究和开发要一直走在世界前列。

根据以往地质勘探结果，天然气水合物资源量巨大，仅次于碳酸盐岩，是全球第二大碳元素储库，其蕴藏着大量的天然气资源。最早对水合物资源量估算的是俄国学者马库冈，他在没有实际样品的情况下，首先发表了估计的天然气水合物资源量。此后的四十多年时间里，随着水合物勘探技术的不断进步，不少学者相继提出了各种计算模型来预测天然气水合物的全球资源量。目前最新的天然气水合物资源量数据是海底天然气水合物中约含有 8.6×10^{16} 千克甲烷，另外，海底沉积层中还有大约 1.6×10^{13} 千克的游离态或溶解于海水的甲烷，全球深度在 2 000米以内的岩石圈浅部所有天然气水合物中所含的甲烷总资源量约为 $1.5\times10^{16}\sim1.75\times10^{16}$ 千克，其热当量相当于全球已探明的煤炭、石油和天然气总热当量的 2 倍以上。这些说明天然气水合物的储存量巨大，是一种待开发的可支撑人类社会发展的新型化石能源。图 10－4 所示天然气水合物中碳含量为全球有机碳总量的 53.27 %，其总量是地球已知化石燃料中碳总量的两倍，即使针对某一个国家，其海域水合物资源量也是巨大的。例如，美国海域天然气水合物资源量初步探明约有 5 663 亿立方米，其蕴含的天然气资源量约有 660 000 亿千克，可满足美国未来数百年的能源需要。

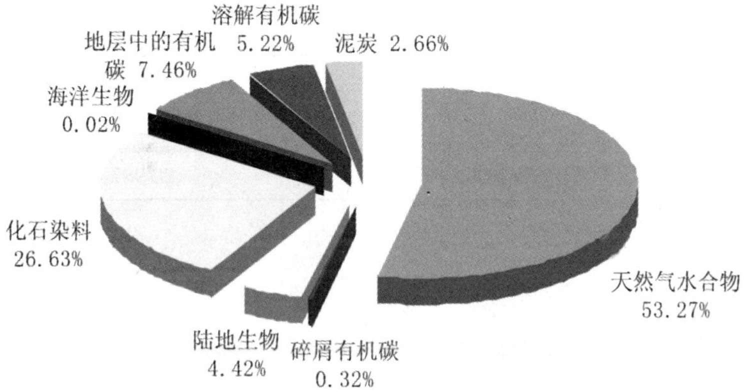

图 10－4 全球有机碳百分比含量图

2005 年 11 月，美国斯隆教授应邀到中国科学院广州能源研究所指导天然气水合物的研究工作，他对全球主要地区的天然气和天然气水合物中所蕴藏的天然气量进行了对比，给出了表 10－2 的数据。由此表可以发现，与常规天然气相比，天然气水合物中蕴涵的天然气量要大的多，如果其能被安全经济地开采出来，可满足未来全球将近 1 000 年的能源需求。如此庞大的资源蕴藏量，使得天然气水合物已成为许多国家关注的热点，天然气水合物也被公认为 21 世纪最具开发潜力新型的化石能源。

表 10－2 全球常规天然气和天然气水合物储量单位：万亿米^2

地区	常规天然气	天然气水合物
北 美	28.7	6 853
拉美及加勒比地区	9.9	5 139
西欧	12.6	856
中东欧	2.4	0

续表

地区	常规天然气	天然气水合物
苏联	59.6	4 711
中东及北非	54.6	214
撒哈拉以南非洲	3.5	429
中国等东亚国家	1.5	429
太平洋经合组织国家	3.2	1 713
其他亚太国家	9.2	214
南亚	2.3	429
合计	187.5	20 987

10.5 揭开面纱现真颜

在大洋海底和陆上冻土带内储量巨大的天然气水合物矿藏究竟如何形成的？形成水合物的天然气究竟来自哪里？人们一定会对这些问题的答案非常好奇，其实这也曾经困扰着广大的科学研究人员。但是也只有彻底解释了这些疑问，才有可能合理高效地开采天然气水合物矿藏。天然气水合物的形成首先需要液体水和气态的天然气，其次需要一定的温度和压力控制条件，其间涉及复杂的物理和化学反应过程，而且海底沉积物、海水的 pH 值、海水含盐种类和浓度等均会影响水合物的形成。科学家通过大量实验模拟了天然气水合物的形成过程，发现水合物的生成机理相当复杂，特别是至今仍未能解释水合物的微观形成机理。

海洋水合物形成所需的水来自于大海，而在深度超过 100 米的海底区域大多满足水合物形成所需温度和压力条件，那么海底富含烃类的天然气究竟来自哪里？科学家认为形成水合物的甲烷等烃类气体一般有三种来源，分别是生物成因、热成因和两种成因的共同作用。生物成因认为海底甲烷类气体多来自于海底生物或有机质的厌氧分解过程。在深海摄像勘探中发现，水合物矿藏附近伴生有大量的蛤、蟹等生物；乌克兰的科学家叶戈罗夫博士在黑海海底的勘探过程中也发现了冒泡甲烷孔附近有大量的死菌层。经过大量的科学反演实验，人们发现海底沉积层中的甲烷类气体可由海底生物死亡后分解产生。热成因认为海底甲烷类气体主要来自于地球内部。地球形成过程中大量的甲烷气体被吸入到其地壳下部的岩石中，由于地球地壳的板块活动，深海沉积层下部的温度升高，使得地壳（甚至地幔）岩层产生化学反应而释放出大量的甲烷类气体。生物成因和热成因则认为海洋底部天然气水合物中的甲烷类气体来源并不单一，而是这两者共同作用的结果。天然气气泡在地壳沉积层孔隙里逐渐生长、链结，最终产生足够的浮动力沿裂隙等地质构造往海底上移，在温度降低而压力又合适的海底区域，水合物便在沉积层中形成。

在深海海水环境下，由于氢氧根和硫酸根等氧化剂的存在，即使温度和压力条件合适，也不一定会存在稳定的天然气水合物矿藏。海洋地质勘探结果表明，当水深小于200米时，不会有天然气水合物矿藏的稳定存在；当水深大于1 000米时，生成的天然气水合物比较稳定；在水深在200～1 000米时，如果该海域沉积物内温度较低，也有可能存在有稳定的水合物矿藏。总的来讲，海洋沉积层内形成天然气水合物矿藏的条件为：第一，海水足够深，有足够的压力使天然气水合物稳定。第二，海底沉积层厚度足够大，能蕴涵大量的甲烷类气体。第三，海底沉积层内有充分的甲烷气来源。第四，海底条件适合保存天然气水合物。以上四点对于天然气水合物矿藏的稳定缺一不可。

从地质学上看，天然气水合物所储存的区域多是新生代沉积物，沉积层内天然气水合物形状有分散状、结核状、团块状和薄层状四种类型。我国南海神狐海域采集出的天然气水合物矿藏样品就是以分散状态胶结尚未固结的泥质沉积物颗粒；在墨西哥湾底部绿色峡谷中勘探采出了直径为5厘米的结核状天然气水合物；在布莱克－白哈马海底山脉发现的水合物晶核则为层状，其分散于沉积物的各薄层中；如图10－5所示，日本海区域采集到的天然气水合物样品为团块状，而马更些三角洲采集到的天然气水合物则是以细脉状、网脉状充填于沉积物的裂隙之中。根据以往的研究，天然气水合物的晶核一旦出现，水合物的生成就非常迅速，德国科学家曾经在海底天然气水合物摄像勘探中有幸见到了水合物快速形成的过程，但海底天然气水合物矿藏的形成可能要持续数百万年以上。

a. 团块状

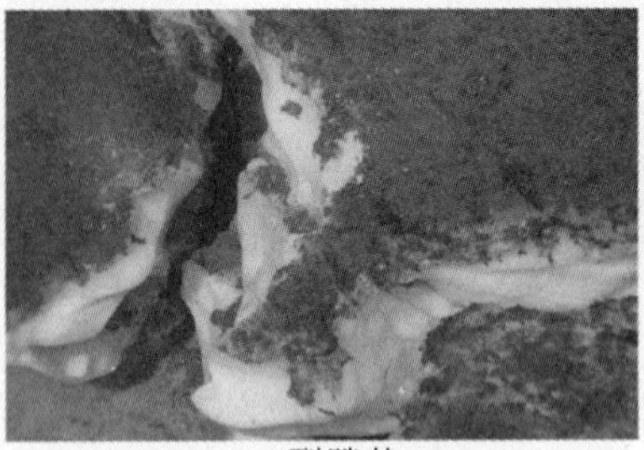

b. 裂隙状

图 10－5　海洋底部的天然气水合物

10.6　天涯海角何处寻

在地球陆地冻土带和海洋底部蕴藏的大量天然气水合物矿藏究竟分布在何处？哪些国家分布最多？我们国家有分布吗？在了解了天然气水合物的地质分布后，这些答案就不言自明了。

天然气水合物形成的苛刻条件也决定了它的特殊分布。地球上大约有 27 % 的陆地是可以形成天然气水合物的潜在地区，而在世界大洋水域中约有 90 % 的面积属于这样的潜在区域。从目前来看，天然气水合物主要分布在地球上两类地区：一类地区是水深为 300～4 000 米的海洋底部，在这里天然气水合物基本是在高压条件下形成的，主要分布于泥质海底，赋存于海底以下 0～1 500 米的松散沉积层中；另一类地区是高纬度大陆地区永冻土带及水深 100～250 米以下极地区域的大陆架海底沉积物中。

根据以往的勘探结果，科学家把天然气水合物矿藏区域标绘在世界地图上，如图 10－6 所示。从全球来看，海洋天然气水合物矿藏占绝对优势。海洋天然气水合物分布于世界各大洋边缘海域的大陆坡、陆隆（深水海台）和海底盆地，以及一些内陆海区域。例如，西太平洋海域的白令海、鄂霍茨克海、千岛海沟、冲绳海槽、日本海、日本四国海槽、日本南海海槽、印度尼西亚苏拉威西海、澳大利亚西北海域及新西兰北岛外海，东太平洋海域的中美海槽、美国北加利福尼亚－俄勒冈岸外海域及秘鲁海槽，大西洋西部海域的美国东海大陆边缘布莱克海台、墨西哥湾、加勒比海及南美东海岸外陆缘海，非洲西海岸岸外海域，印度洋的阿曼海湾，北极的巴伦支海和波弗特海，南极的罗斯海和威德尔海，内陆的黑海和里海等。已有发现说明，海洋天然气水合物主要分布在北半球，且以太平洋边缘海域最多，其次是大西洋。陆坡、陆隆区是形成天然气水合物的最佳地区，这里沉积物较多，有机质丰富，以甲烷为主的烃类气体来源充足，有利于天然气水合物生成。陆地上冻土带中主要有我国青藏高原、祁连山区、挪威的格陵兰岛、俄罗斯的西西伯利亚、北美大陆北极陆地等区域。

图 10－6　天然气水合物在全球分布图

10.7　变幻莫测采掘难

业已探明储量巨大的天然气水合物矿藏是人类目前最大的能源诱惑，是石油、天然气和煤炭资源用尽之后最有可能的潜在能源，如果能被安全开采出来，就可能解决人类未来近 1000 年的能源需求。人类目前有能力开采这个能源宝藏吗？真的很遗憾，虽然科学家一直在努力，但是仍未找到合理经济的天然气水合物矿藏开采方法。

天然气水合物是不同于常规油气的新型能源矿藏，它仅在低温和高压状态下是稳定的，而且同自然环境处于十分敏感的动态平衡之中，环境变化往往导致天然气水合物的失稳和分解，要开采天然气水合物矿藏，人类还面临着许多新问题，甚至是潜在的灾难性危害（图 10－7）。

首先，造成温室效应。天然气水合物中所含的气体中有 80％～99％是甲烷，

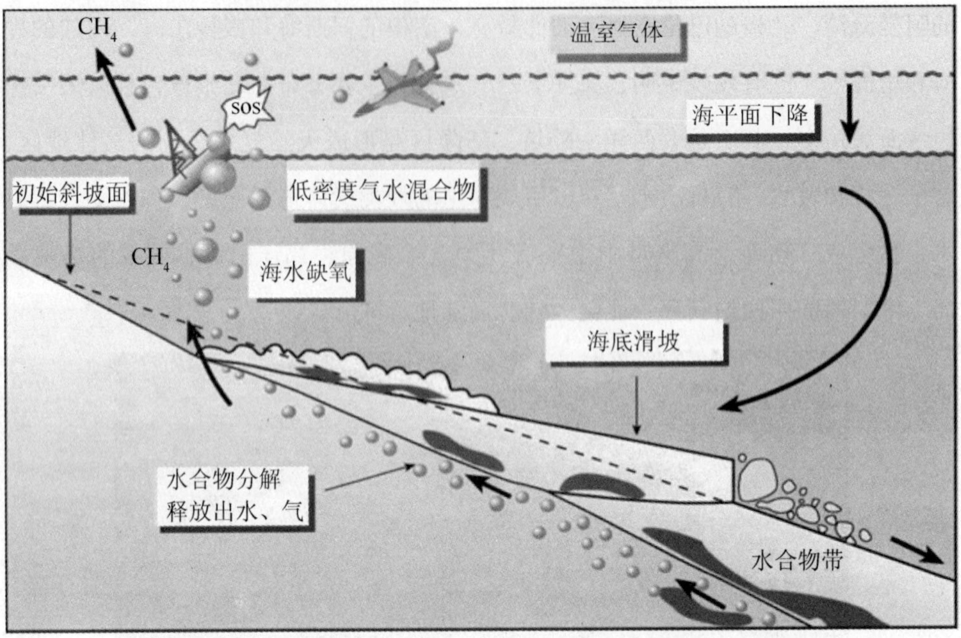

图 10－7　天然气水合物分解会带来的灾难

甲烷是一种反应快速、影响明显的温室气体。有科学家认为在导致全球气候变暖方面，甲烷所起的作用比二氧化碳要大 10～20 倍。水合物中甲烷的总量大致是大气中甲烷数量的 3 000 倍。如果在开采中甲烷大量泄漏于大气中，造成的温室效应将比二氧化碳更加严重。而天然气水合物矿藏哪怕受到最小的破坏，甚至是自然的破坏，都足以导致甲烷的大量散失，而其一旦进入大气，无疑会增加温室效应，进而使地球大气升温更快。

其次，可造成大陆架坍塌和海底滑坡。由于天然气水合物经常作为沉积物的胶结物存在，它对沉积物的强度起着关键的支撑作用。天然气水合物矿藏开采势必要造成水合物的分解，这就会改变沉积物的物理性质，极大地降低海底沉积物的工程力学特性，使海底软化，进而诱发大规模的海底滑坡等地质灾害。美国地质调查表明天然气水合物能导致某些大陆架发生滑坡，这对各种海底设施、近海设施和建筑是一种极大的威胁。已经有大量证据表明历史上著名的挪威第二次海底滑坡、美国东海岸区域滑坡、西地中海的巨型浊流层和西非大陆架的海底滑坡体等，都是由天然气水合物分解造成的。

再次，如果开采不慎，将发生井喷事故，就会造成海底水合物分解区域缺氧、海水毒化、引发海啸等地质环境灾难。即使是部分水合物分解造成大量甲烷类气体进入海水中，也会大大降低该区域海水的密度，导致海水的承载能力下降，会使进入该区域的轮船沉没。地球上著名的百慕大三角死亡陷阱极有可能就是水合物持续分解导致甲烷类气体喷发形成的。

由此可见，作为未来新能源的天然气水合物也是一种危险的能源。有人评价说，天然气水合物是大自然赐予人类最后的能源诱惑。天然气水合物的开发利用就像一柄“双刃利剑”，需要严谨的科学态度和成熟的科学技术方法才能舞好这把“剑”，才能为人类谋福利。

由于天然气水合物矿藏开采有这些潜在的灾难性危害，所以世界上至今还没有完美的开采方案。但是我们不可能因噎废食，科学家和工程技术人员从没有放弃过天然气水合物开采技术的探索，他们从天然气水合物的形成机理出发，已经提出了一些水合物矿藏开采的基本思路。天然气水合物矿藏的开采本质上是要破坏稳定的水合物笼状晶体结构，释放出甲烷类气体，这就需要从外界吸热，获得能量，改变水合物储层的温度、压力等环境因素。一种方法是由外界提供能量对天然气水合物储层加热的，即为人们常说的热激法，另一个是依靠地层的自身能量，比如降压法。如图 10 - 8 所示，水合物分解释放的甲烷类气体沿沉积层地质间隙进入相应的收集设备后被传输到海面平台，经处理后再采用轮船运送到陆地深加工。目前科学家正在研究的天然气水合物矿藏开采方法主要有热激法、降压法、注化学试剂法以及二氧化碳置换开采法等。

热激法是利用各种加热技术对天然气水合物矿藏进行加热，使水合物储层的温度升高到天然气水合物的分解温度以上，促使水合物分解。可以注入高于地层温度的外界物质加热水合物储层，例如热水、热蒸汽、热盐水；也可以采用特殊方法对水合物储层进行加热，例如电极加热、微波加热、火烧地层加热等。早期研究结果表明注入热水开采水合物的能量效率在 0. 38 ~ 2. 59，注入热水的温度、速率以及沉积物中水合物的饱和度对水合物开采的能量效率有重要影响。热激开采天然气水合物矿藏法可实现循环注入热剂，且作用方式较快。但海底水合物矿藏中天然气水合物的分解需要吸收较多能量，地层压力也比较大，该方法需要提供大功率高效能的机泵动力元件，而且至今尚未很好地解决热利用效率较低的问

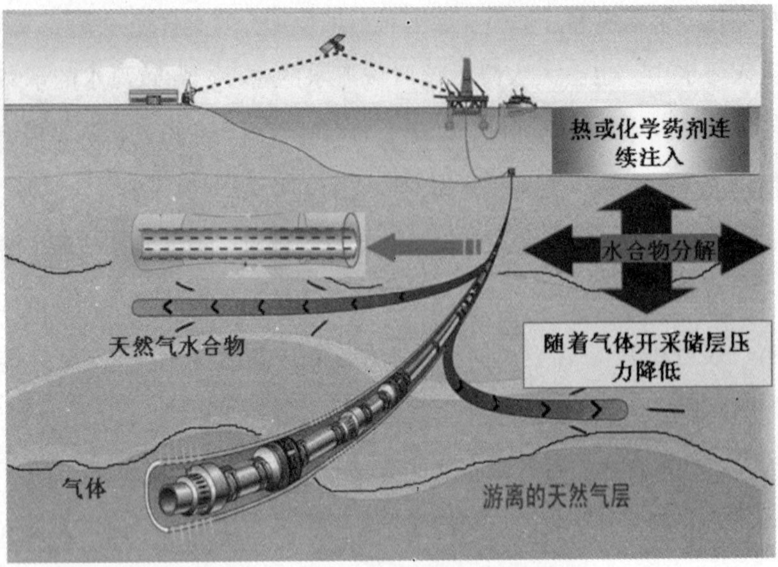

图 10－8　天然气水合物开采原理

题，只能进行局部加热，因此该方法尚待进一步完善。

降压法是通过降低地层压力而改变天然气水合物稳定存在的条件，促使水合物分解。开采水合物储层之下的游离天然气是降低水合物储层压力的一种有效方法。一般是采取钻井技术从海底天然气水合物矿床的侧面或底部打钻，进入游离气体层，引起矿层压力下降，造成水合物地层破裂，进而降低井口附近压力，促使水合物分解。该方法不仅可以避免扰动水合物稳定带中不稳定的最上层，而且与热激法相比，无热量消耗和损失，可行性较高，其特点是经济、简便易行、无需增加设备，尤其适用于天然气水合物储藏底下闭合构造中气体充盈的矿藏，是所有开采方法中的首选方法。但是由于天然气水合物分解是吸热过程，所以天然气水合物地层压力降低过程中，必然伴随着该区域储层温度的降低，这将大大降低天然气水合物分解的速度，甚至使得天然气水合物分解过程停止。

注化学试剂法是将某些可改变天然气水合物形成条件、降低水合物矿藏稳定温度、增加水合物开采稳定压力的化学试剂，诸如盐水、甲醇、乙醇、乙二醇、丙三醇等，从钻井孔注入水合物矿藏层内，从而引起天然气水合物的分解。以往研究结果表明，甲醇和盐水是较为经济可行的化学试剂，这种天然气水合物矿藏开采方法可降低矿藏初期的能量输入，但所需的化学试剂费用昂贵，而且还会产生一些环境问题。

二氧化碳置换天然气开采法是利用二氧化碳水合物比天然气水合物更容易生成的原理，将乳化状或液态二氧化碳注入天然气水合物矿藏中，同时注入水合物矿藏层的二氧化碳温度较高，会促使所注入区域的天然气水合物分解，二氧化碳和分解的水会优先生成新的水合物，促使天然气释放出来；另外二氧化碳水合物生成过程中会释放出大量的热，这部分热正好可用于天然气水合物的分解，水合物矿藏中的天然气就被二氧化碳置换出来。二氧化碳置换天然气开采法不仅能耗低，而且又不会改变原天然气水合物矿藏层的地质特征，保证了水合物矿藏区海底地层的稳定性。但以往研究结果表明，只有在环境压力介于二氧化碳水合物与天然气水合物平衡压力之间，才能既有天然气分解出来，又有二氧化碳水合物形成，所以该方法的条件较为苛刻，而且置换过程较慢，天然气水合物矿藏开采速度较低。

天然气水合物矿藏开采的最大难点是保证井底稳定，保证甲烷气不能泄入环境中而引发温室效应和其他灾害。天然气水合物气藏的最终确定必须通过钻探，其难度比常规海上油气矿藏钻探要大得多，一方面是水太深，另一方面由于天然气水合物遇减压会迅速分解，极易造成井喷。越来越多的研究结果表明，由自然或人为因素所引起的温度和压力变化，均可使天然气水合物分解，造成海底滑坡、生物灭亡和气候变暖等环境灾害，因而天然气水合物钻采必须小心谨慎。虽然以上介绍的水合物开采方法均有缺点，仍不能直接用于海洋水合物矿藏的开采，但是这些开采方法是以后新的水合物矿藏开采方法的基础，新的天然气水合物矿藏开采方法大多是以上方法组合而成的。例如，最近科学家提出的向天然气水合物储层中注入热海水，伴随压力下降相结合的水合物矿藏开采方法，就是热激法、注化学试剂法和降压法相结合的方法。

总体来说，与常规石油、天然气、煤炭能源的开采相比，天然气水合物矿藏开采的难度较大。与海洋天然气水合物矿藏开采相比，陆地冻土带中天然气水合物矿藏的开采相对简单一些，全球范围内只有俄罗斯西伯利亚麦索雅哈天然气水合物矿藏开始了商业性开采，其常被当作现场实地天然气水合物矿藏开采的一个例子。1970 年苏联首次在西伯利亚东北部永久冻土带内麦索雅哈气田进行天然气水合物矿藏的商业开采，到1978年停产，1980年再次开采，并间歇性地进行开采直到现在。麦索雅哈气田的天然气水合物矿藏底部位于地下700~800米，工程技术人员利用降压法促使天然气水合物分解，开采过程中，通过注入甲醇和氯化钙等化学试剂成功地解除天然气水合物钻井的堵塞。麦索雅哈天然气水合物矿藏的开采证明，多年冻土区天然气水合物是可以通过常规方法进行开采的，可以通过简单的减压方法获得长期开采量。

10.8 “冰”暖中国惠万家

我国对天然气水合物的研究起步较晚，始于1990年，与世界水平相比明显落后。1990年，中国科学院兰州冰川冻土研究所冻土工程国家重点实验室的科研人员，曾与莫斯科大学冻土专业学者成功地进行了天然气水合物人工合成试验。随后，国土资源部、科技部、中国科学院相关院所和一些高校相继组织科技人员开展了天然气水合物的研究，涌现出一大批杰出的天然气水合物科技工作者，我国天然气水合物矿藏勘探的研究也获得了很多令人瞩目的成就。

21世纪以来，中国地质调查局有计划、系统地开展了天然气水合物矿藏勘探的大量调研工作，发现南海海域、东海海域、青藏高原及西北油气矿藏区域均具备形成天然气水合物的温度、压力及地质起源条件，特别是我国南海北部陆坡琼东南盆地等处已发现存在似海底反射（BSR）、碳酸盐结壳、海底碳酸盐冷泉和伴生的瓣鳃类生物等许多天然气水合物矿藏的重要证据。这为推动我国深入开展天然气水合物矿藏调查研究和开发利用打下了坚实基础。

2002年，中国地质调查局组织有关单位在我国南海海域某区首次开展天然气水合物资源调查工作，获得了重大发现，初步鉴别出南海某区面积达8 000多平方千米的区域上存在有天然气水合物矿藏的显示标志。2004年6月，我国和德国的科学家乘坐“太阳号”科考船驶入南海，在南海展开了为期42天的天然气水合物矿藏勘测考察，也发现中国南海存在天然气水合物矿藏的证据。在经过几年的精心准备后，2007年我国广州海洋地质调查局在南海北部神狐海域成功钻探取出了含天然气水合物岩心的样品，从而成为继美国、日本、印度之后第四个采到天然气水合物样品的国家。神狐海域实物样品中天然气水合物的饱和度达50 %，初步估计神狐海域天然气水合物矿藏含有约160亿立方米的天然气。2009年我国在青藏高原冻土带成功进行了天然气水合物矿藏的试开采，并且祁连山区等地冻土带中也陆续发现了大量天然气水合物矿藏。

经过我国科学家多年的努力，现在已经探明我国的南海海域、青藏高原等区域存在大量的天然气水合物资源。据初步估算，在我国南海琼东南盆地天然气水合物矿藏含有的天然气资源量约为 7.2×10^{14} 千克，南海西沙海槽天然气水合物分布面积为5 242平方千米，其资源量估算达2.93万亿千克，整个南海北部区域天然气水合物矿藏中天然气的储量相当于我国现有已探明石油、天然气总资源量的一半。初步探明我国藏北羌塘高原冻土带中天然气水合物矿藏中含有的天然气量达 7.2×10^{12} 千克，而在西北冻土带塔木里煤气田钻探时出现了可能为残余水合物燃烧时的火焰现象，这些都说明我国海域与冻土层内天然气水合物矿藏储量巨大，完全可以满足我国未来的能源需求。

我国的天然气水合物储量相当可观，相信在不久的将来，在天然气水合物开采技术成熟之后，千家万户家中都会使用由天然气水合物加工而成的燃料，各行各业也一定离不开它。到那时，将会真正的实现“冰”暖中国，实惠万家。

天然气水合物是近年来发现的新型化石能源，其储量丰富，能够满足人类未来1000年的能源需求。最新研究表明，天然气水合物矿藏盖层下可能还蕴藏着储量惊人的天然气。由于天然气水合物大多储存于海底和陆上冻土带中，开采难度较大，开采不当将带来大陆架坍塌和海底滑坡，引起温室效应、海水毒化、海啸等环境生态灾难。虽然天然气水合物矿藏的开采技术依然未获得实质性突破，但降压法、注热法、注化学剂法等多种措施联合开采技术不断涌现。2013年4月，日本首次在其近海大陆架采用多种方法进行了天然气水合物试开采，取得了宝贵的经验数据。随着传统化石能源日益减少，天然气水合物将成为自然界馈赠给人类最后的高品位化石能源，新型天然气水合物开采技术的研究和开发已成为当务之急。

11 氢能——最清洁的能源

晴朗的夜晚，举头仰望苍穹中点点繁星和瞬间滑落的流星，人们不禁要问，这些行星运动的能量从哪里来？看着这浩瀚的宇宙，人们好奇的是，在这永恒的世界中还有哪些物质可用作能源呢？回望大地，遥想火箭腾空，万千人造卫星无时无刻不在为人类服务，人们更为好奇的是，什么能量如此巨大，能使笨重的钢铁设备在太空中遨游？

答案是氢能，是宇宙中最轻的元素构成的氢气造就了这一切。氢气是能量极大、密度极小的能源，而且是使用中没有任何污染物排放的最清洁的能源。若能解决制氢的技术难题，人类将不再为能源供应不足而担忧，也将不再为能源使用造成的环境污染而烦恼，更不用为了争夺能源而再发生战争。氢能到底是什么？它有什么特点？人类如何开发？又怎样利用呢？在未来能源结构中氢能占何地位？本章将为大家揭开氢能的神秘面纱。

11.1 举重若轻的能源

11.1.1 解剖氢气释放氢能

人类对氢气的研究，可追溯到16世纪初。当时就有人观察到了硫酸与铁发生反应生成了氢气。17世纪瑞典的迈厄尼和英国的波义耳证实了氢气的可燃性。1766年英国的卡文迪什证实了让铁、锌、锡等分别与硫酸或盐酸发生反应，在任何情况下都将生成同样的可燃空气（氢气）。卡文迪什也因此被认为是氢气的发现者。1779年法国科学家正式命名这种可燃的气体为氢气，瑞典的科学家贝采利乌斯提出采用符号“H”表示氢原子。

氢是门捷列夫元素周期表中第1个元素，原子数为1，原子内含有1个质子和1个电子。常温常压下，氢气是无色无味的气体，极难溶于水，也很难液化。在常压、-252.77℃时，氢气会成无色的液体，若继续降低温度到-259.2℃时，液态氢能变成雪花状的白色固体氢。在标准大气压和0℃时，1升氢气的质量为0.089 9克，约是同体积的空气质量的1/14，可见氢气的密度非常小。氢气的比热和导热系数分别是氧气和氮气的14倍和7倍。氢气可以轻易地在晶体中移动，也可以侵入晶体的格子间形成金属氢化物，使得常温常压的氢气被压缩至原体积的1/1 000以下，这个特性使得许多金属具有储存氢气的能力。氢在常温常压下比较稳定，仅与卤族分子在光照下发生化学反应；在较高温度下，氢分子比较活泼，可以与金属和非金属发生氧化、还原、加成反应。

质量最轻的氢是宇宙中最丰富的元素，宇宙几乎是由氢和氦元素组成的。在原始太阳系星云中，若按重量计算，氢所占的比重为75.6%。宇宙中质量数大的重元素是通过氢核聚变反应而生成的。对于太阳类恒星来说，能使它们发出耀眼光芒的能量源泉就是那里存在着大量的氢气，不断地进行着核聚变反应。如果说地球上所有的化石能源都来自于太阳能，而太阳能是由太阳内部氢元素不断发生核聚变所释放出的辐射能，那么我们现在使用的大部分能源归根结底也都来自于氢。随着地球上化石能源矿藏的逐渐枯竭，受控的氢核聚变能将可能成为人类最终的能量源泉。

11.1.2 揭开氢能的面纱

现代文明体系是以消耗石油等化石燃料为代表的庞大的能源为前提构筑起来的。太阳每秒辐射到地球表面的总能量为1.24×10^{14}千焦，全球每年能源消费总量还不到该值的1%。因此仅从数量上看，当前由太阳能转换或形成的可再生能源完全能满足人类的能源需求。然而这些可再生能源往往能流密度较低、比较分散，随季节和时间的变化的影响很大，目前大规模利用还存在许多难题。地球上的化石燃料是过去数亿年太阳能的转化与浓缩，其质量、能量密度都非常高。低密度且变化很大的可再生能源，如生物质能、太阳能、氢能、风能等，很难直接用以维持现代文明体系。在全球化石能源逐渐枯竭和当今文明体系的背景下，只能把这些低密度的可再生能源转换成易于被现代文明所利用的形态。为此必须把可再生能源作为一次能源，转换成能量密度高、便于利用的二次能源。这种二次能源一般应具有以下性质：第一，可容易地从一次能源中得到。第二，其向各种形态能量的转换效率高。第三，便于消费者使用。第四，可根据具体用途从大量储藏到少量储藏。第五，从短距离到远距离运输均容易实现。第六，使用时候不向环境排放有害物质。单一的二次能源是不可能全部满足以上特性的，但如果利用作为二次能源的电能和氢能则几乎可以全部满足这些特性。

随着化石燃料消耗量日益增加，储量逐渐减少，人类迫切需要寻找一种不依赖化石燃料、储量丰富的含能体能源，氢能正是一种人们期待开发的含能体能源。这种含能体能源恰好弥补了电能与石化燃料的缺点。几种能源载体比较如表11－1所示。可见这几种能源载体都是环境友好的，最大的差别是氢气可大规模储存，且储存方式多种多样。这就决定了氢能是比电能和蒸汽更有前景的二次能源。科学家认为氢能有可能在21世纪的世界能源舞台上成为一种举足轻重的能源。

表11－1 几种能源载体的比较

项目	电	蒸汽	氢气
来源	一次能源+发电机	一次能源+锅炉	一次能源+反应器
载带的能源形式	电能	热能	化学能
输出的能源形式	电能	热能	电能+热能
输出方式	电线	保温管道	管道，容器（气、液、固）
输送距离	不限	短距离	不限
输送能耗	大	大	小
储存	少量储存 电容器	很难储存 蓄热器	大规模储存 储存方式多样
能量密度	取决于电压	取决于蒸汽温度	取决于气压

续表

项目	电	蒸汽	氢气
使用终端	电动机（电能） 电阻器（热能）	热机（机械能） 发电机（电能）	热机（机械能） 燃料电池（电、热） 锅炉（热能） 核聚变装置（电）
再生性	可以	可以	可以
最终生成物	无	水	水
发现年代	19 世纪	18 世纪	18 世纪
工业应用年代	19 世纪	18 世纪	19 世纪

总之，氢气可以像天然气一样燃烧产生热能，是一种新的含能体。氢能主要有以下特点：

（1）在所有元素中，氢原子量最小。在所有燃料中，氢气的密度也最小。在标准大气压和0℃下密度为 0.089 9 千克/米^3；液化点为零下 252.77℃；若将压力增大到数百个大气压，液氢可变为金属氢。

（2）在所有气体中氢气的导热性最好，比大多数气体的导热系数高出 10 倍左右，因此在能源工业中氢是极好的导热载体。

（3）氢气的发热值为 142 351 千焦/千克，是除核燃料外所有化石燃料、化工燃料和生物燃料中发热值最高的物质，是汽油发热值的 3 倍，是乙醇发热值的 3.9 倍，是焦炭发热值的 4.5 倍。

（4）氢燃烧性能好，点燃快，与空气混合时有广泛的可燃范围（3% ~ 97%），且燃点高，燃烧速度快。

（5）氢燃料本身无毒，与其他燃料相比氢燃烧时最清洁，除生成水和少量氮化氢（燃气中含有氮气的情况下）外，不会产生诸如一氧化碳、二氧化碳、碳氢化合物、铅化物和粉尘颗粒等对环境有害的污染物质，少量的氮化氢经过适当处理也不会污染环境，而且燃烧生成的水还可继续制氢，反复循环使用。

（6）氢气利用方式很多，既可以通过燃烧产生热能，在热力发动机中产生机械功，又可作为能源燃料用作燃料电池的原料，或转换成固态氢用作结构材料。

用氢代替煤和石油，不需对现有的技术装备做重大改造，现在的内燃机只要稍加改装即可使用氢气。

（7）氢气和天然气一样具有可存储性，可以以气态、液态或固态的金属氢化物出现，能适应储运及各种应用环境的不同要求。

（8）地球上，氢的资源丰富。氢是自然界中含量最多的元素，它构成了宇宙总质量的75.6%。除空气中含有氢气外，氢元素主要以化合物的形态储存于水中。据推算，如把海水中的氢元素全部提取出来，它所产生的总热量比地球上所有化石燃料放出的热量还大9 000倍。

（9）氢的来源具有多样性。可通过各种一次能源（如煤炭、天然气、煤层气等）；也可以通过各种可再生能源，如太阳能、风能、生物质能、海洋能、地热能或二次能源（如电能）来生产氢气。

（10）氢是“和平”的能源。化石能源分布极不均匀，常常引起激烈战争，相反世界上含氢化合物的分布较为均匀，而且地球上到处都有可再生能源，其分布的地域性较弱，利用这些可再生能源也可以从含氢化合物中生产氢气。

（11）氢气是安全的能源。每种能源都有其物理、化学和技术性特有的安全问题。与其他燃料相比通常认为氢是危险的，其燃烧速度快，而且最小着火能量极低，是甲烷、乙烷及丙烷的1/10以下。但是氢气本身不具有放射性和毒性，不可能有长期未知范围的后继伤害。并且氢在空气中的扩散能力很大，因此氢泄漏或燃烧时会很快垂直上升到空气中扩散，而不会产生温室效应。现在人们已经开发出了整套的氢能安全使用设备，只要使用时候注意，氢能还是相对安全的。

11.1.3 未来能源的必然选择

纵观能源发展历史，我们会看到一个有趣的现象：人类所用燃料中氢和碳的比值逐年升高。历史上，能源结构发生过两次重大更替：第一次发生在19世纪后期，煤炭替代了薪柴；第二次是20世纪70年代，石油取代了煤炭成为主要能源。与能源更替相关的还有两个重大事件：一是天然气消费量呈直线增长，成为重要能源；二是在20世纪70年代核能跻身于主要能源之列。从能源结构的更迭可以发现人类社会发展需要的支柱能源是按照含碳量越来越低、含氢量越来越高的趋势演变的，先是薪柴（含碳量最高），然后是煤炭（含碳量较高，含氢量增加），现在主要是石油（含碳量较低，含氢量更高），同时还有天然气（含碳量较低，含氢量很高），最终将是氢气（不含碳）。因此可以预见，未来能源发展趋势是碳的成分逐渐减少直到为零，而氢的成分逐渐增加直到最大。

在过去100多年世界能源供应体系中，碳的总吨数相对于能源供应总量整体下降了35％，这种下降的趋势仍在继续，也就是说人类选择能源的过程是一个排碳（碳元素相对减少）的过程。由于碳和氢的原子质量为12和1，所以随氢气含量的增加，能源体系的质量密度也在减轻。另外，我们还发现一个有趣的现象：人类使用的能源燃料，从固态的薪柴、煤炭到液态的石油，再到气态的天然气、氢气，能源燃料的替代按照“固体→液体→气体”的方向进行。从长远的观点来看，太阳能和氢核聚变将是人类最终的能源，氢的同位素氘和氚正是其主要原料；由于制取成本较高，目前氢气仅作为航天器的燃料，未来也将为普通交通工具提供能源。所以，人类能源发展的总趋势是逐步排碳，最终进入无碳的能源时代，氢能将成为人类永恒的能源。这种能源发展趋势与当前全球范围内控制温室气体排放、发展低碳经济的要求是完全吻合的。

11.2　从自然界发掘氢能

氢能如此重要，那么自然界中有足够的单质（即由一种元素组成的纯净物）氢吗？遗憾的是地球上单质氢含量很少，并且主要分布于地球的外大气层中。地球上储量丰富的氢主要是以化合物（即由两种或两种以上元素组成的纯净物）的形式出现。因此，要想利用氢能，必须将氢从其化合物（化石燃料、水和生物质）中提取出来。

有什么办法能获得大量的氢气呢？经过多年研究，目前已经工业化的制氢方法有：水制氢、化石燃料制氢、生物质制氢等，另外太阳能制氢是目前最有发展前景的制氢技术。

11.2.1 电解水制氢技术

常见的水制氢方法有：电解水制氢、高温热解水制氢、热化学制氢等。

电解水制造氢气是一种成熟的传统制氢技术，生产历史已有80余年。该技术具有产品纯度高和操作简便的优点。目前电解水制造氢气的产量约占氢气总产量的4%。电解水制氢过程是氢与氧燃烧生成水的逆过程，燃烧过程是自发进行的剧烈放热反应，因而其逆过程需要外界提供大量能量，该能量一般由电能提供。有时为提高制氢效率，可在高压下进行水电解，采用的压力多为3.0~5.0兆帕。电解水制氢过程简单，无污染，效率一般在75%~85%。但消耗电量大，每立方米氢气电耗为4.5~5.5千瓦·时，电费占整个电解水制氢生产费用的80%左右。因此，该种生产工艺经济性差，主要用于工业生产中要求纯度高、用量不大的场合。

20世纪70年代末美国提出一种低电耗制氢方法，耗电量只有电解水制氢的一半。这种方法的主要原理是电解煤水浆制氢，实际上是电化学催化氧化法制氢，即在酸性电解槽中的阳极区加入煤粉或其他含碳物质作为去极化剂，反应产物为二氧化碳，而不是氧气，阴极则产生纯氢气。这样能使电解电压降低一半，因而电耗也相应降低。据报道，美国已在新墨西哥州采用此方法建立了一座年产300万立方米氢气的工厂，每标准立方米的电耗为2.4千瓦·时。而且该方法在添加煤粉的过程中能生成硫化物，还可以进行煤的脱硫。但该方法的低电耗却以排放二氧化碳为代价，在环保要求日益严格的今天还有待改进。

高温热解水制氢是把水直接加热到2 500℃以上的高温，部分水或水蒸气即可裂解为氢和氧。高温热解水制氢存在一系列突出的技术问题：如何获得高温热源，高温场下反应装置材料的选择，以及氢气和氧气的分离等。水的裂解反应是一个很强的吸热反应，需要很大的能量输入，一般在3 000℃以上的高温才会快速发生，用常规能源获取这样的高温是不现实的，所以热源本身就是一大难题。现在看来，有希望的热源只有太阳能和核反应热。采用高反射和高聚焦的太阳炉可实现3 000℃左右的高温，但这类装置的造价很高，效率较低，因此不具备普遍实用意义。关于用核反应的热能分解水制氢已有各种设想方案，但至今均未能实现。在2 000℃以上的高温场中，反应装置材料的选择也成为一个大难题。金属材料都不能胜任，只能寄希望于非金属材料，如陶瓷材料、碳材料等，但材料的寿命仍难以预测。另外，高温热解水生成的氢、氧、原子氢、原子氧等多种成分混合在一起，如何安全有效地将氢和氧分离也是关键难点。

水热化学制氢技术是在不同温度下历经一系列不同但又相互关联的化学反应，最终将水分解为氢气和氧气。这个过程中仅仅消耗水和热量，参与制氢气过程的添加元素或化合物均不消耗，整个反应过程构成封闭循环系统。与热解水直接制氢相比，热化学制氢技术每一步反应均在800～1 000℃下进行，温度相对较低，能源匹配、设备装置耐温要求以及投资成本等问题都比较容易解决。水热化学制氢技术能耗相对较低，可直接利用核反应堆的热能，省去了发电步骤，效率较高，容易实现大规模生产。世界各国相继进行了相关研究，已开发出上百种热化学制氢技术，但总体应用进展甚微。

11.2.2 化石燃料制氢技术

目前全球氢气年产量约5 000万吨，并且以年6％～7％的速度递增。世界上商业用氢大约有96％是从煤、石油和天然气等化石燃料中制取。我国制氢原料中化石燃料所占比重更高。化石燃料改质制氢技术具有良好的经济性，通常的方法是加入水蒸气或氧气，通过催化剂作用使得化石燃料分解，制造由氢气、一氧化碳、二氧化碳、甲烷等组成的混合气体。尽管化石燃料储量有限，制氢过程对环境还会造成污染，但已工业化且技术成熟的化石燃料制氢作为一种过渡工艺，仍将在未来几十年的制氢技术中发挥重要作用。

传统的煤制氢技术主要是煤气化制氢。该技术已经有200年历史，在我国也有100年的历史。以煤为原料制取含氢气体的方法主要有煤的焦化（或称高温干馏）和煤的气化两种。焦化是指煤在隔绝空气条件下，在900～1 000℃高温时制取焦炭，副产品为焦炉煤气，焦炉煤气中含55％～60％（体积）的氢气。每吨煤可得煤气300～350立方米，可作为城市煤气，也可作为制取氢气的原料。煤的气化是指煤在高温常压或加压下，与气化剂反应转化成气体产物。气化剂为水蒸气或氧气（空气）。气体产物中含有氢气组分，其含量随气化方法不同而异。

我国是煤炭资源比较丰富的国家，煤炭在我国能源结构中的比例高达 70 %，因此利用煤炭制氢是一条具有中国特色的制氢路线。煤制氢的主要缺点是生产装置的投资大，制氢过程中会排放大量的温室气体。

天然气制氢的主要方法有天然气和水蒸气重整制氢、天然气部分氧化重整制氢、天然气和水蒸气重整与部分氧化联合制氢、天然气（催化）裂解制氢气等。20 世纪 20 年代后期世界上已开始甲烷和水蒸气转化法制氢的研究，30 年代美国就建立了以天然气为原料的蒸汽转化炉。天然气催化重整制氢的方法是对天然气采用钴、钼催化剂加氢和采用氧化锌催化剂除去硫化物等杂质后，在蒸汽转化炉内以一定的催化剂、温度和压力条件下进行甲烷和水蒸气重整制氢反应。该反应是个强吸热反应，能耗较高，燃料成本占到生产成本的 52 % ~68 %。另外，水蒸气重整制氢是慢速反应，需要多级串联昂贵的耐高温不锈钢管式反应器，生成装置规模大、投资高。天然气部分氧化反应时，随着混合气中氧含量不同、反应条件不同，反应生成物的组成也不同。当氧含量为 37 % 以下、温度为 1 300℃、压力为 5 ~30 兆帕时，反应产物主要是一氧化碳和氢气。天然气部分氧化重整制氢反应为温和的放热反应，该技术与传统的水蒸气重整方法相比，能耗显著降低，装置规模和投资较小，但该技术反应条件苛刻、不易控制，需要大量的纯氧，需增加空分装置。20 世纪中叶开发的天然气高温裂解制氢技术是在常压和 1 300℃高温下将天然气直接裂解为氢气和炭黑。该技术较简单，但是制氢的成本依然较高。

11.2.3 生物质制氢技术

利用生物质制氢的方法主要有微生物转化和热化学转化两类。前者主要是利用发酵生产液体燃料，如甲醇、乙醇及氢；后者是在高温下通过化学方法将生物质转化为可燃的含氢气体或液体。目前被广泛研究的是生物质的裂解（液化）和生物质气化。早在 100 多年前，科学家就发现在微生物的作用下，通过蚁酸钙的发酵可从水中制取氢气。1931 年斯蒂芬森首次报道了一些细菌中含有氢酶，可以催化氢的可逆氧化还原反应产生氢气。目前已发现能产氢的生物有几百种，遍布于原核生物到真核生物之中，主要有光解产氢气生物和发酵产氢气生物两种。

光解产氢气生物有可能产业化的是绿藻、蓝细菌、紫色非硫细菌；发酵产氢气生物以梭菌属和古细菌属为代表，它们可以厌氧发酵甲酸、葡萄糖、乙酸、丁醇等产生氢气。生物质热化学转化生成氢气的过程类似煤的气化，常用的气化剂是空气。生物质在流化床或固定床反应器内与空气接触，发生不完全燃烧反应，产生氢气、一氧化碳、二氧化碳等物质。该技术是典型的化工过程，容易实现大规模的生产，而且其不受外界干扰，与生物过程相比，热化学过程容易控制。

生物质制氢技术具有清洁、节能和不消耗矿物资源等突出优点。作为一种可再生资源，生物体又能进行自身复制、繁殖，还可以通过光合作用进行物质和能量转换，这一种转换可以在常温、常压下通过酶的催化作用得到氢气。从长远和战略的角度来看以水为原料利用光能通过生物体制取氢气是最有前途的方法。

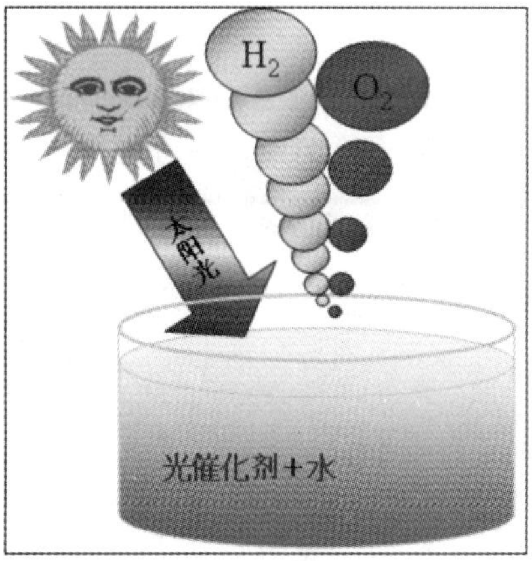

图 11-1 太阳能制氢示意图

11.2.4 太阳能制氢技术

目前从水中分离氢常用的方法是热分解或电分解。如果用煤、石油或天然气等燃烧所产生的热或所转换成的电来分解水制氢，显然从经济上是不划算的。现在看来，高效率制氢的基本途径是利用太阳能，其原理是通过太阳能电池将太阳能转换为电能，再利用电能电解水制取氢和氧。另有一种途径是太阳能直接电解制氢，其原理基于光电化学电池和半导体光催化法。光电化学电池有一对光电阳极和阴极，光阳极的材料是光电半导体，其能吸收太阳能并将光能转化为电能，进而电解水产生氢气。实现太阳能光催化分解水制氢的实用化需要解决两大关键问题：一是研制高效的可见光催化剂；二是构建稳定的光催化反应体系。值得一提的是废水中许多污染物本身就是良好的电子供给体，如果将其用于制氢过程作为牺牲极，不但能降低成本，而且一举两得，实现制氢和治污的双重目的。

如果能用太阳能来制氢，那就等于把无穷无尽的、分散的太阳能转变成了高度集中的干净能源。目前，利用太阳能分解水制氢的方法有太阳能热分解水制氢、太阳能发电电解水制氢、阳光催化光解水制氢、太阳能生物制氢等。利用太阳能制氢有重大的现实意义，但却是一个十分困难的研究课题，有大量的理论和工程技术问题要解决，世界各国都十分重视，并已取得了多方面的进展。因此，以太阳能制得的氢能将成为人类未来普遍使用的一种优质、干净的燃料。

目前，全球氢的年总产量为 $3.6\times10^7\sim5.0\times10^7$ 吨，其中的 77 % 从石油和天然气中制取，18 % 来自煤，4 %来自电解水，1 %来自其他原料。可见，目前的制氢原料主要是化石燃料。化石燃料制氢过程中将产生污染物和温室气体，且化石燃料日趋枯竭，今后应加大以水制氢、太阳能制氢、生物质制氢等的研究开发力度，并逐步取代化石燃料制氢。

11.3 清洁高效的氢能利用

氢是洁净能源，人类如何利用氢能呢？关于氢的利用，科学家首先利用的是它的低密度性质，即轻的特性制作飞艇。1783 年，法国科学家夏尔发明了氢气球，并成功地完成了在巴黎上空的飞行。1784 ~ 1786 年间，氢气球飞行器多次成功飞行于欧洲大陆上空。从氢气球出发，科学家开发出了飞艇飞行器，尤其是 1928 年德国成功制造出“齐柏林号”飞艇，首次把人们从德国运送到南美洲，实现了空中飞渡大西洋的航程，在专门开辟的洲际航线上运行了近 10 年，航程 16 万多千米，运送旅客 1.3 万人次。不过，在 1937 年德国的兴登堡号飞艇事故发生后，氢气飞艇飞行器也自行终止了。

氢作为燃料可像天然气一样燃烧，特别是液态氢和固体氢燃料更具优势。早在第二次世界大战期间，德国率先开发出了 A－2 火箭飞弹，其燃料就是液态氢。

1960 年，液态氢首次被用作航天动力燃料。1970 年美国成功发射“阿波罗”登月飞船，其火箭推进剂也是液态氢。现在液态氢已是火箭领域的常用燃料。对现代航天飞机而言，减轻燃料自重，增加有效载荷变得更为重要。氢的能量密度很高，是普通汽油的 3 倍，这意味着燃料的自重可减轻 2/3，这对航天飞机无疑是极为有利的。先进的航天飞机发动机的推进剂大多是液态氢，以纯氧作为氧化剂，液态氢就装在外部推进剂桶内，每次发射需用 1 450 立方米，重约 100 吨。目前，科学家们正在研究一种“固态氢”的宇宙飞船。固态氢具有金属的特性，既作为飞船的结构材料，又作为飞船的动力燃料。在飞行期间，飞船上所有的非重要零件都可以转作能源而“消耗掉”。这样飞船在宇宙中就能飞行更长的时间。

随着制氢技术的不断提高，越来越多的氢燃料有望用于驱动现代内燃机车。早在 1820 年，氢气内燃机的概念已经提出了。在普通内燃机的基础上，经过 100 多年氢内燃机研究，目前基本上没有不可逾越的技术障碍。目前已经有多种氢内燃机问世，特别是德国宝马集团、美国福特公司和日本三菱集团走在世界的前列。氢作为内燃机燃料存在如下问题。

第一，早燃。早燃指在火花塞点火以前，混合气已被一些热点点燃，开始燃烧。这些热点可能是燃烧室中的尖角、火花塞的过热电极、排气门、机油高温分解的碳粒、杂质的过热沉积物等。在浓混合气体发生早燃时，火焰的传播速度极快，压力急剧升高，使发动机正常工作遭到破坏。

第二，回火。回火指在进气过程中进气门尚未关闭时气缸内混合气未经火花塞点燃而被热点引燃，火焰传播到进气管内的一种不正常现象。氢燃气浓度较高时进气管内回火会造成强烈的噪声，容易损坏发动机。

第三，进气过程中回火。当以稀混合气运转时，燃烧速度慢，燃烧过程从排气行程持续到进气行程时，当进气门开启时燃烧尚未完毕，此时会点燃可燃混合气而引起回火。这种回火会造成发动机工作不稳定。

第四，爆燃。由于氢的滞燃期短，火焰传播速度相当高，导致燃气压力急剧增加，燃烧过早结束，飞轮因克服不了压缩功，会造成突然停车。

经过多年研究，科学家认为适当采取一些措施可减缓混合气着火的化学准备过程及火焰传播速度，降低燃烧温度，并尽可能减少热点形成的趋势，即可防止发生早燃和回火。例如采用尾气再循环，向气缸中引入一部分发动机排出的尾气，增加气缸中惰性气体的含量，减少混合气中氧气的含量，同时也会减缓着火的化学过程，降低燃烧温度和燃烧速度。实验表明，这是控制早燃、回火等异常燃烧的有效措施，并可有效降低氮化物的排放量。缺点是由于尾气进入了气缸，减少了新鲜混合气的含量，功率有所下降。也可向气缸中氢-空气混合物喷水，通过喷入水的蒸发，吸收一部分热量，从而降低燃烧温度，减缓着火前的化学过程和燃烧速度。实验表明，这也是控制早燃、回火的有效措施，可有效降低氮化物的排放量，同时可以避免功率的下降。缺点是机油容易乳化，丧失润滑能力，并锈蚀气缸壁等。还可适当提高压缩比，相对增加冷激面积；同时压缩比升高，膨胀比也大，膨胀后期的排气温度降低，使燃烧室壁面温度降低，一些炽点温度也会降低。试验表明，压缩比提高，排气温度明显降低，可在一定程度上抑制早燃、回火现象，也可提高输出功率。

在超音速飞机和远程洲际客机上以氢作为发动机燃料的研究已进行多年，目前已进入样机和试飞阶段。在交通运输方面，美、德、法、日等汽车大国早已推出氢燃料的示范汽车，并进行了几十万千米的道路运行试验。其中美、德、法等国是采用氢化金属储氢，而日本则采用液态氢。试验证明，氢燃料汽车在经济性、适应性和安全性三方面均有良好的前景，但目前仍存在储氢密度小和成本高两大难题。前者使汽车连续行驶的路程受限制，后者主要是由于液态氢供应系统费用过高所致。美国和加拿大已联手合作计划开发液氢燃料铁路机车。

氢燃料电池是当前最接近产业化的氢能利用技术，它是一种将存在于氢燃料与氧化剂中的化学能直接转化为电能的发电装置。这种装置的最大特点是反应过程不涉及燃烧，其能量利用效率不受卡诺循环（由两个绝热过程和两个等温过程构成的循环过程）的限制，能量转换效率高达60%~80%，实际使用效率是普通内燃机的2~3倍。另外它还具有燃料多样化、排气干净、噪声小、环境污染低、可靠性高及维修性好等优点。燃料电池被认为是21世纪全新的高效、节能和环保的发电方式。燃料电池与常规电池的不同之处是，只要有燃料和氧化剂供给，就会有持续不断的电力输出。燃料电池与常规的火力发电相比能量转换效率高，特别是采用燃料电池和氢气-蒸汽联合循环发电，能量转换效率远高于现有的火电厂。燃料电池使用方便，可广泛应用于交通运输行业、家用电器、旅行电器、特种电器等各类静止式和移动式需电设施。

11.4　氢燃料电池

如果你喜欢探险，是否渴望你的旅行和通信设备电力充足？如果你是环保主义者，是否希望满大街奔跑的汽车不再排放大量的尾气污染物？如果你去野外考察，是否希望携带一个能移动的发电厂？这不是梦想，随着神奇的燃料电池的问世，这一切即将走进现实。

燃料电池本身就是一个微型发电厂，是在一定条件下使氢气、天然气或煤气（主要是氢气）与氧化剂（空气中的氧气）发生化学反应，将化学能直接转换为电能和热能的过程。19 世纪 30 年代，英国科学家威廉·格罗夫爵士从戴维爵士发明的固体碳素燃料电池中得到启发，同时结合氢氧燃烧反应过程，设想如果将氧气和氢气燃烧反应缓慢进行，就有可能使水电解产生氢和氧的过程逆转，这样就有可能产生电流，为了验证这一想法，他设计了如图 11－2 所示的格罗夫氢燃料电池。他将两条带状白金分别放入两个密封瓶中，一个瓶中装入液氢，另一个装入液氧。当这两个瓶子浸入稀释的硫酸溶液时，电流开始在两个电极之间流动，装有气体的瓶子中生成了水，为了升高所产生的电压，格罗夫将几个这种装置串联起来，终于得到了所谓的氢气体电池。1839 年，格罗夫在伦敦的讲演厅中展示了他的发明，点亮了该讲演厅的照明电灯，引起了巨大的轰动，从此氢燃料电池踏入了人类科技追求的进程。

1889 年，英国科学家将格罗夫的电池命名为燃料电池。20 世纪中叶以来，燃料电池的研究得到了迅速发展，剑桥大学的培根教授用高压氢和氧气构建了 5 千瓦的燃料电池发电装置。1969 年美国通用电器公司采用改进的培根高压氢氧燃料电池发电装置，成功地给阿波罗登月飞船提供电力。另外，在地面实用燃料电池电站的研究中，几兆瓦级的磷酸氢燃料电池的发电装置已经研制成功，在日本东京湾附近已经建成一套示范性装置。2010 年 7 月 12 日，世界上首座 16 兆瓦级的氢燃料电池发电站在意大利建成投产，总投资 5 000 万欧元，年发电量 6 000

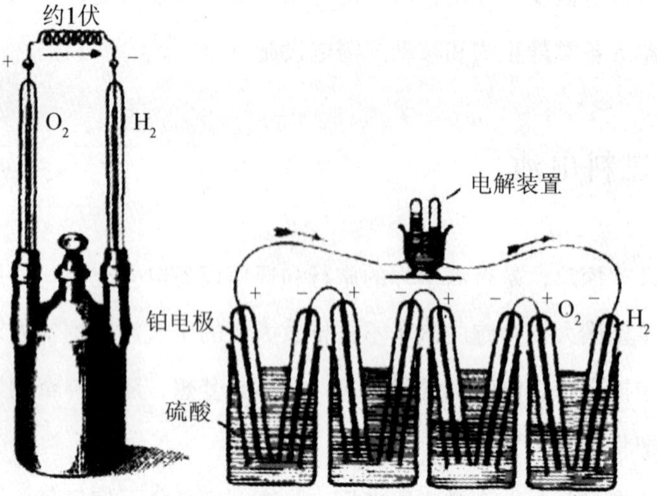

图 11-2　格罗夫氢燃料电池

万千瓦·时，可满足 2 万户家庭用电。目前全球有 200 多台氢燃料电池汽车运行，日本首相成为燃料电池汽车的第一位顾客；联邦快递公司的用燃料电池汽车在东京街头忙碌奔波；燃料电池公共汽车在欧美十几个城市进行商业化示范；燃料电池手机、移动式燃料电池武器、燃料电池潜艇均已问世。可以说，燃料电池已经站到了商业化的门前。

氢燃料电池与普通电池的区别主要在于干电池、蓄电池是一种储能装置，是把电能储存起来，需要时再释放出来；而氢燃料电池严格地说是一种发电装置，像发电厂一样，是把化学能直接转化为电能的电化学发电装置。另外，氢燃料电池的电极用特制多孔性材料制成，这是氢燃料电池的一项关键技术，它不仅要为气体和电解质提供较大的接触面，还要对电池的化学反应起催化作用。理论上氢燃料电池能量转换效率在 83 % 以上，实际应用中，其综合能量利用总效率也高达 80 %，这是其他发电机组无法相比的。氢燃料电池发电后的产物是纯净水，不但环保，而且在载人航天器中可以兼作宇航员的饮用水。燃料电池无可动部件，操作时很安静，这对军事目的至关重要；而且燃料电池发电装置是由单个电池堆叠而成的模块结构，其组装和维护非常方便。但是氢燃料电池需要不断地提供燃料，移走反应生成的水和热量，因此需要一个复杂的辅助系统才能正常工作。

燃料电池实际上是一个大的发电系统，它需要由燃料供应系统、氧化剂系统、发电系统、水管理系统、热管理系统以及电力系统、控制系统组成。燃料供应系统是给燃料电池提供燃料，如氢气、天然气和甲醇等。这一系统如果直接采用氢气的话可能比较简单，如果采用化石燃料重整制氢的话，也会相当复杂。氧化剂系统主要是给电池提供氧气，可以是纯氧或者是空气。发电系统是指燃料电池本身，它将燃料和氧化剂中的化学能直接转变为电能，而无需燃烧过程，它是一个电化学装置。水管理系统，由于质子交换膜燃料电池中质子是以水合离子状态进行传导，所以，燃料电池需要有水，水少了，会影响电解质膜的质子传导特性，从而影响电池的性能；同时由于在电池的阴极生成水，所以需要不断及时地将这些水带走，否则会将电极淹没，造成燃料电池失效。热管理系统，对于大功率燃料电池而言，在其发电的同时，由于电池内阻的存在，不可避免地会产生热量，通常产生的热和其发电量正相关，而燃料电池的工作温度是有一定的限制的，因此需要将电池生成热带走，否则就会过热，烧坏电解质膜，水和空气是常用的传热介质。电力系统，将燃料电池发出的直流电转变为适合用户使用的交流电。控制系统是指能及时检测和调节燃料电池工况的远距离数据控制和传输系统。安全系统，氢气是燃料电池的主要燃料，所以氢气探测器、数据处理系统、灭火设备等构成氢气的安全系统。

燃料电池是将氢能经济从设想变为现实的关键技术，大力发展氢能经济，开发燃料电池技术，是实现循环经济的关键所在。经过多年发展，燃料电池的发电技术日趋成熟，已经开发出氢燃料电池汽车、公交车、小型飞机（图 11 –3），甚至潜艇等。2012 年全球燃料电池车辆达 80 万辆，2015 年北美地区燃料电池车辆将达 100 万辆。燃料电池技术在世界范围内已经取得一定突破，在汽车、通信、军事上都有了大量应用，燃料电池技术在军事上用于探测、侦查的微型探测器、飞行器将会对战争起到决定胜负的作用，使未来战场变得更平静更透明。由于西方工业发达国家投入燃料电池的人力、财力和物力巨大，一旦技术关键问题得到重大突破，燃料电池将在各个领域大显身手。燃料电池电动汽车技术是目前世界环保汽车技术的热点，我国应更加积极开展对燃料电池电动汽车技术的研究，尽快缩小与西方国家的汽车环保技术差距。

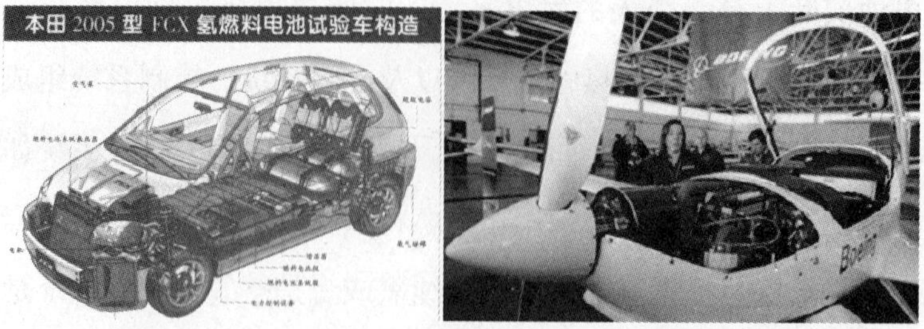

图 11-3　本田公司的氢燃料电池汽车和波音公司的氢燃料电池小飞机

11.5　氢能　“加注站”

如果你驾驶一辆氢燃料电池汽车，你一定会担心所携带的氢燃料用完了怎么办？不要担心，在氢能时代将会像加油站一样建起许多加氢站，时刻准备为各种氢能交通工具服务。

为了环境的清洁一定要大力发展燃料电池汽车，这是汽车业的共识，但是该技术实现的关键之一是必须建设氢燃料加注站。从技术角度分析，氢气加注设施的开发和加氢站分步的规划建设已经成为燃料电池汽车行业发展的主要技术壁垒之一。加氢站的技术包括氢气的制造、运输和储存，高压设备，运行控制，加注，安全措施等。目前全球共约 200 座加氢站，主要集中在欧美和日本，采用的燃料形式主要是液态氢和压缩氢气。

世界上第一座应用于氢能汽车的加氢站是 1999 年 5 月德国在慕尼黑国际机场建成的，使用液态氢燃料改装的宝马车来到这座加氢站，只需 3 分钟就可将车载储氢罐加满，每加一次液态氢后可行驶 300 千米。在加氢站的开发和建设方面，我国比较落后，目前仅建成 4 座加氢站，如图 11-4 所示，上海安亭加氢站是我国的第一个汽车氢气充装站。

加氢站的安全非常重要，加注氢系统必须设有可靠的防静电设施，防止因产生静电引起着火爆炸事故。加注氢的系统设备、管道及其附件应有可靠的防渗透、防泄漏措施。另外，加注氢气的场所应设可靠的排风装置，及时排除泄漏的氢气。氢加注系统及其场所所有的电器必须按有关规范标准防爆，按有关规定设置必要的防雷保护设施。加氢站要有足够的加注场地和防范设施，防止加注车辆意外损坏加氢设备或管线。

图 11－4 我国第一个汽车氢气充装站——上海安亭加氢站

氢能被视为21世纪最具发展潜力的清洁能源，200年前人类对氢能的应用就产生了浓厚的兴趣。20世纪70年代以来，世界上许多国家和地区就广泛开展了氢能研究，美国、欧盟和日本相继制订了氢能研究和开发计划，在燃料电池、制氢技术、加氢站、氢的储存和输运等领域取得了重大进展。

我国对氢能的研究始于20世纪60年代初，虽然在制氢、储氢和氢能利用等方面进行了大量开创性工作，取得了不少的进展，有些单项技术的研究甚至达到了世界先进水平，并且在储氢合金材料方面已实现批量生产，但氢能系统技术的总体水平与发达国家仍有一定的差距。我国是目前世界上第二大经济体，也是第二大能源生产国和消费国，且高耗能生产企业较多，发展氢能技术对我国经济发展意义重大，特别是燃料电池和非化石能源制氢技术领域，需要加大投入，争取早日实现氢能技术产业化的关键突破。随着科学技术的进步和氢能系统技术的全面进展，氢能应用范围必将不断扩大，氢能将深入到人类活动的各个方面，直至走进千家万户。

氢气是最清洁、密度最小、燃烧值最大的新型含能体。能源结构的更迭历史说明，人类选择能源的过程是一个排碳（碳元素相对减少）的过程，人类社会发展需要的支柱能源是按照含碳量越来越低、含氢量越来越高的趋势演变的。氢能应用的前提是开发出经济高效的氢气制取技术，目前的电解水制氢技术、化石燃料制氢技术、生物质燃料制氢技术、太阳能制氢技术等，大多存在各种技术问题，难于实现大规模工业化生产。高效氢气发动机和内燃机的研发是氢能大规模应用的关键之一，而新型氢燃料电池的开发将为氢分布式能源提供有效的利用方式。经济高效安全的氢气储存和运输系统，以及氢气加注站的开发是氢能集中式利用的关键技术之一。在世界能源危机和生态环境日益恶化的背景下，氢能的开发和利用已成为人类长期面临的课题。一旦相关技术获得突破，氢能将成为人类未来主要的能源。

结 语

在二十一世纪我国建设“资源节约型、环境友好型”社会的新形势下，全面提高各类人才的科学素质，特别是节能降耗的科学意识十分必要。了解和掌握能源的相关知识和技术，不但对能源动力类专业技术人员是必需的，而且对其他各行各业的所有技术人员和管理人员都是必需的，因为每个人在日常生活和工作中无时无刻不在消耗着能源。

我国既是能源生产大国，又是能源消耗大国，能源利用率较低，由此引起的环境污染和生态破坏问题严重，解决能源问题任重而道远。要解决能源问题首先必须对能源有全面而清晰的了解和把握，因此，《能源天地》这本书首先从能源的基础知识入手，由能源的分类、利用现状到发展趋势等，层层递进，为读者揭开了能源的神秘面纱，使读者对能源的大家庭有了全面的认识；接着，系统地介绍了一次能源（煤炭、石油、天然气、水能、核能、太阳能、风能、地热能、生物质能等）和二次能源（电力、热力、成品油、氢能等）开发及利用状况。

自古以来，传统的化石能源一直支撑着人类的生产和生活，推动着经济发展和社会进步。目前化石能源已濒临枯竭，经济的可持续发展面临着巨大危机，因此，节约能源或高效利用化石能源具有十分重要的意义。为此，本书着重介绍了煤炭、石油、天然气、水能等常规能源的发展历史、储量及地理分布情况，以及开发利用现状和发展趋势等；特别在水能利用的介绍中，结合了长江三峡工程、南水北调工程等大型水利工程项目，翔实生动地介绍了传统能源的实际应用情况，对能源的合理利用及节能技术的进一步研究具有重要参考意义。读者通过这些章节，对于常规能源的发展状况和利用技术将会有系统而全面的了解。

人类社会的发展常常是以更优质能源的出现和先进能源技术的使用为先导的。社会的进步与发展离不开能源，在传统常规能源濒临枯竭之际，新能源的开发与利用显得尤为重要。本书以大部分篇幅介绍了核能、太阳能、风能、生物质能、地热能、海洋能、可燃冰和氢能等各种新能源及可再生能源当前的利用技术、利用规模和未来发展前景。

当今世界，能源的发展问题、能源对环境的影响问题是全人类共同关心的问题，能源安全事关国家安全。在我国不断推进工业化和城市化的进程中，能源越来越成为经济发展和社会进步的“瓶颈”。因此，正确认识我国能源现状，实现能源、经济和社会的协调发展和可持续发展，是目前社会经济发展过程中所必须面对和解决的重要课题。

我国经济的高速增长依赖于能源的同步增长，能源是经济发展和社会进步的重要物质基础，同时还是主要的污染物来源。解决好我国能源可持续发展的战略问题，是实现我国社会经济可持续发展的关键环节。我国长期以来能源消费结构以煤炭为主，这也是造成能源效率低、环境污染严重的关键因素。能源消费结构的优质化是社会经济和环境发展的必然趋势。逐步减少对煤炭、石油、天然气等化石燃料的消耗，不仅能从根本上解决环境问题，同时还能为发展新能源提供契机。随着传统能源资源日趋短缺，大力开发新能源势在必行。新能源的科学普及、开发研究和推广应用，关系到能源发展的未来。

参考文献

[1] 黄素逸，高伟．能源概论［M］．北京：高等教育出版社，2004.

[2] 徐锭明．我国能源工业现状和能源政策［J］．中国电力，2004，37（9）：1－4.

[3] 林宗虎．论未来的中国能源［J］．自然杂志，2001，23（3）：125－130.

[4] 吴占松，马润田，赵满成，等．煤炭清洁有效利用技术［M］．北京：化学工业出版社，2007.

[5] 刘建清，姚润生．清洁煤有效转化综合利用展望［J］．煤化工．2003（5）：9－11.

[6] 罗洁．煤的热电气多联产技术分析［J］．湖南电力．2007（1）：60－62.

[7] 王敦曾．选煤新技术的研究与应用［M］．北京：煤炭工业出版社，1997.

[8] 郄美俊．洗煤生产中存在的问题及改进措施［J］．煤化工．2004（6）：37－41.

[9] 王金玲，高惠民．水煤浆技术研究现状［J］．煤炭加工与综合利用，2005（3）：28－31.

[10] 佐双吉．燃料电池——新型的清洁煤发电技术［J］．内蒙古电力术，2002，20（5）：14－16.

[11] 钱伯章，朱建芳．炼油化工节能技术新进展［J］．节能，2006（7）：3－6.

[12] 姚国欣．国外炼油技术新进展及其启示［J］．当代石油石化，2005，13（3）：18－25.

[13] 黄军军，方梦祥，王勤辉，等．天然气利用技术及其应用［J］．能源工程,2004（1）：24－27.

[14] 周凤起．冷热电三联供 天然气利用新方向［J］．建筑节能，2006（17）：33～35.

[15] 郝春山．天然气开发利用技术［M］．北京：石油工业出版社，2000.

[16] 许臻. 中国古代水能研究利用 [D]. 南京：南京农业大学，2009.

[17] 曹青，冀兆良. 我国水能资源的开发和利用 [J]. 节能，2007 (6)：58 -60.

[18] 李世东，陈萍，刘一兵. 中国水力资源状况及开发前景 [J]. 水力发电，2001 (10)：33 -37.

[19] 张琛，马伟. 合理开发水能资源 走低碳经济发展道路 [J]. 西北水电，2012 (5)：4 -8.

[20] 长江三峡水利枢纽工程：世界上最大的水利枢纽工程 [J]. 中国地名，2009 (11)：34 -35.

[21] 张国良. 南水北调工程工程概况 [J]. 水利水电施工，2005 (2)：19 -27.

[22] 王乃彦. 发展核能是中国的重要出路 [J]. 能源与节能，2011 (3)：3 -10.

[23] 常冰. 世界目前的核动力应用现状 [J]. 国外核新闻，2005 (2)：1 -3.

[24] 腾建群. 和平利用核能与防扩散的困境与出路 [J]. 国际问题研究. 2006 (6)：64 -70.

[25] 詹文龙. 安全高效是核能可持续发展的保障 [J]. 能源与节能，2011 (3)：1 -2.

[26] 马栩泉. 核能开发与应用 [M]. 北京：化学工业出版社，2005.

[27] 赵仁恺，张伟星. 中国核能技术的回顾与展望 [J]. 国土资源，2002 (9)：4 -9.

[28] 胡润青，李俊峰. 全球太阳能热水器产业与技术发展状况及启示 [J]. 太阳能，2007 (2)，8 -10.

[29] 罗运俊，何梓年，王长贵. 太阳能利用技术 [M]. 北京：化学工业出版社，2005.

[30] 廖仁杰，李淑兰. 太阳能利用现状及发展前景 [J]. 应用能源技术，2007 (5)：28 -33.

[31] 翟华维，赵树旺，刘少连，等. 世界太阳能建筑标志——中国太阳谷日月坛·微排大厦 [J]. 新能源与环境，2008 (1)：60 -62.

[32] 李晓明. 遮阳系统在节能建筑中的应用 [M]. 阳光能源，2009 (2)：58 -59.

[33] 杨胜文. 与建筑一体化的太阳能光伏组件 [J]. 光源与照明，2009 (1)：

19 - 21.

[34] 蔡辉. 太阳能制冷技术的发展概况 [J]. 科技与经济, 2003 (2): 58 - 59.

[35] 张希良. 风能开发利用 [M]. 北京: 化学工业出版社, 2005.

[36] 李振邦. 展望 21 世纪风能的利用与发展 [J]. 运筹与管理, 2002, 11 (06): 124 - 129.

[37] 贺丽琴. 风能利用现状分析 [J]. 清洁能源, 2007 (11): 17 - 18.

[38] 林宗虎. 风能及其利用 [J]. 自然杂志, 2008, 3 (6): 309 - 314.

[39] 易跃春. 风力发电现状、发展前景及市场分析 [J]. 国家电力, 2004, 8 (5).

[40] 关伟, 卢岩. 国内外风力发电概况及发展方向 [J]. 吉林电力, 2008, 36 (1): 47 - 50.

[41] 李海滨, 袁振宏, 马晓茜, 等. 现代生物质能利用技术 [M]. 北京: 化学工业出版社, 2012.

[42] 姚向君, 田宜水. 生物质能资源清洁转化利用技术 [M]. 北京: 化学工业出版社, 2005.

[43] 卫民, 刘天成, 蒋剑春. 生物质能源转化技术与应用 (Ⅵ) ——植物原料水解制乙醇的技术与应用 [J]. 生物质化学工程, 2008, 42 (3): 64 - 70.

[44] 聂小安, 蒋剑春. 生物质能源转化技术与应用 (Ⅴ) ——生物柴油产业化制备技术 [J]. 生物质化学工程, 2008, 42 (1): 58 - 62.

[45] 蒋剑春. 生物质能源转化技术与应用 (Ⅰ) [J]. 生物质化学工程, 2007, 41 (3): 59 - 65.

[46] 郑志锋, 蒋剑春, 戴伟娣, 孙云娟. 生物质能源转化技术与应用 (Ⅲ) - 生物质热解液体燃料油制备和精制技术 [J]. 生物质化学工程, 2007, 41 (5): 67 - 77.

[47] 陈洪章, 王岚. 生物质能源转化技术与应用 (Ⅷ) ——生物质的生物转化技术原理与应用 [J]. 生物质化学工程, 2008, 42 (4): 67 - 72.

[48] 刘宝亮, 蒋剑春. 生物质能源转化技术与应用 (Ⅵ) ——生物质发电技术和设备 [J]. 生物质化学工程, 2008, 42 (2): 55 - 60.

[49] 刁乃仁. 地埋管地源热泵技术 [M]. 北京：高等教育出版社，2006.

[50] 刘时彬. 地热资源及其开发利用和保护 [M]. 北京：化学工业出版社，2005.

[51] 王健敏，叶衍华，彭国荣. 地源热泵的地热能利用方式与工程运用 [J]. 制冷，2002，21 (2)：30 – 32

[52] 黄尚瑶，中国地热资源 [M]. 北京：中国地图出版社，1993.

[53] 骆超，龚宇烈，马伟斌. 地热发电及综合梯级利用系统 [J]. 科技导报，2012，30 (32)：55 – 59.

[54] 王传崑. 海洋能及其分类 [J]. 太阳能，2008 (9)：18 – 21.

[55] 周善元. 21 世纪的新能源——海洋能 [J]. 江西能源，2002 (1)：38 – 41.

[56] 游亚戈. 海洋能发电技术的发展现状与前景 [J]. 电力系统自动化，2010 (7)：3 – 20.

[57] 余志. 海洋能利用的前景与开发策略建议 [J]. 科学导报，1995 (9)：15.

[58] 储呈阳. 谈谈我国海洋能利用的现状和前景 [J]. 社科论坛，2012 (8)：187 – 188.

[59] 褚同金. 海洋能资源开发利用 [M]. 北京：化学工业出版社，2005.

[60] Sloan E D. Clathrate hydrates of natural gases [M]. New York：Marcel Dekker，1998.

[61] 樊栓狮. 天然气水合物储存与运输技术 [M]. 北京：化学工业出版社，2005.

[62] 蒋国盛，王达，汤凤林，等. 天然气水合勘探与开发 [M]. 武汉：中国地质大学出版社，2002.

[63] 吴能友，张海啟，杨胜雄，等. 南海神狐海域天然气水合物成藏系统初探 [J]. 天然气工业，2007，27 (9)：1 – 7.

[64] Klauda J B，Sandler S I. Global distribution of methane hydrate in ocean sediment [J]. Energy & Fuels，2005，19 (2)：459 – 470.

[65] Milkov A. V. Global estimates of hydrate – bound gas in marine sediments：how much is really out there? [J]. Earth – Science Reviews，2004，66：183 – 197.

[66] Klauda J B, Sandler S I. Predictions of gas hydrate phase equilibria and amounts in natural sediment porous media [J]. Marine and Petroleum Geology, 2003, 20: 459 -470.

[67] 毛宗强. 氢能: 21 世纪的绿色能源 [M]. 北京: 化学工业出版社, 2005.

[68] 孙艳, 苏伟, 周理. 氢燃料 [M]. 北京: 化学工业出版社, 2005.

[69] 林才顺, 魏浩杰. 氢能利用与制氢储氢技术研究现状 [J]. 节能与环保, 2010, (2): 42 -43.

[70] 汤桂兰, 孙振钧. 生物制氢技术的研究现状与发展 [J]. 生物技术, 2007, 17 (1): 93 -98 .

[71] 欧训民. 氢能制取和储存技术研究发展综述 [J]. 能源研究与信息, 2009, 25 (1): 1 -5.

[72] 张燕, 陈鸣岐. 氢能技术作为一般目的技术的研究与分析 [J]. 中国资源综合利用, 2010, 28 (10): 19 -23.

后记

我国能源发展虽然获得了长足进步，但仍存在着一些深层次的问题：一是能源品种结构不合理，煤炭直接用于终端消费的比例过大，天然气、风能、太阳能等洁净能源所占比重过低；二是技术水平不高，洁净煤技术开发与应用落后；三是能源利用效率、环保措施与世界先进水平相比有较大差距，不能完全满足可持续发展的要求。这些能源利用和发展的现状，以及相关的法律法规和能源政策，都是我国每一个公民应当知晓的常识。为此，河南省科学技术协会于2012年启动了《科普通鉴》系列科普丛书的编撰工作，委托郑州大学节能技术研究中心承担第八卷《能源天地》的编写任务。

为确保本卷书内容的科学性和准确性，郑州大学节能技术研究中心统筹规划，精心安排，组织了实践经验丰富的教授和理论知识深厚的青年博士教师参与编写工作，由节能中心主任吴金星教授担任主编和统稿，赵金辉博士、白净博士等青年教师担任副主编。编写具体分工为：吴金星负责编写第1、2、3、4、5章，并负责编写引言、结语和后记，赵金辉负责编写第6、8、9章，白净负责编写第7、10、11章。同时，节能中心的研究生李亚飞、许克、张灿灿、王力、张婷婷等也积极参与了资料收集和部分内容的编写工作。在编写过程中参阅了大量的国内外专著、教材、期刊论文和网络文献，引用了其中的部分内容及图片，在此谨向这些文献及图片的著者和相关单位表示诚挚的谢意。